长江治理与保护科技创新丛书

SERIES OF SCIENCE & TECHNOLOGY INNOVATION
FOR CHANGJIANG RIVER REHABILITATION AND PROTECTION

长江水生态修复
与标准化管理

黄茁　何淑芳　贾宝杰　著

U0238215

中国水利水电出版社
www.waterpub.com.cn

·北京·

内 容 提 要

本书通过整理分析长江干支流以及典型湖库的水生态、水环境修复的实践和案例，总结了长江河湖（库）治理与修复技术的理论、方法和经验，探讨了长江水生态环境保护标准和理念。全书分上篇和下篇。上篇为长江水生态修复，内容包括长江的生命、长江演变及现状、梯级水库生态调度、江湖连通、富营养化水体或黑臭水体生态治理技术以及共建生态健康长江。下篇为长江大保护标准，内容包括长江大保护水生态环境标准现状、国外水生态环境标准、我国水生态环境标准、国内外水生态环境标准对比分析、长江大保护标准化展望等。

本书可供水利、环保、生态等领域的专业人员，以及政府部门管理者、大专院校师生、关心长江生态环境的各界人士参考。

图书在版编目（ＣＩＰ）数据

长江水生态修复与标准化管理 / 黄苗，何淑芳，贾
宝杰著. -- 北京 ：中国水利水电出版社，2021.9
（长江治理与保护科技创新丛书）
ISBN 978-7-5170-9960-4

Ⅰ. ①长… Ⅱ. ①黄… ②何… ③贾… Ⅲ. ①长江流
域－水环境－生态恢复－研究②长江流域－水环境－环境
管理－研究 Ⅳ. ①X143

中国版本图书馆CIP数据核字(2021)第200490号

书　　名	长江治理与保护科技创新丛书 **长江水生态修复与标准化管理** CHANG JIANG SHUISHENGTAI XIUFU YU BIAOZHUNHUA GUANLI
作　　者	黄　苗　何淑芳　贾宝杰　著
出版发行	中国水利水电出版社 （北京市海淀区玉渊潭南路1号D座　100038） 网址：www. waterpub. com. cn E-mail：sales@waterpub. com. cn 电话：(010) 68367658（营销中心）
经　　售	北京科水图书销售中心（零售） 电话：(010) 88383994、63202643、68545874 全国各地新华书店和相关出版物销售网点
排　　版	中国水利水电出版社微机排版中心
印　　刷	天津嘉恒印务有限公司
规　　格	184mm×260mm　16开本　14印张　341千字
版　　次	2021年9月第1版　2021年9月第1次印刷
定　　价	**75.00元**

《长江治理与保护科技创新丛书》
编 撰 委 员 会

丛书序

　　长江是中华民族的母亲河，是世界第三、中国第一大河，是我国水资源配置的战略水源地、重要的清洁能源战略基地、横贯东西的"黄金水道"和珍稀水生生物的天然宝库。中华人民共和国成立以来，经过70多年的艰苦努力，长江流域防洪减灾体系基本建立，水资源综合利用体系初步形成，水资源与水生态环境保护体系逐步构建，流域综合管理体系不断完善，保障了长江岁岁安澜，造福了流域亿万人民，长江治理与保护取得了历史性成就。但是我们也要清醒地认识到，由于流域水科学问题的复杂性，以及全球气候变化和人类活动加剧等影响，长江治理与保护依然存在诸多新老水问题亟待解决。

　　进入新时代，党和国家高度重视长江治理与保护。习近平总书记明确提出了"节水优先、空间均衡、系统治理、两手发力"的治水思路，为强化水治理、保障水安全指明了方向。习近平总书记的目光始终关注着壮美的长江，多次视察长江并发表重要讲话，考察长江三峡和南水北调工程并作出重要指示，擘画了长江大保护与长江经济带高质量发展的宏伟蓝图，强调要把全社会的思想统一到"生态优先、绿色发展"和"共抓大保护、不搞大开发"上来，在坚持生态环境保护的前提下，推动长江经济带科学、有序、高质量发展。面向未来，长江治理与保护的新情况、新问题、新任务、新要求和新挑战，需要长江治理与保护的理论与技术创新和支撑，着力解决长江治理与保护面临的新老水问题，推进治江事业高质量发展，为推动长江经济带高质量发展提供坚实的水利支撑与保障。

　　科学技术是第一生产力，创新是引领发展的第一动力。科技立委是长江水利委员会的优良传统和新时期发展战略的重要组成部分。作为长江水利委员会科研单位，长江科学院始终坚持科技创新，努力为国家水利事业以及长江保护、治理、开发与管理提供科技支撑，同时面向国民经济建设相关行业提供科技服务，70年来为治水治江事业和经济社会发展作出了重要贡献。近年来，长江科学院认真贯彻习近平总书记关于科技创新的重要论述精神，积极服务长江经济带发展等国家重大战略，围绕长江流域水旱灾害防御、水资源节约利用与优化配置、水生态环境保护、河湖治理与保护、流域综合管理、水工程建设与运行管理等领域的重大科学问题和技术难题，攻坚克难，不断进取，在治理开发和保护长江等方面取得了丰硕的科技创新成果。《长江治理与保护科技创新丛书》正是对这些成果的系统总结，其编撰出版正逢其时、意义重大。本套丛书系统总结、提炼了多年来长江治理与保护的关键技术和科研成果，具有较高学术价值和文献价值，可为我国水利水电行业的技术发展和进步提供成熟的理论与技术借鉴。

本人很高兴看到这套丛书的编撰出版，也非常愿意向广大读者推荐。希望丛书的出版能够为进一步攻克长江治理与保护难题，更好地指导未来我国长江大保护实践提供技术支撑和保障。

长江水利委员会党组书记、主任　马建华

2021 年 8 月

丛书前言

　　长江流域是我国经济重心所在、发展活力所在，是我国重要的战略中心区域。围绕长江流域，我国规划有长江经济带发展、长江三角洲区域一体化发展及成渝地区双城经济圈等国家战略。保护与治理好长江，既关系到流域人民的福祉，也关乎国家的长治久安，更事关中华民族的伟大复兴。经过长期努力，长江治理与保护取得举世瞩目的成效。但我们也清醒地看到，受人类活动和全球气候变化影响，长江的自然属性和服务功能都已发生深刻变化，流域内新老水问题相互交织，长江治理与保护面临着一系列重大问题和挑战。

　　长江水利委员会长江科学院（以下简称长科院）始建于1951年，是中华人民共和国成立后首个治理长江的科研机构。70年来，长科院作为长江水利委员会的主体科研单位和治水治江事业不可或缺的科技支撑力量，始终致力于为国家水利事业以及长江治理、保护、开发与管理提供科技支撑。先后承担了三峡、南水北调、葛洲坝、丹江口、乌东德、白鹤滩、溪洛渡、向家坝，以及巴基斯坦卡洛特、安哥拉卡卡等国内外数百项大中型水利水电工程建设中的科研和咨询服务工作，承担了长江流域综合规划及专项规划，防洪减灾、干支流河道治理、水资源综合利用、水环境治理、水生态修复等方面的科研工作，主持完成了数百项国家科技计划和省部级重大科研项目，攻克了一系列重大技术问题和关键技术难题，发挥了科技主力军的重要作用，铭刻了长江科研的卓越功勋，积累了一大批重要研究成果。

　　鉴于此，长科院以建院70周年为契机，围绕新时代长江大保护主题，精心组织策划《长江治理与保护科技创新丛书》（以下简称《丛书》），聚焦长江生态大保护，紧扣长江治理与保护工作实际，以全新角度总结了数十年来治江治水科技创新的最新研究和实践成果，主要涉及长江流域水旱灾害防御、水资源节约利用与优化配置、水生态环境保护、河湖治理与保护、流域综合管理、水工程建设与运行管理等相关领域。《丛书》是个开放性平台，随着长江治理与保护的不断深入，一些成熟的关键技术及研究成果将不断形成专著，陆续纳入《丛书》的出版范围。

　　《丛书》策划和组稿工作主要由编撰委员会集体完成，中国水利水电出版社给予了很大的帮助。在《丛书》编写过程中，得到了水利水电行业规划、设计、施工、管理、科研及教学等相关单位的大力支持和帮助；各分册编写人员反复讨论书稿内容，仔细核对相关数据，字斟句酌，殚精竭虑，付出了极大的心血，克服了诸多困难。在此，谨向所有关心、支持和参与编撰工作的领导、专家、科研人员和编辑出版人员表示诚挚的感谢，并诚恳欢迎广大读者给予批评指正。

《长江治理与保护科技创新丛书》编撰委员会

2021 年 8 月

自然界有水的地方就有生命的存在，河流作为流动的水体，孕育着无数生命，河流自身也像鲜活的生命一样，不断吸纳天地的营养，河水如同血液一样传递着物质、能量、信息，微生物像清洁工一样分解河里的废物，保持河流的健康。长江就像一个庞大的生命体，在海拔6500多米高的姜根迪如积溪成河，从崇山峻岭中奔流而下，跨过全长6300km的陆域汇入东海，历经高山峡谷、平原滩地、寒冬酷暑、激流缓坡、深库浅湖，覆盖了180万km²流域面积，构建了多样性的生境，包括多样性的河道形态、多样性的水流、多样性的水量、多样性的底质、多样性的气候等，造就了具有丰富生物多样性的长江水生态系统，形成了稳定的生态平衡。

在将近30年的工作历程中，笔者一直从事长江水环境、水生态的科研、监测、环境治理、工程影响评价等方面的工作，曾从姜根迪如经直门达，过金沙江穿三峡，沿江而下直达长江河口；20世纪90年代就曾乘用水文水质监测船，历时二十多天，从重庆到上海开展水环境采样、监测和调查；也曾乘坐冲锋舟在金沙江下游穿河谷闯险滩，开展河道水文测量和水质监测；近10年里，随着技术条件的改善，三次随长江科学院江源科考队深入长江源区考察，在沱沱河、楚玛尔河以及澜沧江源头扎曲等地方留下了足迹；30年来，不仅亲身经历了整个长江干流的水环境监测和调查，还考察过长江的主要支流（如汉江、岷江、嘉陵江、清江等）、主要湖泊（如洞庭湖、鄱阳湖、太湖、洪湖、滇池等）、主要水库（如三峡水库、葛洲坝水库、溪洛渡水库、丹江口水库等），以及不计其数的长江二级、三级支流、中小湖泊和水库；亲身见证了众多大、小水利工程建设前后的水生态环境的变化。这些经历不仅使笔者对长江产生很深的感情，也使笔者在长江水利委员会这个大家庭中，接触到各个专业的院士、专家、学者，领悟了不同专业对长江开发和保护的理念、观点，加之笔者的化学和水文水资源交叉专业教育背景，结合长江上的切身感受，形成了对长江水环境和水生态的认识。笔者一直都有一种强烈的愿望，就是把自己的认识和观点记录下来，与大家分享。本书即是对这些的感受和认识以及对当前研究的分析、总结和思考。

本书主要内容是论述长江的水生态修复，分为干、支流、大型湖泊的水生态修复问题和小型河湖的水生态修复技术，探讨长江大保护标准体系的建立。目的是把长江的生态特征和各种生态修复技术特点结合起来，论述当前技术条件下长江水生态修复适应性技术以及存在的问题，提出长江水生态修复新理念和未来技术发展趋势，进一步分析长江生态环境保护的标准体系，结合国外生态环境保护标准制定经验以及长江生态环境保护标准现状，阐述长江大保护标准的发展趋势。本书分上、下两个篇章。上篇主要论述长江干支流以及典型湖库的水生态修复技术，重点分析了各项技术的作用、适用性及其发展，内容共分为6章：长江的生命、长江演变及现状、梯级水库生态调度、江湖连通、富营养化水体及黑臭水体生态治理技术、共建生态健康长江。下篇主要针对长江水生态修复、保护与管理存在的问题，结合国内外水环境、水生态保护标准的制定，论述长江大保护的标准问题，内容共分为5章：长江大保护水生态环境标准现状、国外水生态环境标准、我国水生态环境标准、国内外水生态环境标准对比分析、长江大保护标准化展望。

本书各章主要撰写人如下：第1、4章为黄茁、贾宝杰；第2章为何淑芳、黄茁、周若；第3章为贾宝杰、黄茁；第5章为何淑芳、贾宝杰；第6章为黄茁、周珞、周若；第7、11章为黄茁、何淑芳；第8、9、10章为何淑芳、黄茁。本书上篇由黄茁、贾宝杰统稿，下篇由何淑芳统稿，贾宝杰负责全书的编排、校核工作。

长江流域面积大，社会经济发达，人口众多，随着经济快速发展，人类活动对生态环境的影响不断加剧，导致长江原有的水生态平衡发生偏移，甚至局部平衡被打破，这一过程中的科学规律以及人水和谐相处的平衡点，都还在不断探索中。而长江的水生态修复研究领域涉及水资源、水环境、水动力、水土保持、水工结构、水生生物等多专业门类，研究范围宽泛，研究难度大，加之作者水平有限，书中难免存在不妥或疏忽之处，恳请读者指正、谅解。

本书的研究成果得到了水利部"水利标准化支撑保障战略研究""国内外涉水标准动态与分析"项目的资助，也得到长江科学院领导和同仁的支持与帮助，在此表示不尽感激。

黄茁

2021 年 8 月

目录

上篇　长江水生态修复

第 1 章

长 江 的 生 命

长江发源于青藏高原的唐古拉山脉各拉丹冬峰西南侧的姜根迪如。海拔 6542m 的冰川上，冰川、冰斗的融水形成万条溪流，在高原上汇集成西源沱沱河和北源楚玛尔河，聚于通天河奔流而下，流经青海、西藏、四川、云南、重庆、湖北、湖南、江西、安徽、江苏、上海等 11 个省（自治区、直辖市），最终于上海汇入东海，全长约 6300km，河长仅次于非洲的尼罗河和南美洲的亚马孙河，居世界第三位。长江流域面积达 180 万 km²，自西而东横跨中国中部，数百条支流延伸至贵州、甘肃、陕西、河南、广西、广东、浙江、福建等 8 个省（自治区），约占中国陆地总面积的 20%。长江干流直门达以上河段为长江源区，直门达至宜宾河段称为金沙江，长 3464km。宜宾至宜昌河段称为川江，该河段长 1040km。宜昌以上河段为长江上游，集水面积 100 万 km²，也有将宜宾至宜昌河段称为长江上游，以便与金沙江区分开。宜昌至湖口河段为中游，长 955km，集水面积 68 万 km²。湖口至出海口河段为下游，长 938km，集水面积 12 万 km²。长江就像一个庞大的生命体，历经高山峡谷、平原滩地、寒冬酷暑、激流缓坡、深槽浅湖，形成了多样性的生境，包括多样性的河道形态、多样性的水流、多样性的水文变化、多样性的底质、多样性的气候季节等，沿途不断吸纳天地营养，造就了具有丰富生物多样性的长江水生态系统，形成了稳定的生态平衡。

1.1　长江形态

长江生态系统的形成与长江的物理形态、水文特征以及所处的气候紧密相关，发达的水系、巨大的水域空间、复杂的河道形态、剧烈的水文变化、多样性的气候、丰富的营养来源等造就了长江生态系统的多样性。

1.1.1　河流水系

长江发育自距今 1.4 亿年前的侏罗纪时期的燕山运动，长江上游形成了唐古拉山脉，长江中下游大别山和川鄂间巫山等山脉隆起，四川盆地凹陷。距今 1 亿年前的白垩纪时期，四川盆地缓慢上升，云梦、洞庭盆地继续下沉。距今 3000 万～4000 万年前，喜马拉雅山的强烈运动使青藏高原隆起，长江流域普遍间歇上升，西部上升程度较东部剧烈，在河流的强烈下切作用下，西部出现了许多深邃险峻的峡谷，原来自北往南流的水系相互归并顺折向东流。长江中下游上升幅度较小，形成中低山、丘陵、平原（如两湖平原、南襄平原、都阳平原、苏皖平原等）。到了距今 300 万年前时，喜马拉雅山强烈隆起，长江流域西部进一步抬高，从湖北伸向四川盆地的古长江溯源侵蚀作用加快，切穿巫山，使东西古长江贯通一起，逐渐发育形成了当今的长江水系。长江共有支流 7000 余条，其中流域面积在 1000km² 以上的河流有 437 条，在 1 万 km² 以上的河流有 49 条，8 万 km² 以上的一级支流有雅砻江、岷江、嘉陵江、乌江、湘江、沅江、汉江、赣江等 8 条，其中雅砻江、岷江、嘉陵江和汉江 4 条支流的流域面积都超过了 10 万 km²。支流流域面积以嘉陵江最大，年径流量、年平均流量以岷江最大，长度以汉江最长。流域内分布的湖泊也较多，除江源地带有很多面积不大的湖泊外，其余多集中在中下游地区。1949 年，长江中下游共有湖泊面积 2.58 万 km²，其中大通水文站以上的通江湖泊面积为 1.72 万 km²，其中鄱阳湖、洞庭湖、太湖、巢湖四大湖泊居我国五大淡水湖之列。全流域现有面积大于 1.0km² 的湖泊 760 个，总面积 17093.8km²。这些湖泊既是灌溉水源，又是排涝、调蓄洪水的天然水库。

长江水资源丰富，总量达 9616 亿 m³，在世界上仅次于赤道雨林地带的亚马孙河和刚果河（扎伊尔河），居第三位，超过世界最长河流尼罗河，以及流域面积更大的南美洲巴拉那-拉普拉塔河和北美洲的密西西比河。长江水资源特征主要反映在径流时空分布不均，汛期径流量一般占全年径流量的 70%～75%。径流地区分布也很不均匀，单位面积产水以金沙江和汉江水系为最少，鄱阳湖和洞庭湖水系为最大。

1.1.2　河道变化

长江由江源至河口，整个地势西高东低，形成三级巨大阶梯。第一阶梯由青海南部、四川西部高原和横断山区组成，一般高程在 3500～5000m。第二阶梯为云贵高原秦巴山地、四川盆地和鄂黔山地，一般高程在 500～2000m。第三阶梯由淮阳山地、江南丘陵和长江中下游平原组成，一般高程在 500m 以下。

江源位于"世界屋脊"青藏高原，许多山峰海拔达 6000m 以上，终年积雪，高原上冰川融水积溪成河，流量较大的河流有沱沱河、楚玛尔河、当曲、布曲等，从四面八方向下游汇集于通天河，流入金沙江。四川省新市镇以上，金沙江河流强烈下切，形成约 2000km 长的高山峡谷，河床比降大，滩多流急，水力资源十分丰富。在新市镇以下，河流进入四川盆地，两岸为低山和丘陵，河谷展宽，水流平缓。

金沙江在攀枝花市左岸有大支流雅砻江汇入。雅砻江上游海拔在 4000m 以上，呈高原景观，河谷宽阔，径流以雪水补给为主；中下游成高山峡谷景观，两岸高山海拔达 1000～1500m，河宽 100～150m。

宜宾至重庆川江河段流经四川盆地南缘，两岸为红色砂页岩构成的起伏平缓的丘陵，河谷较宽，一般达 2000～5000m。江面宽 500～800m，沿河阶地发育。江津以下河段进入川东平行岭谷区，区内由 20 余条近东北-西南向的条状背斜山地与向斜宽谷组成。当川江穿过背斜时，形成了猫儿峡、铜锣峡、黄草峡等峡谷。最窄的黄草峡下峡口江面仅宽 250m。当川江经过向斜层时，又形成宽谷，江面最宽达 1500m。自奉节白帝城至宜昌南津关之间近 200km 河段为世界闻名的长江三峡，峡谷南岸山峰高 1000～1500m。该河段接纳岷江、沱江和嘉陵江，这些河流的源流地区地势高峻，有的海拔达 3000～4000m，到四川盆地边缘地形突然下降至 200～600m。合川至重庆段，河道经过盆地东部平行岭谷区，形成峡谷河段，谷宽约 400～600m，水面宽 150～400m。重庆以下南岸有乌江汇入。乌江流域地处云贵高原东部，主要为石灰岩地层，山峦起伏，岩溶地貌十分发育，多溶洞、暗河。至宜昌以上，长江上游河道大多受两岸基岩控制，河道平面形态总体稳定，三峡库区河道总体以淤积为主。

长江出三峡过宜昌后，右岸有清江汇入。宜昌至枝城河段长约 61km，由山区性河流逐渐转为冲积性平原河流，主要为弯曲型河道，其中南津关至云池段河道顺直，两岸有低山丘陵和阶地控制，河岸抗冲能力较强，为顺直或微弯河型，河床稳定性较好，河床组成成分主要为细砂、砾石和卵石，其次为中砂。宜昌至枝城河段有西坝、葛洲坝两处江心洲组成的汊道和胭脂坝汊道，由于边界条件和护岸工程的限制，河道的平面形态和洲滩格局保持稳定状态，河床冲淤过程在年内呈周期性变化。枝城至城陵矶段称作荆江河段，两岸平原广阔，地势低洼，荆江以藕池口为界分为上荆江和下荆江，其中上荆江河段弯道较多，弯道内多有江心洲，属微弯分汊河型；下荆江为蜿蜒型河道。荆江河道迂回曲折，水流平缓，两岸抗冲性较差，经常发生自然裁弯，留下许多牛轭湖。上荆江河段的床沙主要由细砂、中砂和砾石组成，下荆江河段床沙则主要由细砂组成。荆江两岸受洪水威胁严重，两岸均有堤防保护，北岸为著名的荆江大堤。

长江经过一段丘陵过渡，进入荆江河段北岸为江汉平原，南岸为洞庭湖平原，并有三口（以前为四口，其中调弦口现已堵塞）与洞庭湖相通。长江洪水通过三口向洞庭湖分流，洞庭湖是调节洪水的天然水库。但由于多年泥沙淤积，洞庭湖日渐缩小，调蓄洪水的作用明显减弱，江湖关系变化复杂。城陵矶以下河道的两岸地质条件出现了明显的不均匀性，左岸多为冲积平原，右岸多为山丘阶地。长江在此北岸有汉江汇入，南岸有湘、资、沅、澧四水经洞庭湖汇入长江。

城陵矶至鄱阳湖湖口段为典型的分汊型河道，全长约 547km。此段左岸依次有陆水河、汉江、府澴河、倒水、举水、巴水、浠水、蕲水、武湖和涨渡湖汇入，右岸有梁子湖、富水等汇入。鄱阳湖水系的赣、抚、信、饶、修五水经鄱阳湖调节后从湖口汇入长江干流。城陵矶至湖口段左岸整体上为广阔的冲积平原，右岸多为山丘阶地，床沙主要由细砂组成。总体河势比较稳定，呈顺直段主流摆动，分汊段主、支汊交替消长的河道演变特点。

湖口以下为长江下游，长 938km，流域面积约 12 万 km²。干流湖口以下沿岸有堤防保护，汇入的主要支流有南岸的青弋江、水阳江水系，太湖水系和北岸的巢湖水系，淮河部分水量通过淮河入江水道汇入长江。湖口至徐六泾段河型较湖口以上更为发育，河道分汊段一般为二汊或三汊，窄段一般一岸或两岸受山矶节点控制，河槽窄深而稳定，分汊段主流易发生往复摆动。

长江自城陵矶至江阴河段，长 1168km，大部分流经地势平坦的冲积平原，平原上河网湖泊密布。部分河段流经山地和丘陵，河谷宽阔，阶地发育。河道呈藕节状，时束时放，多洲滩分汊。

狭义上长江口是以徐六泾作为起点至口门拦门沙滩顶附近，长度约 110km 的区域。徐六泾以下的河口段受径流、潮流及风暴潮等多种动力因素的影响，加之河道宽阔，暗沙密布，河势变化复杂，河道稳定性较差。自徐六泾以下，河槽出现有规律的分汊，首先在崇明岛以下分为南支和北支，随后南支被长兴岛和横沙岛分为南港和北港，南港又被水下沙坝九段沙分为南槽和北槽，从而形成三级分汊四口入海的格局。

1.2　长江水环境质量

　　根据 2019 年《全国地表水水质月报》公布数据，长江流域主要江河总体水质为优，监测的 502 个断面中：Ⅰ类水质断面占 12.0%，Ⅱ类占 53.0%，Ⅲ类占 27.7%，Ⅳ类占 5.4%，Ⅴ类占 1.2%，劣Ⅴ类占 0.8%。其中氨氮、总磷、COD 为主要超标因子，氨氮超标断面个数为 17 个，总磷超标断面个数为 15 个，COD 超标断面为 14 个，高锰酸盐指数超标断面为 8 个，五日生化需氧量超标断面为 4 个，溶解氧、石油类超标断面均为 1 个。

　　（1）干流。长江干流水质为优，监测的 59 个断面中：Ⅰ类水质断面占 10.2%，Ⅱ类占 84.7%，Ⅲ类占 5.1%，无Ⅳ类、Ⅴ类和劣Ⅴ类水质断面。选取高锰酸盐指数和氨氮分析其沿程变化情况（图 1.1），表明长江中游地区氨氮含量高于上游和下游，长江中下游地区高锰酸盐指数相对较高。

　　（2）支流。长江水系主要支流总体水质为优，监测的 256 条支流的 451 个断面中：Ⅰ类水质断面占 14.0%，Ⅱ类占 59.6%，Ⅲ类占 22.0%，Ⅳ类占 4.0%，Ⅴ类占 0.2%，劣Ⅴ类占 0.2%。其中八大支流水质状况为：沱江水质良好；乌江、湘江、沅江、赣江、嘉陵江、汉江和岷江水质为优。

　　（3）三峡库区。三峡库区水质为优，监测的 10 个断面均为Ⅱ类水质。

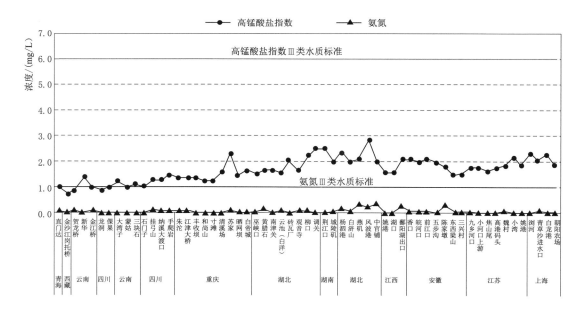

图 1.1　长江干流高锰酸盐指数、氨氮沿程变化

（数据引自 2019 年《全国地表水水质月报》）

总体上来说，长江流域干、支流河源区水质相对较好，基本达到优于Ⅰ～Ⅱ类水质，长江干流直门达以上较好，部分区域受青藏高原背景地质条件的影响，少数元素的含量偏高，属于天然状况，非人类活动污染造成。直门达以下，随着人类活动增多，水质呈下降趋势，中下游人类活动密集区域水质相对较差。总体评价，劣于Ⅲ类水河长约占总河长的16.6%，但长江干流总体水质尚可，岸边水质劣于中泓水质，城市江段水质劣于非城市江段水质，氮、磷含量偏高。

1.3　长江生境

长江发源于高山，流经丘陵，穿过冲积平原而到达河口，上、中、下游所流经地区的气象、水文、地貌和地质条件等有很大差异，各段河流均发生物理、化学和生物变化，从而形成不同主流、支流、河湾、沼泽，其流态、流速、流量、水质以及水文周期等呈现不同的变化，从而造就了丰富多样的生境。

1.3.1　沿河地貌

（1）纵向。长江流域河道在纵向上基本可以分为三个区域，依次为河源区、输水区和沉积区。河源区是河流的发源地带，该区域往往地势较高，河道较窄，水深较浅，流速较慢，流量较小，较多出现在冰雪地带。

从河源区到沉积区的河段为输水区，输水区沿线蜿蜒曲折，流经的各个河段水力条件也有很大差异，沿途的气象情况、水文结构、地貌特征、地质条件等都不尽相同，呈现出丰富的生境景观。输水区的上游区域较接近河源区的水力特征，下游区域由于河道宽度加大，水深增加，流量和流速都有所增加，但变化幅度在逐渐变小。由于流速的变化，输水区在断面上一般表现为浅滩和深潭交替显现。浅滩是河床堆积造成的，由于水深较浅河道较宽，河水紊动效应增强，有助于水中含氧量的增加和表层水温的上升，河床的石质底层通常由各种大小岩石块和砾石组成，水流清澈，含土壤颗粒及有机物较少，提供了较为干净、适宜的栖息环境。深潭是由于冲刷造成的，水深较深，适合上游的有机物质沉淀，浮游水藻类植物更丰富，生物种群更多样，更适宜群落生存和繁衍。输水区流量和流速变化大，水中溶解氧较高，生物有机体种类较少，但个体数目可能很大。常见的生物主要有藻类等浮游植物、蜗牛、小型鱼类以及高等脊椎动物蝾螈等。当洪水或干旱来临时，可能消灭某个地方的整个种群，但由于深潭为水生有机体提供了避难所，这些种群可以很快再生恢复。

沉积区是水流流速最慢的区域，水流携带的泥沙、小石块等物质在沉积区进行沉淀，河流流经沉积区就汇入了大海。这一河段宽度和深度加大，坡度比降减少，深潭和浅滩之间对比已不明显，水流流速有所增加，但变化幅度在缩小。水中悬移质增加，浮游生物除一些藻类外，原生动物和轮虫也很多。此外还有某些底栖生物和鱼类。

（2）横向。河流在横向上可分为主河道、洪泛区和边缘高地共三个部分。主河道是河流的核心、河水的通道，是河流主要生物群落的孕育环境。洪泛区分布在河流的中下游，它的范围取决于洪水和河流横向侵蚀的范围，因为它是由洪水泛滥和河床迁移造成的。同时洪泛区是水生生物群落到陆生生物群落的过渡带。洪泛区对河流生态系统的作用是必要和无可替代的，洪泛区可以吸纳滞后洪水，吸收水流中的污染物和有机物质，可以起到过滤和屏障作用；从水流中汲取的有机物质和养分可以供应岸边植物和洪泛区动植物的繁殖和生长，而这些又可以成为河流中浮游生物和鱼类的食物来源。边缘高地是陆地与河流的缓冲带，可以阻挡河水泛滥，保持河床稳定，同时可以阻挡来自陆地的污染物和泥沙入河。

（3）垂向。河流在垂向尺度上可以被概括为表层、中层、底层和基底。表层水面充分与大气接触，水气交换条件最佳，特别在水流紊动较剧烈的河段，曝气作用也尤为显著，使河流内溶解氧含量大大增加，从而使表层更适宜于多种喜氧性水生植物的生存和繁衍，并促进微生物的生物分解功能和作用，有助于降解有机物，因此表层分布着多种浮游植物，为下层水生动物提供丰富的饵料；表层充分与阳光接触，促进表层植物的光合作用，同时也释放出氧气融入水中，表层是河流生态系统子系统初级生产最为重要和主要的一层。中层和底层中，随着水深的增加，太阳光辐射能量和溶解氧含量都呈直线下降趋势，浮游植物和动物也随之减少。基底是河流与陆地接触的部分，往往分布着卵石、砾石、沙土、黏土等其他石土，发挥着水生生物种群栖息地的功能。基底的物质组成、结构、形状、水温、光照、溶解氧含量以及水生植物和浮游动植物的分布等，都会成为决定生物种群分布的决定性因素；基底的构成决定了河床的透水性，而透水性为地表水补给地下水带来了可能。河流的多种垂向尺度特征是维护河流生态系统完整性、生物多样性、生物群落适宜性和群落结构丰富性的决定性基础条件。

1.3.2　水生生物栖息地

河流生态系统的显著特征之一是水作为生物的主要栖息环境。水是一种很好的溶剂，具有很强的溶解能力，水体中溶解的无机物和有机物可被生物直接利用。水中的太阳辐射强度明显低于陆地，限制了绿色植物的分布。其中在浅水区生长的绿色植物，如挺水植物和沉水植物，其生长状况主要取决于水层的透明度。

自然的河流都是蜿蜒曲折的，蜿蜒性是自然河流的重要特征。河流的蜿蜒性使得河流形成主流、支流、河湾、沼泽、急流和浅滩等丰富多样的生境。

河流的横断面形状也是多有变化，常有深潭与浅滩交错的布局出现。浅滩的生境，光热条件优越，适于形成湿地，供鸟类、两栖动物和昆虫栖息。积水洼地中，鱼类和各类软体动物丰富，它们是肉食性鸟类的食物来源，鸟类和鱼类的粪便可以肥土又能促进水生植物生长，水生植物又是植食性鸟类的食物，形成了有利于珍禽生长的食物链。由于水文条件随年周期循环变化，河滩湿地也呈周期变化，生物群落变化表现为一种脉冲式模式。在洪水季节水生植物种群占优势，水位下降后，湿生植物种群占优势。而在深潭里，太阳光辐射作用随水深加大而减弱。红外线在水体表面几厘米即被吸收，紫外线穿透能力也仅在几米范围。水温随深度变化，深水层水温变化迟缓，与表层变化相比存在滞后现象。由于水温、阳光辐射、食物和含氧量沿水深变化，在深潭中存在着生物群落的分层现象。

长江源头区重点保护各支流源头及山溪湿地，高原高寒草甸、湿地原始生境，以及长丝裂腹鱼、黄石爬鲱等高原冷水鱼类及其栖息地；金沙江及长江上游重点保护金沙江水系特有鱼类资源、附属高原湖泊鱼类等狭域物种及其栖息地，白鲟、达氏鲟、胭脂鱼等重点保护鱼类和长薄鳅等 67 种特有鱼类及其栖息地；三峡库区水系重点保护喜流水鱼类及圆口铜鱼、圆筒吻鮈等长江上游特有鱼类，以及"四大家鱼"、铜鱼等重要经济鱼类种质资源及其栖息地；长江中下游水系重点保护长江江豚、中华鲟栖息地和洄游通道，"四大家鱼"、川陕哲罗鲑、黄颡鱼、铜鱼、鳊、鳜等重要经济鱼类种质资源及其栖息地；长江河口重点保护中华绒螯蟹、鳗鲡、暗纹东方鲀等的产卵场和栖息地。

长江由于水系复杂，河流变化大，水量多，水生生物十分丰富。长江水生生物从低等的藻类和原生生物到高等哺乳动物皆有，除鸟类、着生藻类和水生微生物外，已知物种 1778 种。此外，依赖水域生存的鸟类有 2000 种以上。长江各生物种类分布情况如下：

（1）浮游植物。据不完全统计，长江流域浮游植物 1200 余种（属），从各类浮游植物种类组成看，长江流域绿藻的种类最多，其中蓝藻门 32 属 51 种，绿藻门 80 属 140 种，硅藻门 40 属 94 种，裸藻门 7 属 16 种，隐藻门 2 属 3 种，金藻门 6 属 8 种。其次是硅藻和蓝藻。

（2）浮游动物。据不完全统计，长江干流及重点湖泊的浮游动物种类有 154 属，330 多种，其中原生动物 56 属 93 种，轮虫 47 属 118 种，枝角类 31 属 74 种，桡足类 20 属 45 种。四大类浮游动物中，轮虫的种类最多，约占 1/3，其次是原生动物。

（3）底栖动物。据不完全统计，长江及其主要湖泊底栖动物种类计有 220 多种，其中软体动物中瓣鳃类 73 种，腹足类 56 种，水生昆虫 60 种，水栖寡毛类 13 种，多毛类 8 种，蛭纲有 3～4 种，甲壳类 7 种。

（4）水生植物。据不完全统计，长江流域水生植物的种类有 214 种，隶属于 123 属 47 科，其中蕨类植物 4 科 5 属 6 种，双子叶植物 25 科 51 属 89 种，单子叶植物 18 科 66 属 119 种。

（5）鱼类。长江流域湖泊众多，河川如网，淡水渔业极其发达，被誉为我国淡水鱼类的摇篮，鱼类的品种、产量均排在全国首位，现已知有鱼类 370 种，底栖动物 220 种，淡水鱼中鲤科鱼类约为 164 种，主要为经济鱼类如：圆口铜鱼、铜鱼、草鱼、青鱼、鲢鱼、鳙鱼、鲶等，其次为鳅科 30 种、鮈科 25 种，鰕虎鱼科 20 种，平鳍鳅科 16 种；其他科 115 种，长江流域特有鱼类品种数量多，分布在长江上游的特有鱼类约 117 种，21 种特有鱼类分布在长江中下游河段，有 9 种特种鱼类分布在整个长江。长江的鱼类中有 9 种列入国家重点保护动物名录，其中 I 级保护动物 3 种，分别是中华鲟、达氏鲟、白鲟。II 级保护动物 6 种，分别是川陕哲罗鲑、胭脂鱼、滇池金线鲃、大理裂腹鱼、花鳗鲡、松江鲈鱼。长江鱼类资源无论种类还是数量都在世界上占据重要位置。

长江流域生态环境多样、生物资源丰富。为了保护该地区的生物多样性和珍稀特有物种，国家陆续建立了百余个国家级或者省级自然保护区，其中长江干流的国家级水生野生动物自然保护区自上而下有长江上游珍稀保护区、特有鱼类自然保护区、铜陵淡水豚自然保护区等。目前，长江流域已建立水生生物、内陆湿地自然保护区 119 处，其中国家级自然保护区 19 处，国家级水产种质资源保护区 217 处。

1.4　长江服务功能

河流除了自然属性外，还具有为人类提供赖以生存的自然条件与效用的社会属性，以及为地球生态系统提供生态服务的功能。

1.4.1　社会服务功能

长江的社会服务功能即由长江生态系统给人类日常生活供给消费品或服务来提升生活质量，从而维持人类的生产需求和生活需要的功能。长江的社会服务功能包括供水、提供渔业产品、航运、水电、休闲娱乐和文化美学等六个方面。

（1）供水功能。供水是长江最基本也是最主要的服务功能。供水为人类提供了淡水这一生活必需品，并通过水质的高低程度进行分类，按照不同的类别被用于生活饮用水、工业生产用水、农业灌溉用水和生态用水等领域。

（2）提供渔业产品功能。长江从源头到河口提供了大量的、成千上万种生物。长江中的藻类和高等植物等自养生物可以自给自足，它们通过光合作用进行初级生产，将能量转化为有机物；其他以进行初级生产的生产物为食的异养生物，进行次级生产。长江可以生产出种类多样、营养物质丰盛的水产品，如芦苇、莲等水生植物产品和鱼、虾、蟹等水生动物产品，这些产品是人类生活的食物来源，同时也是部分轻工业产品生产的物质来源和基础。

（3）航运功能。航运是长江最重要的服务功能，也是一种为人类发展发挥极为重要作用的运输方式，其具有便捷、廉价、省时、承载量大等优点。长江是我国最重要的"黄金水道"，承担着我国重要的航运任务。

（4）水电功能。通过建造水电站进行水力发电，将河流河床地势落差产生的强大势能转化为电能，为人类生产、生活提供便捷的能源。水力发电也是河流水能最直接、最有效的转换形式。长江流域修建了大量水电站，是国家电网的重要组成部分。

（5）休闲娱乐功能。水中的休闲娱乐项目有游泳、划船、垂钓、漂流等，结合岸上的沙滩、露营、爬山、散步等休闲娱乐，共同彰显河流的休闲娱乐功能，具有陶冶身心、缓解人们生活压力、提高生活质量等种种好处，同时也促进了长江旅游业和度假疗养产业的发展。

（6）文化美学功能。长江蕴藏着大自然中无限美的景观和生机蓬勃的生态环境，带给人们以美的享受。长江的地域差别从根本上影响着本区域居民的审美倾向、艺术感知、文明认知等自身的美学造诣，千差万别的生态环境在自然和文化的历史演替中，影响并孕育了人们独特的民风民俗和性格特点，塑造了当地独特的地域文化和文明程度。像许多古老的河流文明（如两河文明、黄河文明、恒河文明等）一样，我国的长江流域独特的土地文化，充分证明了长江为流域社会的文明和文化发展起着不可泯灭的作用。

1.4.2　生态服务功能

长江生态服务功能，即河流生态系统所维护的自然环境条件和生态环境过程的服务功能。长江生态服务功能包括缓冲洪水、河流输送、涵养水源、土壤保持、净化环境、固定二氧化碳、养分循环、提供栖息地、维持生物多样性等九个方面内容。

（1）缓冲洪水功能。长江生态系统中的河道、岸边植被、洪泛区、湿地和沼泽等均对洪水具有缓冲调蓄的功能，可以在洪水暴发之际进行削峰、对滞后洪水进行吸纳，大大减少了洪水灾害带来的经济损失和人员伤亡。

（2）河流输送功能。长江生态系统的河流输送功能，不仅体现在输送水量，也体现在输送泥沙、有机物质、碳、氮、磷等营养物质，以及基因、信息等其他储存在河流中的物质。输送的泥沙对长江生态系统的影响最为明显，泥沙从上游被输送到下游入海口处堆积，不仅防止河道淤积，还冲刷了河床上的卵石，以便水生生物的幼卵附着和发育，同时在一定程度上阻止海水倒灌，防止风浪侵蚀。

（3）涵养水源功能。长江岸边植物区域、洪泛区、湿地、沼泽等地区可以留滞大气降水、积蓄河道渗漏、补给地下水等淡水资源，大大增加土壤含水量，还可以在枯水期对河道水量进行回补，提高水的稳定性，防止了水的流失，涵养了水源，稳定了区域气候。长江流域水源涵养工程主要分布在金沙江、雅砻江、嘉陵江等长江干流及主要支流源头及上游区域，以及中下游汉江流域，洞庭湖水系的湘江、资水、沅江，鄱阳湖水系的赣江、抚河、信江、修水的上游区域，重点为三江源区等。主要建设内容为水源涵养林建设和天然林保护工程，主要建设工程包括长江上游通天玉树藏族自治州水源涵养工程、大渡河上游果洛藏族自治州水源涵养工程、金沙江迪庆藏族自治州迪庆段水源涵养工程、秦巴山区水源涵养工程等，以及中下游沅江怀化市水源涵养工程、湘江永州市水源涵养工程、抚河源水生态保护工程、赣江源水生态保护工程等。

（4）土壤保持功能。长江从发源口流入入海口，流速变缓，冲入河中的泥沙也会随着流速的减弱而沉积，起到留滞泥沙、保持土壤、造陆的功能。

（5）净化环境功能。长江具有净化环境的功能，有毒有害物质一旦流入径流中，便会经过各个子系统的稀释、吸附、分解、氧化等物理、化学、微生物作用，使径流中的污染物质得到降解和消除；同时经过径流中水生植物和水生动物的摄食吸收，污染物会被分解、转化为无害物质，有效避免有毒有害物质堆积造成的河流污染。此外，长江还可以调节降雨、改善空气质量、改善区域气候等。

（6）固定二氧化碳功能。长江生态系统中的水生植物如水草、苔藓、藻类等经过自身的光合作用吸收二氧化碳，释放出氧气，这些植物再被水生动物（微生物、虾、鱼等）摄食吸收再以二氧化碳的形式被释放到大气中。长久循环，长江生态系统的固定二氧化碳功能对防止二氧化碳浓度增高具有明显的缓冲作用。

（7）养分循环功能。长江生态系统中的各类植物吸收养分，经过光合作用生成有机物，再被各类动物摄食、分解、消化、吸收、排泄，推动物质循环和能量循环。长江生态系统的养分循环功能有利于维持生态环境的生态过程。

（8）提供栖息地功能。长江的淡水资源、营养物质、河床结构、河岸结构等为水生植物、动物和微生物，以及岸上的两栖动物和陆地动物等提供了生存繁衍的环境和栖息地，同时也为天上的鸟禽提供了食物来源。长江提供的生境，为生物多样性、生物群落适宜性和群落结构丰富性的产生和维护提供了条件和支持。

（9）维持生物多样性功能。长江的多种多样的生境如径流、河床、洪泛平原、沼泽、湿地等，为珍稀特有物种提供了多种保护屏障，为生物多样性的物种多样性、遗传多样性提供了生存繁衍的环境，为其生态系统多样性提供了基础和源泉，为其景观生物多样性提供了可能。

第 2 章

长 江 演 变 及 现 状

长江从河源到河口，横贯我国东西，流过了多种地质地貌类型，经历了不同气候变化，形成了特有的生态系统。随着气候、地理等条件的变化，以及越来越剧烈的人类活动影响，长江源区、上游河段、中下游河段和长江河口的演变存在显著差异。

2.1 长江源区演变及现状

长江源区（直门达以上流域）位于青藏高原腹地，流域控制面积约 13.78 万 km²。源区水系呈扇形分布，有 40 余条河流，其中正源沱沱河、南源当曲、北源楚玛尔河是三大主要源头，最终均汇入通天河。长江源区集高寒、冰川、冻土和积雪等为一体，湖泊和沼泽密布，是世界上湿地分布海拔最高、面积最大、最集中的地区，享有"中华水塔"之美誉。这一区域平均海拔 4000m 以上，冰川、冻土、湖泊、沼泽湿地及高寒生态系统构成了长江源区特殊的水文、生态与环境背景。

2.1.1 冰川变化

长江源区是长江流域现代冰川分布较为集中的地区，也是青藏高原现代冰川分布较为集中的地区之一。依据《中国冰川目录. Ⅷ. 长江水系》的统计，长江水系共发育有冰川1332 条，冰川面积 1895km²，冰储量 147.26km³，分别占全国相应冰川总量的 2.9%、3.2% 和 2.6%。

各拉丹东冰川区位于唐古拉山西部长江沱沱河源头，也是长江的正源区。小冰期最盛期（LIA）时，各拉丹东冰川作用区面积约 948.58km²，冬克玛底冰川区面积 87.63km²。至 2015 年，各拉丹东冰川面积约 839.19km²，比小冰期冰川面积减少了 11.5%；冬克玛底地区冰川面积减少了 4.8%，冰储量减少了 5.3%。总体上来说，小冰期以来，特别是20 世纪 50 年代以来，由于人类活动导致的全球气候变暖持续发展，而且其特点是低温升高的趋势明显，长江源区冰川呈退缩趋势，且退缩速度呈加快趋势，冰川冻土融化持续增加，冰川冻土面积加速缩小，雪线上升。此外，冰川退缩后遗留了大量的冰碛物，其上的植物生长相当缓慢，在大量融水或暴雨发生时，极易形成冰川洪水或泥石流，导致河流含沙量增加，对源区河流健康造成不利影响。

2.1.2 冻土变化

长江源区平均海拔在 4100m 以上，高亢的地势使长江源区气候极为寒冷，年平均气温只有-1.5~5.6℃。在全球气候及长江源区气候变化的影响下，长江源区冻土环境发生了显著变化。20 世纪 70—90 年代，青藏高原腹地连续多年冻土地温上升 0.1~0.2℃。1980—2000 年间平均升温 0.5℃，平均冻土温度升高 0.2℃。在长江源区气候持续变暖的背景下，多年最低冻土下界普遍升高了 40~80m，冻土层减薄了 5~7m。有预测表明，以未来 50 年间平均升温速率 0.04℃/年的气候变化情景对未来 20 多年冻土变化进行的模拟结果表明，青藏高原厚度小于 10m 的多年冻土将消失，冻土面积将减少 3%~5%。如果考虑多年冻土下限升高而融化的地下冰量，估计平均每年由青藏高原多年冻土中的地下冰转化成的液态水资源将达到 50 亿~110 亿 m³。

冻土变化对长江源区植被退化和沼泽型湿地的疏干具有重要影响。多年冻土作为长江源区广泛分布的弱透水层，对长江源区高寒草甸和沼泽草甸植被的活动层水分和养分保持起着关键作用。然而，随着未来长江源区气温的持续升高，多年冻土持续退化，从而导致地下水位下降，地表植被根系层土壤水分含量明显减少，湿地萎缩，热融湖塘消失；同时，使高寒草甸、沼泽化草甸植被退化，优势植物种群发生演变。

2.1.3　径流变化

长江源区跨越了高原、北亚热带和中亚热带三大气候区，包括了从湿润、半湿润到干旱、半干旱的多样性气候类型，季风气候十分典型。由于山高谷深，海拔高差大，气候的立体特性十分显著。总的来说，地处青藏高原的长江源区是高寒低温、辐射强、日照长、降水少且时空分布不均的高原气候，降水主要来自印度洋孟加拉湾，年降水量 200~400mm 不等；金沙江流域大部分受高原季风、东亚季风和西南季风控制，多数地区年降水量 1000mm 左右，但横断山地区许多河谷由于受地形和地貌影响，干旱河谷发育，降水稀少，年降水量仅 200~600mm。

冰川冻土作为长江源区水资源的重要组成部分，对河川径流起着调节作用。长江源区 1956—2012 年径流量总体呈显著增加趋势，上游径流量年际变化较下游剧烈。21 世纪以来，长江源径流进入丰水期，直门达站比多年平均增加 19.3%，上游沱沱河站增加更为明显，达 53.8%。从年内分布来看，长江源区河川径流年内分配呈不均匀性，5—9 月为长江源区冰川消融期，洪峰流量一般出现在 7—8 月。从径流量占年径流量的比重看，长江源区丰水期径流量占全年径流量的 55%~85%，沱沱河站、直门达站多年平均最大连续 4 个月（6—9 月）径流量占年径流量的比重分别为 85.5%、72.4%。可见，长江源区径流年内集中程度上游大于下游。

2.1.4　水环境变化

长江源区水质受人类活动干扰较小，水体化学成分主要受区域地质条件的影响，各区域水中的矿化度差异较大，变化相对不明显。薛武申等对长江源区各拉丹东雪山卧美通冬流域和沱沱河雪水的水化学特征进行了测定和分析；范可旭等对长江流域地表水的水化学特征和水质现状进行了分析，结果表明江源区水质总体呈低矿化度、低硬度的特征。

黄苗等根据 2012 年、2014 年、2015 年长江源区科学考察获取的水质监测资料，分析了长江源区常规监测指标、金属类及有机物等水质指标。结果表明：长江源区受人类活动干扰较小，河流水质良好，基本达到《地表水环境质量标准》（GB 3838—2002）饮用水源地标准限值或Ⅲ类水标准，多数区域的水质指标达到Ⅰ～Ⅱ类水标准。受水体含沙量和区域地质条件的影响，长江源区不同区域河流水质有一定差异，个别区域铁、锰含量偏高。长江源区水质年际间差异不大，基本在相同的范围内波动。与国内外河流背景值相比，除个别区域铁、砷含量偏高外，长江源区水质基本处于河流背景值范围内。在长江源区未检出挥发性有机污染物，但检出有邻苯二甲酸二丁酯、邻苯二甲酸二（2 - 乙基己基）酯等两种半挥发性有机污染物。

2.1.5　水生态变化

由于长江源区地势相对平缓，河谷排水不畅，为沼泽湿地发育提供了良好的地貌条件。长江源区发育有大量冰蚀洼地，也是沼泽地发育的良好地形条件。长江源区成为世界上高海拔区湿地分布面积最大、河网最发育的地区。长江源区水生态的变化主要表现在沼泽湿地的萎缩和水生动物多样性两方面。

长江源区的沼泽湿地类型主要有泥炭沼泽和潜育沼泽两大类，大部分泥炭沼泽均以草甸沼泽形式存在，分布面积 $4811.9km^2$，占沼泽湿地总面积的 93.3%，单纯泥炭沼泽存在的面积较小，仅占 6.7%。自 20 世纪 60 年代后期以来，高寒沼泽草甸分布面积减少了 13.4%，年平均递减面积 $23.8km^2$，是长江源区退化幅度最大的生态类型。此外，长江源区河流湖泊也萎缩明显，1969—1986 年长江源区湖泊面积渐渐少了 2.7%，1986—2000 年间共减少了 $114.81km^2$，是长江源区总湖泊面积的 10.6%，占长江源区总退缩湖泊面积的 58.4%。

长江源区水生生物资源丰富，不仅是高原水生生物物种高度丰富的区域，也是长江上游珍稀濒危水生生物物种的天然集中分布区域，是我国重要的后备种质资源区，具有独特性、不可替代性和不可复原性。据不完全统计，长江源区分布有鱼类 21 种，以裂腹鱼亚科和条鳅亚科为主，多数为我国特有的高原珍稀鱼类。其中，列入国家级二级保护水生动物有川陕哲罗鲑、大鲵、水獭；列入省级保护的鱼类有长丝裂腹鱼、齐口裂腹鱼、黄石爬鮡类；列入《中国物种红色名录（第一卷）》（2004 年）的濒危鱼类有川陕哲罗鲑、长丝裂腹鱼、裸腹叶须鱼、黄石爬鮡、中华鮡。这些水生生物不仅是珍稀物种资源和后备种质基因库，也是青藏高原生态环境链条的重要组成部分。沼泽湿地的萎缩在一定程度上会影响水生生物的生活环境，进而对水生生物的生存造成一定的威胁。从 2007 年持续开展长江源区通天河曲麻莱至玉树段、班玛玛可河段等渔业水域生态环境监测，结果表明长江源区以裸腹叶须鱼、小头高原鱼等鱼类为优势种和广布种，鱼类生态环境状况为原生态，总体基本良好，基本没有外来鱼类。

2.2　上游河段演变及现状

长江上游属于东亚副热带气候，温暖湿润，水资源充沛。年平均气温在 16～18℃之间，年平均降水量在 1000mm 左右，降水时空分布不均匀，呈现出南多北少、东部及盆地多川西高原少，年内降水主要集中在 5—9 月，占全年降水量的 78.34%。

长江上游河道大多受两岸基岩控制，多山多峡谷，江面狭窄，落差大，水能资源丰富。近年来，该河段大力开发水电，显著改变了长江天然的水文过程、水沙分配比例和生境类型，对流域生态系统与环境产生重大影响。此外，因其独特的自然地理条件，长江上游曾是水土流失严重地区和主要泥沙来源地区。

2.2.1　水资源开发

长江上游水资源丰沛，天然落差大，是我国水电开发程度最高的水系。1980 年以来，为了合理开发和综合利用水资源、防治水害，以及推动整个长江流域的社会经济发展，满足发电与防洪、灌溉、航运、供水、生态环境与旅游等多方面的需求，长江上游陆续建成数十座大型水电站，形成包含串并混联的梯级水库群。目前，长江梯级水库群总装机容量为 13.2975 亿 MW，年发电量 6639.1 亿 kW·h，其中装机容量大于 1000 万 MW 的大型水电站共 44 座，占全流域可能开发水能资源的 67.4%，主要分布在长江上游干流和雅砻江、大渡河、乌江等支流。

2.2.2　水文形势

随着长江上游干支流水库建设数量增加，梯级水库群调蓄能力持续增强，对下游河道水文情势的改变作用逐渐增大，上游径流明显减少，水库群下游各控制断面月平均流量呈现非汛期流量增大、汛期流量减少的趋势，全年流量过程更加平缓。

宜昌水文站作为上游最后一个水文站，其径流变化监测结果可以反映上游径流的变化情况，周建军等的研究表明，1990 年前，宜昌多年平均径流量 4504 亿 m^3、变差系数 $C_v = 0.107$、径流平均递减率 2.5 亿 m^3/年，径流缓慢平稳减少；1990 年后径流加速减少，1991—2016 年平均递减率 16 亿 m^3/年，2003—2016 年均径流量 4006 亿 m^3，比 1990 年前平均减少 11%。在平均径流减少同时，1990 年前宜昌 97% 频率干旱情景（每百年三次）变成了 80%~85%，极度干旱情景变成常态。其中，年内径流减少主要集中在汛后，9—11 月宜昌流量 2008—2016 年比 1878—1990 年平均减少 439 亿 m^3，减幅 29.6%，10 月流量比三峡蓄水前（1991—2002 年）减少 40%。

张爱民等的研究表明，长江上游水库群在枯水期下泄水流，在丰水期调蓄水流的行为，对长江水文站的流量年内变化改变也较大。使得长江上游干流极小值流量与极大值流量均有不同程度增加，均为中度改变等级。1997 年后，屏山和寸滩水文站在 12 月至次年 7 月流量不同程度增加，尤其是 7 月增加流量最多；屏山站 10 月和 11 月流量不同程度减少，10 月减少量最大，寸滩站 8—11 月流量不同程度减少，其中 8 月减少量最大；宜昌站在 12 月至次年 3 月流量不同程度增加，尤其是 3 月增加流量最多，在 7—9 月流量不同程度减少，在 10 月减少量最多。

2.2.3　水土流失

历史上长江流域的森林覆盖率曾高达 50%~60%；1957 年覆盖率下降至 22%，水土流失面积为 36.38 万 km^2，占流域面积的 20.2%；1986 年，森林覆盖率锐减至 10%，水土流失面积猛增至 73.94 万 km²，占流域总面积的 41%。随着水土保持工作的开展，长江水土流失整体呈逐年减少趋势，部分支流流域水土流失状况明显好转。根据水利部2018 年全国水土流失动态监测成果，长江流域水土流失面积为 34.67 万 km²，占流域土地总面积 19.36%。其中，水力侵蚀面积 33.16 万 km²，占水土流失总面积 95.63%；风力侵蚀面积 1.51 万 km²，占水土流失总面积 4.37%。与第一次全国水利普查（2013 年公布）相比，长江流域水土流失面积减少了 3.79 万 km²，减幅 9.85%，且呈逐年减少趋势。

长江流域水土流失以上游为主，水土流失面积占土地总面积的比例超过 20% 的省（自治区、直辖市）有重庆、贵州、云南、甘肃、四川等，均位于长江上游。主要分布在金沙江、岷江中下游、嘉陵江中下游、乌江赤水河上中游以及三峡库区等区域，又以金沙江下段最为严重。泥沙的主要来源受气候因素、地形因素、地质因素、植被因素以及人类活动因素的综合影响，雅砻江以上的金沙江上游地区产沙量和输沙量较小；而金沙江下游，包括支流安宁河、牛栏江、小江、龙川江、横江等是泥沙集中来源区，是产生干流泥沙淤积的主要区域。从长江上游流域范围上看，以四川省流域内的水土流失较为突出，其支流嘉陵江流域水土流失较为严重；其次为云贵高原，最小区域为长江源头至攀枝花段。上游流域面积约 100 万 km²，森林资源十分丰富，是我国仅次于东北的第二大林区，也是长江水土资源保护的重要屏障。近年来，生态保护的高度重视以及上游梯级水库拦沙作用，上游来沙量已显著减少，极大地减缓了三峡水库的淤积。

2.2.4　水环境污染

根据近几年来长江上游水质监测资料分析，按《地表水环境质量标准》（GB 3838—2002）进行评价，长江上游河流干流总体水质较好，大部分监测断面满足水功能区要求，以Ⅰ～Ⅲ类水质为主，劣于Ⅲ类水的河水占总评价河长的 20% 左右，主要出现在城市江段和工业相对集中的支流。

长江上游主要以非点源污染为主，平均总氮负荷中非点源占 91.28%，总磷负荷中非点源占 95.99%。金沙江水系总氮负荷中的非点源占比高达 95.16%，总磷负荷中的非点源占比高达 98.29%，这是由金沙江流域主要以农耕及畜牧业为主所致的。近 40 年来，长江流域上游多年平均非点源入河负荷强度总氮为 13.94kg/hm²，总磷为 2.92kg/hm²，都呈现显著的上升趋势，这与非点源氮、磷污染源量的增加有关。在年内来看，丰水期总氮和总磷的负荷强度远远高于枯水期，5—9 月总氮负荷量占全年总负荷量的 74%，而总磷则占全年总负荷量的 85%。在空间上，农田占比最大的沱江流域负荷强度最大，而农田面积最大的嘉陵江流域负荷量是最大的。

除了常规的污染问题，梯级开发建设水库后，水流流速减小，使污染物扩散能力降低，纳污后可能造成局部水域污染，容易出现局部库湾污染和富营养化的问题。

2.2.5　水生态变化

随着长江上游梯级水库的建设，河流生态系统正在受到越来越多的干扰和破坏，生物栖息地分隔严重，流水生活鱼类的适宜栖息地和产卵场大幅缩减，受胁鱼类逐步增加，鱼类种群资源和繁殖规模日趋减少，严重影响了水生生物的多样性。

长江上游流域（含湖泊）共分布有 286 种（亚种）鱼类，隶属于 10 目 23 科 121 属。其中，长江上游特有鱼类有 126 种，占长江上游鱼类总数的 44.1%。随着梯级水库的开发，激流生境长度缩短明显，导致水生生物适宜栖息地损失严重。目前，长江上游受胁鱼类达 74 种，其中长江上游特有鱼类有 55 种。被列入国家 I 级重点保护动物的有中华鲟、长江鲟、白鲟；列入国家 II 级重点保护动物有胭脂鱼、滇池金线鲃、川陕哲罗鲑、秦岭细鳞鲑；列入省级重点保护动物名录的有 43 种。根据《长江三峡工程生态与环境监测公报》（1997—2015）统计分析，长江上游鱼类产卵场数量以及鱼类种群资源正在逐渐减少，长江上游特有鱼类在渔获物中所占的比例、相对优势度以及日均单船捕捞量均明显减少。其中，长薄鳅被中国濒危动物红皮书及中国物种红色目录列为易危物种，以宜宾—重庆段产量最大，2000 年前每年产量约为 10t，2000 年以后年产量仅为 2~3t。长江鲟为我国长江特有物种，以长江干流四川宜宾至合江江段资源量最大，20 世纪后期，长江鲟的资源量急剧下降。圆口铜鱼、铜鱼曾是长江上游干流江段的重要经济鱼类，在库区渔获物中的比重曾高达 70.0%。然而，随着三峡工程的建设及运行，圆口铜鱼等喜急流性鱼类的适宜栖息地大面积压缩，种群数量急剧下降。1997—2000 年，万州江段两种铜鱼仅占渔获总量的 17.0%。在三峡水库 175m 试验性蓄水后，万州江段两种铜鱼在渔获物中的比重已不足 5.0%，圆口铜鱼已成为江段的偶见种。雅砻江水系的土著鱼类以裂腹鱼类、高原鳅类等适应急流生境类群为主。在二滩水库形成后，适应急流生境的土著鱼类被迫迁移至水库库尾和支流中，库区土著鱼类的资源量显著下降，裂腹鱼类的重量百分比由建库前的 71.9% 下降至建库后的 16.0%。

此外，产漂流性卵鱼类繁殖规模急剧下降。圆口铜鱼、长鳍吻鮈、长薄鳅等长江上游特有鱼类产漂流性卵，产卵场主要位于金沙江中下游至乌东德江段，初孵仔鱼在自然流态的河段一般需要被动漂流 600~700km。随着金沙江中游、雅砻江干流梯级水电站的逐步实施，圆口铜鱼原有部分产卵场因蓄水淹没消失，圆口铜鱼早期资源量急剧下降。监测结果显示，2013 年金沙江中游圆口铜鱼早期资源量仅为 2006 年的 1.4%。同样，金沙江下游溪洛渡、向家坝等梯级水电站的开发进一步阻隔了圆口铜鱼卵苗资源的下行漂流，影响了对长江上游资源的补充。2008 年向家坝水电站截流前，长江上游珍稀特有鱼类国家级自然保护区的圆口铜鱼早期资源补充量为 2.12×10^8 粒（尾）；2010—2012 年，圆口铜鱼早期资源补充量分别为 1.65×10^8、1.61×10^8 和 0.82×10^8 粒（尾），呈下降趋势；2013 年已无早期资源补充。

2.3　中下游河段演变及现状

长江中下游洪涝频发，通过长期不断的努力，逐步构建起由堤防、河道整治、水库、分蓄洪区、平垸行洪及退田还湖等组成的长江中下游防洪体系；以水库为中心的蓄水工程也在一定程度上缓解了该区域的旱灾。长江中下游是社会经济发展高度集中的区域，除了灾害防御、水环境保护、水生态保护、生态流量外，疾病控制也是需要重点关注的问题。

2.3.1 河道演变

宜昌以下，长江出山地而进入中下游广阔平坦的平原地区，历史时期河道变化较大。在历史早期，长江流域气候温暖湿润，森林植被茂密，长江中下游河床宽浅，分流河道较多。长江北面的分流河道随着长江的发育逐渐趋于消亡。此后，长江中、下游的河床，由于所处地貌形态的差异，其演变表现为以下两个河段的两种不同模式。

（1）荆江蜿蜒型河道的变迁。长江荆江段是历史时期长江河床演变最为典型的河段。其中，宜昌以下至藕池口约 180km 为上荆江，由于河床构造运动与流向一致，增强了河流的纵向流速，河岸沉积物胶结程度也较紧密，因而比较稳定；但自藕池口以下至湖南洞庭湖出口处城陵矶之间长约 240km 的下荆江，流向呈垂直相交，横向环流的冲刷作用显著，河岸沉积物也比较松散，易被流水掏空，因而在历史时期逐渐发育成为典型的"自由河曲"，即蜿蜒型河道，其曲折系数达到 2.01～3.57，素有"九曲回肠"之称。总的来说，上荆江河段弯道较多，弯道内多有江心洲，属微弯分汊河型，受边界条件和护岸工程的控制，总体河势相对较稳定，河道演变主要表现为局部河段的主流摆动、成型淤积体冲淤变化和部分分汊河段主支汊周期性交替；下荆江河段两岸抗冲性较差，河势控制工程实施后，除石首弯道和监利弯道近期变化较为剧烈外，河势已得到初步控制。

（2）城陵矶以下分汊型河道的变迁。长江下荆江以下河段，即城陵矶至江阴河口段长约 1160 余 km 的河道，流动于间有山丘阶地的广阔堆积平原上，汊道纵横，河湾发育，是属于低度分汊河道。这一河段，长江沿着断层破裂带发育，总体为宽窄相间的藕节状分汊河道，总体河势相对较稳定，河道演变主要表现为顺直段主流摆动，两岸交替冲淤，弯道内凹岸冲刷，分汊段主、支汊交替消长。目前，长江自下荆江以下至河口段，共计分布有大小江心洲 120 多个，汊道 100 余处，汊道总长达 650km，占全长的 56%。下游鄱阳湖口至徐六泾段，分汊河型较鄱阳湖口以上更为发育，河道分汊段一般为二汊或三汊，少数有四汊至五汊，窄段一般一岸或两岸有山矶节点控制，河槽窄深而稳定，分汊段主流易发生往复摆动，有些河段的主流摆幅较大，江岸冲淤反复，主汊易位，河床演变强度大于中游河道。

2.3.2 灾害防御

水旱灾害是长江中下游地区最主要的自然灾害，经过多年的努力，已初步构建起相应的灾害防御系统。

（1）洪水防御。隋朝以前，长江中下游沿江平原湖泽众多而广阔，虽然洪水泛滥，但因人烟稀少，不会形成灾害。盛唐以后，随着生产力的提高和经济的发展，人口迅速增加，人水争地的矛盾越来越突出。由于洪水的不可预测性、突然性和巨大的破坏性，历次大洪水都造成了重大的灾害损失。19 世纪中叶以来，就发生了 1860 年、1870 年、1931年、1935 年、1954 年和 1998 年的特大洪水，造成的损失、威胁和恐慌仍是巨大的。

1949 年以来，党和政府高度重视长江的防洪治理，多年来严格按照"蓄泄兼筹、以泄为主"的防洪治理方针，加强长江流域防洪建设，逐步构建起由堤防、河道整治、水库、分蓄洪区和平垸行洪及退田还湖组成的长江中下游防洪体系。

1）堤防建设。长江堤防建设始于东晋永和年间（345—356 年），至明清堤防已初具规模，各自分散的圩垸逐渐连接起来，构成了庞大的堤防系统。长江堤防包括上游堤防、中下游堤防、海塘 3 个部分，堤防总长约 64000km。长江中下游堤防包括长江干堤、主要支流堤防，以及洞庭湖、鄱阳湖区等堤防，是长江堤防工程的主体部分，其中干流堤防 3904km。

2）河道整治。1950 年以前，由于堤防较弱，河道变化频繁。1950 年以后，开展了大规模的河道治理工程，河势得以控制。1966—1968 年在下荆江蜿蜒河段实施了中洲子、上车湾河段两处人工裁弯工程，沙滩子河段于 1972 年发生自然裁弯。三处裁弯共缩短河道长度 78km。

十八大以来，为加快推进长江中下游崩岸重点治理工作，《三峡后续工作总体规划》安排了宜昌至湖口段湖南、湖北 2 省的 26 个崩岸重点治理项目，规划治理总长度 494.48km；国务院确定的 172 项节水供水重大水利工程，列入了湖口以下的江西、安徽、江苏等 3 省 11 个长江干流河道整治项目，治理总长度 496.11km。受河道自然调整和三峡水库及其上游干支流水库运用对来水来沙条件改变的影响，长江中下游河道经受长时间、长距离的冲淤变化，近年来局部河段河势调整有所加剧，新的崩岸险情频繁发生，先后投入资金 3.25 亿元用于 183 处崩岸险情的汛前应急整治，总计守护岸线长度 78km。中下游干流河道基本得到控制，河势总体较为稳定。

3）水库建设。长江流域已建成了大中小型水库 5.12 万座，总库容约 3588 亿 m^3。其中大型水库 274 座，总库容 2800 余亿 m^3。至 2020 年，纳入上中游水库群联合调度的水库数量共 101 座，总防洪库容 598 亿 m^3。三峡水库是长江干流骨干控制性工程，总库容 450.7 亿 m^3，防洪库容 221.5 亿 m^3。

4）分蓄洪区。以防御 1954 年洪水为目标，为保障重点地区防洪安全，长江中下游干流安排了 42 处蓄滞洪区，总面积约为 1.2 万 km^2，有效蓄洪容积为 589.7 亿 m^3。其中，荆江地区 4 处；城陵矶附近区 27 处（洞庭湖区 24 处，洪湖区 3 处）；武汉附近区 6 处；湖口附近区 5 处（鄱阳湖区 4 处，华阳河区 1 处）。

5）平垸行洪及退田还湖。1998 年特大洪水后，将"平垸行洪、退田还湖"纳入长江综合防洪体系。长江中下游"平垸行洪、退田还湖"共平退圩垸 1461 个，动迁人口 241.64 万人，恢复水面 2900km^2，增加蓄洪容积 130 亿 m^3，实现了千百年来从围湖造田到退田还湖的历史性转变。

长江中下游平垸行洪、退田还湖的对象是长江干堤之间严重阻碍行洪的洲滩民垸、洞庭湖及鄱阳湖区除重点垸、蓄洪垸以外的部分防洪标准低、"三年两溃"的民垸。考虑到沿江及湖区人多地少和长江洪水的特点，对影响行洪的洲滩民垸采取既退人又退耕的"双退"方式，坚决平毁，对其他民垸可采取退人不退耕的"单退"方式，即平时处于空垸待蓄状态，一般洪水年份仍可进行农业生产，遇较大洪水年份，则滞蓄洪水。

（2）旱灾防御。长江中下游地区是中国重要的粮食生产基地，受季风影响显著，季风雨带的往返移动导致该区域经常发生伏旱或伏秋连旱。另外，由于该区域人口众多、社会经济发展程度高，对水资源的需求量大，致使干旱成为长江中下游地区的主要灾害之一。近年来，长江中下游地区干旱发生频繁，如 2001 年春夏连旱、2010—2011 年六十年一遇的冬春连旱、2013 年夏季高温伏旱、2019 年夏秋冬三季连旱等，严重影响到人民的生产生活和国家粮食安全。在 2019 年旱灾中，水利部调度长江上游水库群以及三峡、丹江口等骨干水利工程适时为下游旱区补水，尽可能抬升中下游江段和鄱阳湖、洞庭湖水位。旱区各地强化抗旱水源调度，通过水库放水、涵闸引水、泵站提水、渠道输水等综合措施以及河湖、湖库、库闸联调等多种手段，全力保障抗旱用水。

2.3.3　水环境保护

长江中下游流域是我国人口密度最高、经济活动强度最大的区域，是我国社会经济可持续发展的重要命脉，同时也是南水北调水资源配置的战略水源地，在我国长江经济带发展中具有不可替代的全局性地位。多年来，随着社会经济的高速发展，长江中下游沿岸工业发达、城镇化水平高、港口集中，入江污染物排放总量逐年增加，水生态、水环境恶化趋势明显，饮用水安全面临严重威胁。

长江的水环境保护以 2016 年为节点呈现不同的趋势。2016 年以前，长江中下游水质恶化趋势明显。据相关研究表明，2005—2016 年以来，长江中下游断面水质恶化趋势明显存在增大趋势，相对于 2005 年，汉口、大通和上海（石洞口）3 个断面最为明显。根据 2012 年国控监测断面数据，在 47 个有监测数据的断面中，Ⅰ～Ⅲ、Ⅳ～Ⅴ类和劣Ⅴ类断面数分别为 42 个、3 个、2 个，所占比例分别为 89.4%、6.4%、4.2%；与 2010 年、2011 年相比，2012 年劣Ⅴ类断面所占比例增加 4.2%，个别断面水质恶化明显。

2016 年以来，长江经济带在"不搞大开发，共抓大保护"的绿色发展战略指导下，先后开展了环保督查、水源地保护督查、入河排污口排查、岸线利用及固体废弃物排查、天然水域围网养殖清理等一系列专项行动，同时大力推进河湖长制、水污染治理，水资源保护力度逐渐加大，长江中下游水环境改善明显。根据相关研究结果，长江中游水功能区一级区达标率从 2014 年的 66% 提高到了 90.5%，增长了 37.1%；二级区达标率则从 57.7% 提高到了 90.3%。长江下游水功能区一级区达标率从 71.6% 提升至 77.2%；二级区达标率从 50.3% 增长至 65%。长江大保护实施以来，在过去几年中，除个别河段外，水功能区一级区、二级区水质达标率都明显提高。

2.3.4　水生态保护

长江中下游平原湖泊星罗棋布，总面积 15770km²，主要有两湖平原湖群、赣皖湖群、苏皖湖群和太湖湖群。其中，两湖平原湖群介于枝江与武穴之间，这里是水域辽阔的云梦泽所在，后经长江及其支流所挟带的泥沙不断淤积，陆地扩大，水面缩小，并分隔成数以千计的湖泊，现残存下来的仍有 600 多个，主要湖泊有洞庭湖、洪湖、梁子湖等。赣皖湖群分布于武穴和大通之间，包括鄂东、皖南和赣北的许多湖泊，主要的有鄱阳湖、龙感湖、大官湖、泊湖、菜子湖等。苏皖湖群分布于大通（安徽铜陵）与茅山（江苏句容）之间，主要湖泊有巢湖、南漪湖、石臼湖、固城湖。太湖湖群分布于长江三角洲的太湖平原，大小湖泊 200 多个。随着经济社会发展，长江中下游水生态问题日益突出。

（1）水域面积萎缩。多年来，由于围湖造田以及毁林开荒导致泥沙淤积，长江中下游湖泊面积开始减少。至南宋（1127—1279 年）时围垦已达到相当规模，明朝（1368—

1644 年）时围垦快速增多，至清朝（1644—1911 年）中期到达高峰。至 1949 年，湖泊总面积 25828km²。

20 世纪 50—70 年代，围湖垦殖规模大幅度增加，导致湖泊总面积减少约 33.3%，1970—2000 年减少了 17.5%，2015 年面积达 1km² 以上的 696 个湖泊总面积相比 20 世纪 80 年代净减少了 1862km²。素有"千湖之省"之称的湖北省在 80 年代 0.5km² 以上的湖泊仅剩下 309 个，湖泊总面积由 60 年代的 8300km² 下降到 2656km²。湖泊围垦在 1998 年施行"平垸行洪，退田还湖"政策后才得到遏制，长江中下游湖群的湖泊面积才得以维持，但此时湖群的生态修复能力已大大萎缩。

（2）江湖阻隔。历史上长江两岸绝大多数 10km² 以上湖泊为通江湖泊，数量达 100 多个，目前仅剩鄱阳湖、洞庭湖及石臼湖等少数通江湖泊。在江湖阻隔后，湖泊的水位波动型式变为水库型。此外，水库群建设和运行还造成鄱阳湖与洞庭湖退水加快，枯水期提前、枯水期延长。实测水位数据显示，鄱阳湖与洞庭湖退水期平均水位较 2003 年以前分别降低了 1.84m 和 1.09m，鄱阳湖 2003 年以来年均枯水期历时较 1954—2002 年间延长 48 天，其中 2011 年鄱阳湖全年枯水期持续达 264 天。

（3）自然湖滨带退化。由于围垦、城镇化和道路建设等原因，许多湖泊的湖滨带退化甚至消失。自然岸线被硬质堤岸所取代，如长江下游的巢湖，垒石岸线 129.0km，水泥堤岸 40.7km，两者约占 190.6km 总岸线的 90%。同时，大面积的陆向湖滨带变为不透水的地面。湖滨带退化导致水生植被和沿岸陆生植被衰退，降低了湖滨带拦截外源污染和消减内源负荷的能力，破坏了湖泊生态系统的完整性。

（4）水生植物覆盖度降低。20 世纪 80 年代以前，长江中下游湖群绝大部分湖泊水体清澈、水草茂盛、水质优良，之后大部分湖泊演化成中营养或中富营养。张运林等在 2018 年对长江中下游 44 个湖泊的调查发现，相比于 1988—1992 年和 2006—2008 年两个时段，湖泊水体营养盐水平变化不大，但浮游植物疯长、透明度下降，富营养化水平上升，沉水植被急剧退化，湖泊生态空间质量下降。相比于 20 世纪 80 年代，洪湖、梁子湖、菜子湖和长湖等大型湖泊水生植被消失面积都在 100km² 以上。有学者基于 MODIS 遥感数据揭示了近 20 年（2000—2018 年）来 25 个面积在 50km² 以上的大中型湖泊水生植被的变化情况，结果表明，80% 以上的湖泊水生植被覆盖度和植被指数都呈现下降和显著下降趋势。基于 Landsat 数据分析了滆湖 1984—2018 年水生植被的变化情况，结果表明，滆湖水生植被面积呈现显著下降的趋势，30 余年间水生植被面积损失 50km²。

（5）鱼类多样性减少。长江中游地区鱼类共有 215 种，其中中游特有鱼类 42 种，下游地区有鱼类 129 种，仅见于下游地区的有 7 种。中下游地区亦是长江重要渔业资源"四大家鱼"的主要产卵地，仅长江中游段就有 19 处产卵场。王洪铸等对通江湖泊和阻隔湖泊的鱼类种数-面积关系研究显示，江湖阻隔导致长江中下游湖泊中鱼类总种数减少 38.1%，江海洄游型鱼类减少 87.5%，河流定居型鱼类减少 71.7%，江湖洄游型鱼类减少 40.6%，湖泊定居型鱼类减少 25.4%。

除了鱼类种数的减少，长江"四大家鱼"的鱼苗资源也呈现明显下降趋势。天然鱼苗的数量仅为 1965 年的 1/5。主要原因是江湖阻隔导致洄游通道堵塞和流水环境丧失，河道渠化和河岸带硬化导致微生境结构简化，降低了生境异质性。历史上数次对四大家鱼鱼苗发江量的调查显示，1981 年监利断面鱼苗径流量为 67 亿尾，而在 1997—2001 年该断面每年鱼苗径流量分别为 35.9 亿尾、27.5 亿尾、21.5 亿尾、28.5 亿尾、19.0 亿尾，分别占 1981 年监利断面鱼苗径流量的 53.6%、41.0%、32.1%、42.5%、28.4%，到 2008—2010 年，监利断面鱼苗径流量仅为 1.82 亿尾、0.42 亿尾、4.28 亿尾，占比降至 2.7%、0.6%、6.4%。与此同时，三峡水库蓄水后四大家鱼在组成上也有显著变化，历史上占绝对优势的草鱼比例显著下降，而鲢鱼比例相对上升。

2.3.5 径流变化

近十余年长江上游大量兴建大型水库，蓄水、调节和拦沙对中下游河川径流和泥沙产生了深刻影响，河川径流减少，径流季节提前，长江中下游部分河段已无法满足其生态流量。据周建军等人的研究发现，汉口站和大通站 2016 年水量较 1990 年分别减少 4.8% 和 5.6%，绝对量分别为 350 亿 m^3 和 500 亿 m^3。汉口站和大通站 7—8 月平均流量（2003—2016 年）减小也十分显著（数量与蓄水期间相当）。其中，大通站在 1951—2002 年间，断面径流趋势平稳，平均递减率 2.58 亿 m^3/年。三峡水库蓄水后，汛后大通站流量减少 5000m^3/s。10 月大通站流量小于 15000~18000m^3/s 的频次也显著增加。大通站 2006—2016 年各年 10 月平均和最小流量平均分别降低到 23740m^3/s 和 17560m^3/s，流量小于 15000m^3/s、18000m^3/s 分别出现 35 天和 94 天（分别占 10.3% 和 27.5%）（1951—2002 年共出现 11 天和 45 天，分别占 0.68% 和 2.80%）。

除了干流径流的变化，长江中下游江湖水位下降也非常明显。10 余年来中下游河湖一般水位全面降低。鄱阳湖 2003—2009 年全年和枯季入湖（五河七口）径流比 1956—2002 年减少 22.7% 和 17.3%。9 月初和 10 月下旬干流水位降低，洞庭湖水面分别缩小 400km² 和 500km²，持水量分别提前减少 21 亿 m^3 和 13 亿 m^3，鄱阳湖分别缩小 1000km² 和 1300km²，持水量分别提前减少 52 亿 m^3 和 25 亿 m^3，两湖合计流失水 38 亿~73 亿 m^3，10 月下旬鄱阳湖干枯，鄱阳湖湖口水位平均下降了 2.8m。除了受干流水位影响，洞庭湖水量还受荆南三口分流影响，相关资料显示，荆南三口入湖水量从 1991—2002 年平均 620 亿 m^3 减少到 489 亿 m^3（2008—2014 年），9—11 月减少 28%，其中 10 月更是减少了 62.5%，枯季断流十分普遍，而三口分流完全决定于干流水位。10 月初、末三口总分流能力已从蓄水前 2550m^3/s、820m^3/s 降低到 700m^3/s、100m^3/s。

2.4 长江河口演变及现状

作为长江三角洲城市群核心的长江河口地区，依托河口冲积平原的优越条件，临江滨海，享用水通航之便利，工农业高度发达，人口密集，已经成为我国经济最发达的地区之一，是长江经济带发展的领头区域。河口地区的自然、社会环境复杂，保护工作主要侧重于水环境保护、水生态修复、防止咸潮入侵三个方面。

2.4.1 水道演变

历史时期长江河口区水文、地貌条件都有很大变化，加之受径流、潮流及风暴潮等多种动力因素的影响，且河道宽阔，暗沙密布，河势变化复杂，河道稳定性较差。

距今 5000～6000 年左右，长江三角洲大部分地区成为浅海、沼泽和海滨低地。长江下游为溺谷，河口在镇江、扬州一带。公元 1 世纪南北两嘴之间的口门宽度达 180km。向内束狭，呈喇叭形。多年来，海水作用于河口地带，并留下侵蚀和堆积的地貌形态，不断发育形成现在的长江三角洲。

2.4.2　水环境保护

随着经济规模的不断扩大、城镇化比例升高和人口数量的不断增长，长江河口地区产生了大量的废污水，除少量直接排放入海外，其余绝大部分排入长江河口水域。长江大保护实施以来，情况稍有好转。根据对多年监测数据的分析，目前，长江干流及长江河口水域的总体水质状况尚好，多数断面的水质全年平均可以达到 Ⅱ～Ⅲ 类水的标准。

（1）水质状况。长江流域及长江河口地区产生的污染物经各支流及排放口进入长江干流。自 2000 年起，上海市废污水的排放总量呈现为缓慢上升的趋势，到 2010 年达到峰值，为 24.82 亿 t/年，此后开始有所下降。胡裕滔等利用 2013 年 1 月至 2018 年 10 月徐六泾断面水质数据研究发现，2013 年以后整体水环境质量趋好，自动站监测 5 项基本指标（水温、pH 值、电导率、浊度、溶解氧）和 3 项重点指标（总有机碳、高锰酸盐指数、氨氮）波动幅度趋稳。

（2）赤潮。长江来水中携带着大量的营养盐进入东海，加上适宜的水温和气象条件，长江河口及附近海域的富营养化较严重，赤潮频发，对生态环境和生物资源造成的影响是巨大的。自 20 世纪 70 年代有观测记录以来，在长江河口地区及邻近海域共发生赤潮达 174 次。其中，暴发面积大于 1000km² 的有 25 次，而且在 2000 年以后，其发生频率呈明显的上升趋势。

2.4.3　水生态保护

受人类活动和自然环境演变的影响，近年来长江河口地区的生态环境呈现恶化趋势，湿地面积逐年减少，水生生物种类和资源量也在不断减少，使生物的多样性受到破坏。

（1）湿地。湿地作为地球之肾，在长江河口的生态系统中占据着重要的地位。多年来，长江河口湿地生态系统结构发生了显著的时空变化。总体上，滨海湿地生态系统持续退化，自然湿地和裸潮滩的面积均呈显著下降趋势，而人工湿地的面积占比大幅度上升。孙楠等根据多年的遥感数据研究表明，2015 年长江河口海岸带湿地总面积为 4725km²，自然湿地占 63.5%，人工湿地占 21.2%，湿地总面积相比 1979 年增加了 662km²，自然湿地面积减少了 163km²，而人工湿地面积增加了 766km²。长江口湿地目前仍以自然湿地为主并且不断淤积，但其比重在不断降低，总的变化趋势为河口区不断淤积，自然湿地转变为人工湿地，人工湿地转变为建筑用地等非湿地。

（2）水生生物。在河口地区，由于咸淡水这一特定的环境条件，这一水域的鱼类几乎都是浅海鱼类和咸淡水鱼类，包括洄游性种类在内，有 40 余种，有些种类的数量往往与长江中下游水文气象条件显著相关。一般地说，春季气温高，雨量充沛，洄游性鱼类上溯，数量多。若是春季雨量小，来到下游和河口地区的洄游性鱼类也就少。

2.4.4　咸潮入侵

咸潮入侵是入海河口地区特有的一种自然现象。多年来，长江河口地区的咸潮入侵问题已经严重影响到了该地区工农业生产用水和居民生活用水的供应，而且也带来了土壤盐碱化等后果。

长江河口的河势呈现"三级分汊、四口入海"的形态。历史上，北支曾经是长江河口的主航道，受科氏力和人类活动的影响，北支不断淤积成为喇叭口形态，分流比也在不断减小，实际上已经成为一条涨潮沟，高盐水顺涨潮流绕过崇头顺流而下以盐水团的形式影响到南支水域，北支咸潮倒灌是咸潮入侵的最重要途径；高盐度的咸水团经由南支南港、北港水域直接上溯，这是长江河口咸潮入侵的另一条重要途径。长江径流量和潮流量的消长最终决定着长江河口水域咸潮入侵的强度。根据研究，当大通站的流量小于 $20000\mathrm{m}^3/\mathrm{s}$ 时，就有可能发生明显的北支盐水倒灌南支的现象。因此，枯水期是长江河口咸潮入侵最频发的时段。

随着三峡水利枢纽工程以及深水航道等一批涉水工程的投入运行，长江河口的咸潮入侵形势也随之发生了一些变化。三峡水库作为一座季调节水库，在枯水期明显地增大了大通站的下泄流量，这对于缓解最枯期的咸潮入侵具有明显的正效应；但是，由于 10—11 月的蓄水期减少了下泄流量，近年来咸潮入侵发生时段有提前的趋势。

第 3 章

梯 级 水 库 生 态 调 度

3.1 梯级水库生态问题

长江上游地区径流大、落差大,水力资源丰沛,宜昌以上的长江上游地区技术可开发装机容量为 24.4 万 MW,占长江全流域技术可开发量的 87%,约占全国的 40%。2012年 2 月《长江流域综合规划（2012—2030 年)》发布后,长江上游干流与主要支流规划了若干水电站,形成梯级开发,长江流域目前已建成 5 万多座水坝。这些大型水利水电工程主要分布在金沙江干流、长江上游干流区间,以及雅砻江、大渡河、乌江等主要支流上,此外,山区河流也建设了众多梯级电站。按照所处水系和区段位置来划分,长江上游地区大型水电站将逐步形成 8 大梯级水电站群落,根据装机容量大小依次排序如下:金沙江中下游梯级、雅砻江梯级、大渡河梯级、三峡梯级、金沙江上游梯级、乌江梯级、嘉陵江梯级和岷江梯级（图 3.1)。

2018 年 6 月 19 日,国家审计署发布《长江经济带生态环境保护审计结果》显示,截至 2017 年年底,长江经济带有 10 省份已建成小水电 2.41 万座,最小间距仅 100m,开发强度较大。过度开发致使 333 条河流出现不同程度断流,断流河段总长 1017km。由于水电开发造成的长江流域生态环境问题已凸显出来。

3.1.1 生物栖息地环境条件改变

河流为水生、两栖和部分陆生生物提供栖息地和生存空间,为生物多样性发育、发展提供物质、能量基础和基因信息,是鱼类和其他生物及其种子的运动和传输通道。水库大坝的工程建设、蓄水、调度的过程往往改变了附近生物栖息地环境条件,进而产生一系列生态环境问题。

（1）对上游库区淤积和库岸的侵蚀。水利工程蓄水投入运行,库区对上游流量进行拦蓄,大幅度提高了坝前水位,导致库前水深和库后水深落差增加,容易造成上游库区淤积和库岸侵蚀。大坝最主要的不良影响就是拦截作用,长期运行后,大量的泥沙、污染物等淤积在水库中,改变了河流的天然生态系统状态,水温、溶解氧季节性分层,水库流速较缓,易富营养化,水质变差的同时引起多种生态环境问题,更威胁到生物种群的生存和繁衍、生物多样性的扩展和群落结构的丰富性。水库蓄水后,产生大片消落带,破坏原始的生态环境和土地形态,引起土壤流失并降低岸边植物防止库岸冲刷的功能。大坝的拦截改变了区域生态环境,库区水生动植物和库岸动植物的种群都将引起巨大改变,对各类生物

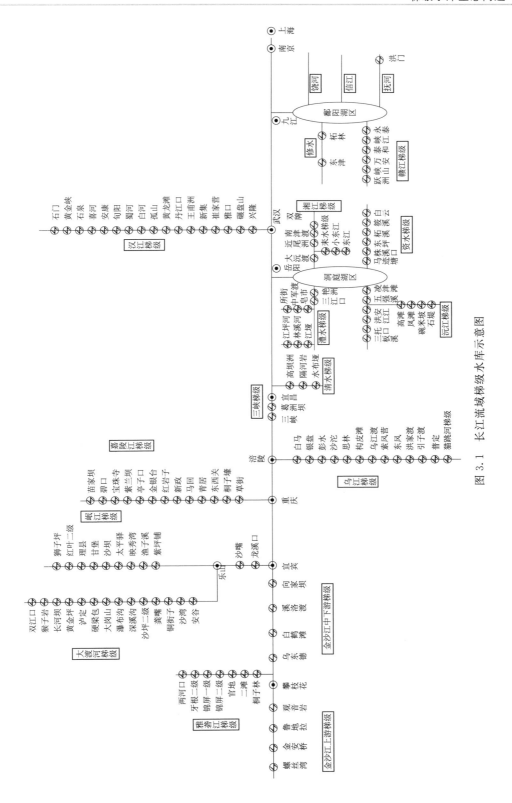

图 3.1 长江流域梯级水库示意图

的生存和发展构成一定的威胁。

（2）对下游河道形态和水文的影响。在河流上修建大坝，抬高了大坝上游水位，下泄的"清水"具有巨大挟沙力，剧烈冲刷大坝下游河道和河岸，造成下游河道刷深，河岸崩塌，降低了下游水位，对河势稳定产生不利影响，使得河道和洪泛区、湿地、沼泽的横向物质、能量交换减少，入湖水量有所下降，影响江湖连通。由于下游输沙量减少，丧失了冲积平原和三角洲等这类利于人类发展的地球资源。

不同规模和功能的大坝对下游河道形态和水文的影响也有所不同。对天然河流的水文情势产生非常明显的影响，影响最大的是多年调节型水库，影响相对较小的是日调节型水库。水库水位的变化与天然江河大不相同，取决于不同类型调节方式。以防洪为主要目的的水库，其水位的变化在季节上与天然河流是相反的，水位变幅较大，如三峡水库，汛期水库处于低水位运行，在汛末蓄水，水库处于高水位运行。而对径流式水电站如葛洲坝水库来说，水位的变幅不大，也不会出现明显的季节性的变化。总体来说水电站的下泄水量与天然流量有显著差异，改变了河内生境和河岸生境，影响生物群落的栖息。就供水大坝来说，下泄的水量是根据丰水期和枯水期调节的，丰水期大坝蓄水，枯水期向下游泄水，从而改变了下游河道的天然径流规律和水温等条件，对水生生物的产卵和繁殖造成威胁，生物多样性降低、生物栖息地环境遭到破坏。

3.1.2　水生生物多样性下降

水利工程对河流非生物环境（如河道径流、水沙关系、水质等）的一系列影响，以及上游库区淤积、库岸侵蚀和河道形态的变化，直接引起了水生生物群落生长环境的巨大改变，严重威胁到生物多样性特征。

（1）浮游生物。浮游生物包括浮游植物和浮游动物。浮游植物是水体初级生产力的主要组成部分，处在水生生物食物链的第一环，其种类组成和变化对水体生产力的影响较大。浮游植物适应于静水或缓流水生活，在未兴建水库的天然河流尤其是山区水流较急的河流中，种类和数量都比较少，种类组成则多以硅藻和绿藻为主，如三峡库区 80 余属藻类中，硅藻和绿藻分别占总数的 36.6%～40.1% 和 29%～35%，主要是适应于流水环境营着生生活的种类。在含沙量较大的常年浑浊的水流中，着生藻类较少，而在透明度较大的清澈水中，着生藻类较多。水库形成后，浮游植物种类组成和生物量在湖泊型水库中比峡谷型水库多，而与湖泊中的相似，峡谷型水库则介于天然河道与湖泊之间。在水平分布和垂直分布上，库湾和支流回水区的种类和数量较多而在水库中心较少，表层水面多而水库深层较少。

建库对浮游动物的影响与对浮游植物的影响相似。一般情况下，水库中浮游动物的种类和数量都比天然河道中的多，在库周岸边水中的浮游动物比水库原河道中的数量多，库湾的浮游动物种类和数量多于水库干流中的种类和数量。其种类组成则与河道中原有的种类以及库周小水体中的种类有关。其变化趋势与浮游植物的变化相同。

总的来说，浮游生物一般喜于静水或流速较慢的水环境生长。大坝建造之前的天然河道往往地势较高，河道较窄，流速较快，不适宜该生物的生长，因此浮游生物种群结构较单一，种群数量较少。建坝之后，坝前流速降低近似于静水水域，导致浮游生物的大量繁殖；而水库淹没的树木、草、岩石、动物等大量的有机物分解，为浮游生物带来了大量的有机物和营养物质，为其生存和繁衍提供了养分补给，为其种群扩大提供了条件；有机物质分解生成的大量氮和磷，进一步促进了浮游生物的快速繁殖。水库运行后，下游河道的天然生境也发生变化，伴随下泄流量的改变，河道内的流速、水温、含沙量、水质、有机物质等也发生着变化，不同的水文、营养物质、水库运行条件都将影响浮游生物的繁衍和结构，其数量发展为增加趋势，结构更为复杂。受大坝影响的河流内浮游生物种群结构和数量都将高于天然河流。

（2）着生藻类。着生藻类是附生于河流内石块、腐木和其他大型植物表面的藻类。建坝后，库水水质变清、阳光投射率高、流速减缓、有机物质含量增加等一系列变化为库周浅水区着生藻类的生长提供了条件，导致着生藻类的规模不断扩大。而库中由于水深阳光无法透过，着生藻类较少，不利于水生动物的栖息和产卵，生物多样性降低。

（3）大型水生植物。大型水生植物包括除小型藻类以外的所有水生植物种群，主要包括水生维管束植物。水生维管束植物一般个头较大，顺着河心到岸边的顺序可分为四种植物类型，分别为沉水植物（如黑藻）、浮叶植物（如睡莲）、挺水植物（如芦苇）、漂浮植物（如凤眼莲）和湿生植物（如香蒲）。水生植物大多生长在水流较缓、水位变幅不大的水体中，其生境与水文条件的关系比较密切。一般情况下，湖泊池塘中的水草多于河流，而平原丘陵地区河流中水草又多于山区河流。如三峡库区的长江干流中基本上无水草生长，而在长江中游，很多江段的岸边生长有较多的水生植物如芦苇等。

水库的兴建对大型水生植物的影响主要与水库的调节方式有关。如果水库的调节对水位的变幅影响不大，不致使大型水生植物长时间露出水面或长期淹没在水下，则库区和库周存在着大型水生植物的生长条件；承担防洪任务的水库一般不利于大型水生植物的生长，如三峡水库为了防洪，其水位在1—5月从175m降到145m，消落带达30m，这种条件很不利于大型水生植物的生长，因此，三峡水库中的大型水生植物种类和数量将十分稀少。另外，大型水生植物的生长与库周的底质条件有关，石质的库周库底不利于大型水生植物生长。

大坝的拦截作用在一定程度上有利于下游河道大型水生植物的生长，这是由于库区内泥沙沉降、浑浊度降低，促进了光合作用强度，促进了大型水生植物的繁殖发育；另一原因，是由于减少了汛期流量对下游河道的冲刷，枯水期河道水深的保持也确保了河床的稳定性，从而减少了冲刷对大型水生植物水面下部分的影响，提高了其根的抓地性；再加上库区的类湖泊水环境和下游的河流水环境不同，下泄流量中夹带的有生长于库区内的大型水生植物物种，漂流到适宜它们生存的地带或冲积平原和三角洲区域，从而扩充了大坝下游大型水生植物的生物多样性。

（4）鱼类。水库建成运行后，对鱼类的影响较大。鱼类的生物周期所需的生态环境是相对稳定的，是保证鱼类生物种群生存和鱼类资源稳定的前提条件。大坝阻隔了鱼类的洄游通道，使得鱼类生境破碎化，水位、泥沙的变化又使得鱼类固有的产卵场、索饵场、越冬场遭到破坏，鱼类的产卵、育肥受到严重影响，导致种群的基因遗传多样性丧失，长期作用下会对原始物种的存亡造成威胁，种群结构改变，进而导致生物多样性改变。

大坝将天然河道分割为库区上游、库区和大坝下游，同时也分割了生态环境，一条无群落差异的河段出现了不同的水环境和生物群落分布和组成。对鱼类的影响表现在三个方面，分别为：

1）鱼类洄游通道的阻隔。鱼类洄游通道的阻隔是最严重的影响，也是最难解决的问题。大坝破坏了河流的连续性，阻碍了鱼类在河段内的迁移和产卵路径，对洄游性鱼类的繁殖洄游造成了影响，使其不能到达产卵场，有些甚至撞坝而亡，严重威胁洄游鱼类的产卵繁殖，最终导致洄游性鱼类不能顺利完成其生活周期，鱼类种群的改变，最为严重的是可能导致洄游性特有珍稀物种消亡。河流的梯级开发可加重这一影响。

2）物种基因交流的隔断。大坝破坏河流连续性的同时，原来连续分布的种群，被隔断为彼此独立的小种群，阻碍了水生种群之间的物种基因交流，造成物种单一性，改变物种结构，导致种群个体或不同个体内的基因遗传多样性的破坏。受此种影响的鱼类主要是生活于急流水环境的种类。同种鱼类被水库分离生活在水库的上游和下游，水库的存在阻隔了它们之间的生物种质交流。这种影响的结果要经过很长时间才能显现出来。

3）对鱼类的伤害。鱼类游经大坝溢洪道、水轮机组时，受到高压高速水流的冲击，造成休克、受伤，甚至死亡。高水头大坝泄洪和溢流时，大量空气被卷入水中，造成下游河水氧气和氮气含量长时间处于超饱和状态，容易使鱼类诱发气泡病而亡，大大降低幼鱼和鱼卵的存活率，严重影响鱼类的生存和繁殖，造成鱼类资源的下降。

蓄水后水流减缓、水深加大和泥沙沉积，则对喜在急流河底产黏附性卵的鱼类不利。水库运行时库水位的变动不利于在草上产黏附性卵的鱼类繁殖后代，因为库水的消落会将它们的卵暴露在库岸上致其死亡。

3.1.3　水体污染加剧

大坝建设将自由流动的河流连续体切割为相对静止的人工湖泊，长时间蓄水导致库区水体物理、化学和生物性状的变化，引起库区水质发生变化，并通过水库泄流对下游河流水质产生影响。梯级电站的建成和水库蓄水，导致河流流速减慢，水流停滞时间较长，污染物降解能力下降，上游和库周的污染物入库后逐渐累积，导致水体恶化，再加上受水库回水顶托，库湾和部分支流水体污染加重，极易出现富营养化现象。以三峡水库为例，三峡水库是季节性调节水库，在旱季（每年的 11 月到第二年的 4 月）为保证发电的需要，水库水位保持在 175m 左右；而在雨季（5—10 月）来临前则降低水位至汛限水位 145m 左右，以腾出防洪库容调蓄洪水。在整个旱季由于库区长时间维持较高的水位和较缓的水流，水体的滞留时间被大幅度延长。而三峡库区干流和支流的营养盐浓度普遍较高，可以满足藻类生长的需要，尤其是支流和库湾流速缓，每年春夏季在适宜的水文条件和温度下极易发生"水华"。大坝修建改变库区和下游河道水温，水温的变化也会影响生物的新陈代谢及水体酸碱平衡，进而影响水体水质。

3.2　生态调度理论

传统的水库调度是以发电、灌溉、防洪等为目标，建立调度模型，基于系统科学的思想对模型求解，然后制定水库调度方案。传统的水库调度促进了水资源的统一管理和高效利用，但是也扰动了流域的生态系统、天然水文情势，从而出现了河道萎缩、水环境质量恶化、生物多样性锐减等一系列的河流生态环境问题。为了降低传统水库调度对河流生态系统造成的不利影响，应选取更加科学的水库调度方式，近年来在原有调度方式的基础上引入了水库生态调度，更多地考虑河流生态系统的需求，保护天然生态环境，实现人水和谐。长江干流与重要支流目前已形成了梯级开发，考虑生态环境和恢复河流生态系统为需求的梯级水库生态调度技术，已成为长江流域生态修复的一项重要技术。

3.2.1 河流的功能

生态调度的目的就是要通过水库调度，使得河流的某种或某几种功能得以正常发挥，河流的生态系统能得以健康可持续的发展。那么，对河流各种功能的讨论和界定则有助于确定生态需水量的大小，对于生态调度的研究非常重要。大部分学者认为河流的主要功能可以归纳为输水、泄洪、航运、输沙、发电、自净、生态、景观娱乐功能这 8 种。从大类上看，主要可以划分为自然功能、社会服务功能和人文景观功能。

（1）河流的自然功能。河流的自然属性受诸多方面的影响，从河流的形成演变过程来看，其受地质构造、地质化学背景、地形地貌等的影响；从水文循环过程来看，它是大气水、地表水、地下水和生物水间循环往复的重要一环；而从物理化学过程来看，水流的动力条件及物质的输移转化形成了特定的水质状况。可以认为正是这些自然属性赋予了河流最基本的特征，决定了其自身的固有价值，而这部分不受人类行为影响的价值对应的便是河流的自然功能。河流的自然功能主要包括输移功能、生态功能和自净功能。

1）输移功能。河流像血管一样，日复一日的水流运动不断地进行着物质、能量和信息的输入和输出，主要的输移物质为水流和泥沙。仅以长江为例，其年均入海水量就近 1 万亿 m^3，年均输沙量也达数亿吨。水的势能是河流物质输移功能的直接动力来源，其主要用于搬运水及河床演变等，而信息的输移则同时依托于物质的输移和能量的转化，河流中信息的输移主要表现为河流自身信息（如流速、水深、河床比降、水温、水质、水文节律等）的反馈作用，此外河流生态中的生物信息的输移也不可忽视。

2）生态功能。河流具备了生物所必需的一切条件，如水、阳光、营养物质；生物也适应了河流的自然特征。河流和水生生物共同组成了河流生态系统。河流支撑了水生生物生命周期，水生生物使河流具有生机和活力，成为了地球生态系统的重要一环。

3）自净功能。河流在经过一系列的物理、化学和生物作用下，污染物在水体中逐渐降解，并最终恢复正常是一种自然过程，而在这一过程中，生物种群也最终恢复自然水平。

（2）河流的社会服务功能。水是生命之源、生产之要。人类依水生活和生产，同时人类活动对河流的自然生态也产生着巨大的影响，这就产生了河流的社会属性。河流的社会属性主要是通过人类社会活动表现出来并发挥一定功能，人类活动对河流依赖、索取越高，河流的社会服务功能越多。

1）供水功能。人类社会的发展离不开河流，无论是生活用水、农业用水，还是工业用水绝大部分都取自河流。另外，河流不仅给人类提供生存必需的水，而且还直接提供工农业生产所需的原料。

2）发电功能。水能是一种取之不尽、用之不竭、可再生的清洁能源。河流的落差蕴藏着丰富水能，通过修建水坝或引水设施，将水能集中转化为电能，不仅效率高，且相对来说对环境影响较小。近年来我国水力发电装机容量和发电量均呈增长趋势。

3）水利功能。河流是宣泄水流和搬运泥沙的重要通道，行洪排涝本是河流自然属性，由于人类活动的需要，河流行洪排涝也具有了社会属性。

4）航运功能。自古以来，水运、陆运是两大主要运输路径，两种路径各有优势，相互补充。即使在陆运、空运相当发达的今天，内河航运在大运量、远距离的运输上也有绝对的成本优势。

5）养殖功能。河流及连通湖泊具有良好的生态系统，为水产养殖业和渔业提供了必要的条件，著名的长江"四大家鱼"是长江中下游的主要渔业资源。目前，我国淡水养殖面积和产量均为世界第一。

（3）河流的人文景观功能。人类社会产生以来，河流就承担起为人类发展和自然生态延续服务的双重功能，孕育了河流文明，造就了河流的第三大类功能——人文功能，产生了河流的第三种属性——"文化属性"。

1）历史文化功能。河流是人类社会文明的发源地，以四大文明古国中国、古印度、古埃及、古巴比伦为例，其古代文明分别发源于黄河、恒河和印度河、尼罗河、幼发拉底河和底格里斯河，河流支撑人类社会的形成，也托起了人类文明的发展。

2）自然景观功能。河流优美的水环境以及深厚的文化底蕴若能与水利工程完美结合，便能成为绝佳的自然景观，典型的如三峡大坝、河流滨岸带等。

3.2.2 河流健康的内涵

河流健康首先应是河流生态结构、功能的完整性，这是基本条件，其次是人类与社会价值。从地质年代来说，河流都会经历起源、发展、兴盛、衰微和消亡这五个阶段，处于无人类开发利用的天然河流（即基本不受人类活动影响、仅提供人类生存基本需求的河流）是无所谓健康不健康的，讨论自然河流是否健康没有实际意义，也没有评判标准。河流健康不应是单指自然属性，而应是相对概念，是社会属性影响下的自然属性的改变，即人类开发利用河流、具备了改变河流自然属性的能力，才有河流健康的概念和实际意义，其实际意义在于既不能为了让河流保持其"自然状态"而完全不被人类社会所利用，也不能过度利用其社会属性而破坏河流，这就需要明确河流健康的定义、内涵、评判标准等。因此，河流健康应具备以下两方面的内涵：

（1）河流物理、化学及生态完整性。物理完整性即河流形态结构的完整性，指的是在一个流域体系中河流廊道形态结构、水量、水沙过程等基本环境完整，即对应于某一个河段便是要求河流形态稳定、连通、水文过程是连续的；化学完整性是保持河流水质稳定和连续性，河水中化学物质及其迁移转化过程保持平衡；河流物理完整性和化学完整性支撑起河流生态完整性，保持河道内底栖生物、浮游生物、鱼类及以河流为栖息地的鸟类、两栖动物所构成的河流自然生态系统的完整。这些完整性都存在动态平衡，且具有弹性空间和范围，超出某一个下限值，如生态水量，不能维持水生生物需求，打破了生态系统的平衡和完整性，则河流应视为不健康。反之，人类开发利用没有影响生态系统平衡，则河流应视为健康，比如从长江干流按 $1m^3/s$ 的流量取水用于生产，基本不会对长江产生影响。

（2）河流功能的健全。河流功能主要是指其社会属性，即人类开发利用的过程，由于不同河流的条件不同，其社会功能也不同，比如有的河流滩多、水急，不具备航运条件，不能认为河流不健康。保障河流健康实质上是在保证一定程度河流自然功能的前提下，最大化河流的社会服务功能，而绝非是客观存在的科学概念。

3.2.3　河流的生态系统

广义上的河流生态涉及内容多而复杂，本书所介绍的河流生态系统以河流堤防为边界，即堤防内的河流生态系统，其中主要以水生生态系统（长年处于水体覆盖下的河槽和湿地内的生态系统）为主，兼具陆地生态系统（长年位于正常水位之上的阶地和处于漫滩水位与正常水位间的滩地内的生态系统）。河流生态系统示意图如图 3.2 所示。

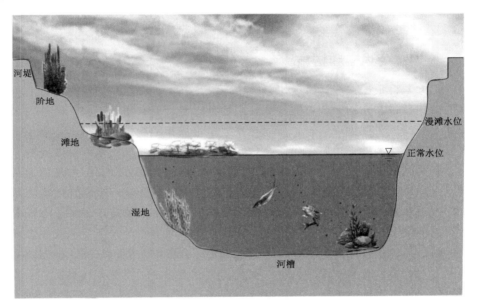

图 3.2　河流生态系统示意图

3.2.4　河道内需水量

水量支撑了各种河流功能，不同功能需水量不同，水量变化对功能的影响程度也不同。河道内对水量的需求可以划分为以下几个部分：

（1）河流结构需水。河流纵向连续性是保持河流输移功能的基本条件，如果发生断流，河流就丧失了输移的工具，物质、能量和信息的输移也就无从谈起，故河流需要保有一部分水量维持其在纵向结构上的连续性。

（2）河流生态需水。生态需水是维护河流水沙平衡、水盐平衡、水量平衡、生物平衡所需的水量，包括维持河流水沙平衡的最小流量、维持河流水质的最小稀释净化水量、保持水体损耗的蒸散量、维持地下水位动态平衡所需要的最小补给水量、维持河口地区咸潮入侵范围稳定所需水量、维持水生生物生命周期和生态平衡所需水量。河流生态系统内生物栖息地的分布与构成主要由物理过程决定，但水流是串联这些栖息地的纽带，例如，当大洪水发生时，洪水便会漫溢出槽，形成天然的泛滥区；经常发生的漫滩流量则可以冲刷大量的河底和岸边沉积物质，在长期的冲刷作用下，河流将自然地形成深浅交替的深槽、浅滩。这些不同类型的栖息地为多种多样的生物群落提供了生存空间。

（3）社会服务用水。河流各种各样的社会功能都离不开充足的水。按照水的损耗可以把服务用水划分为两类：第一类是直接用水，是指直接从河流中抽取走，被用于各种用途的水量，这其中包括人类的饮用水、生活用水、工农业生产用水等；第二类是间接用水，这部分水量是为实现各种开发功能需要的水量，但不消耗减少水量，例如为保证通航最小水深所要求的水量、为进行淡水养殖所要求保有的水量、为水力发电需要的蓄水量、为工业冷却水提供的水量、景观和娱乐用水等。

河流生态需水量不是上述各分项的简单相加，而应根据它们之间的相互关系来分析确定合理的河流的生态环境需水量。

3.2.5   生态调度的内涵和措施

在时间尺度上，水库调度将改变影响河段的天然径流规律，从而改变河流原有物种对生境条件的适应性，其长期效应可能导致外来物种入侵，原有物种消失；此外，水库调度将大幅削减下游河流汛期洪峰流量，从而导致河岸带数年或更长时间得不到淹没，致使河岸、河口湿地和滩地萎缩，生态退化。在空间尺度上，库区生境受水库调度控制，大坝下游河段由于有区间汇流，水库对下游河流径流过程的影响会随着距离的增加而递减。当河流建有梯级水库时，各水库影响区互相重叠，对水文情势的影响产生累加效应，从而造成更为严重的生态胁迫。为减小水库运行对河流环境影响和生态胁迫，满足生态需求，提出了水库生态调度理念。从狭义上说，水库生态调度是以改善库区及下游河流生态环境、减小生态胁迫为目标的一种调度方式；从广义上说是综合考虑防洪、兴利、生态环境等诸多因素的调度方式，是传统水库综合调度的发展。与传统的水库调度方式相比，水库生态调度将生态目标纳入水库调度中来，在调度过程中协调防洪、兴利、生态等多方面的要求，在开发利用的同时维持河流的自然属性和生态平衡，保持河流健康，从而实现河流水资源的可持续利用。

经过多年的建设开发，长江流域已形成星罗棋布的水库群，除一级支流赤水河外，各级支流尤其是山区河流，均建有梯级水库或引水式电站。梯级水库联合生态调度即为利用各库在水文特性及调节能力等方面的差异，通过统一的调度管理，实现各库之间的水量协调，从而提高梯级水库"整体"的社会经济效益及生态环境效益的一种调度方式。与单库调度相比较，梯级水库联合调度可根据各水库的来水过程、蓄水状态、调节能力、承担任务及各库之间的联系，从库群整体出发，在流域区域尺度上统筹防洪、供水、发电、灌溉、生态环境等各方面要求，有效协调各库蓄水、供水、放水过程，实现流域区域尺度的水资源的高效利用。

综合目前国内外相关研究成果，长江流域梯级水库生态调度包括工程、非工程两类措施。

（1）工程措施。

1）修建鱼梯、鱼道等过鱼设施，缓解大坝对鱼类洄游通道的阻隔。过鱼设施的修建是保证洄游性鱼类维持完整生命过程的有效途径，同时可以缓解水电开发而导致的生境破碎化，实现物质、能量与基因的传递和交流，构建新的河流生态廊道，促使大坝上下游的生物群落重新形成连通状态。在长江流域，崔家营水利枢纽、兴隆水利枢纽、苏洼龙水电站、金沙水电站等均建有过鱼建筑物，成为水库生态修复技术中的重要技术方法。

2）布设小型机组、再调节堰等水工设施，既充分利用水能，又确保了生态流量能够顺利下泄进入河道。

3）由于水体水动力学特性和水体蓄热交换结构发生了改变，水库水温呈现沿垂向成层分布的特点。传统底层方式取得的下泄低温水对下游生态环境造成了不利影响。通过设置分层取水设施（如分层取水竖井等），减少低温水下泄，避免低温水对下游河流生态系统的影响。分层取水措施是解决下泄低温水的一种有效方法。

（2）非工程措施。生态调度即为非工程措施，通过对工程设施的合理运用，发挥水库的调节能力，缓解建库带来的负面影响，如通过泄水设施补充下游生态用水，为下游水生生物营造适宜生存环境；在产卵期营造人工洪峰脉冲，为水生动物产卵繁殖等提供水文信号等。水利部长江水利委员会从 2012 年开始将长江流域控制性水库、重要引调水工程、重要排涝泵站等水利工程纳入联合调度范围，旨在保障防洪安全、供水安全和水生态安全，发挥水资源的综合效益，实现水利工程的统一调度，更好地服务于长江大保护和推动长江经济带高质量发展。2020 年，长江流域纳入联合运用的水利工程总数达到 101 座，其中控制性水库 41 座，总防洪库容 598 亿 m³（图 3.3）。长江流域水库联合调度严格贯彻"生态优先，绿色发展"的理念，保障长江干流、主要支流和重点湖泊基本生态用水需求，服务流域生态修复和环境改善。

3.2.6 生态流量

水库运行不同程度地改变了天然河流水文情势，对水生态系统产生不利影响。为将影响控制在可控范围内，需要确定保持生态系统完整性不被破坏的基本流量，这个流量逐渐被学者定义为生态流量，从不同需求角度还提出了生态基流、环境流等。还有学者认为河流生态需水量是为维持河流内生物体正常生存和繁衍，并使整个河流内的生态系统保持在相对稳定的水平而不至于衰落所需要的水量。这一概念与生态流量基本一致。需要阐明的是保持生态完整性不仅需要水量还需要水质，当讨论生态流量时，前提是水质基本稳定，不产生变化。

生态流量的确定远比生态流量的定义复杂。20 世纪 70 年代的美国，为执行《清洁水法》，也为了满足大坝建设高潮中生态流量评估的需求，管理部门开始生态基流的研究和实践，确定河道中最小流量，以维持一些特定物种如鱼类生存和渔业生产。

生态流量即生态需水量，生态调度理论是以生态需水为基础建立的，生态需水量的推求是生态调度研究的前提和基础。生态流量是满足水电工程下游河段保护目标生态需水基本要求的流量，包括河道内基本生态需水量和河道内目标生态需水量。为确定生态流量，国内外学者提出了近百种计算方法，大体可以分为水文学法、水力学法、栖息地法和整体法四类。

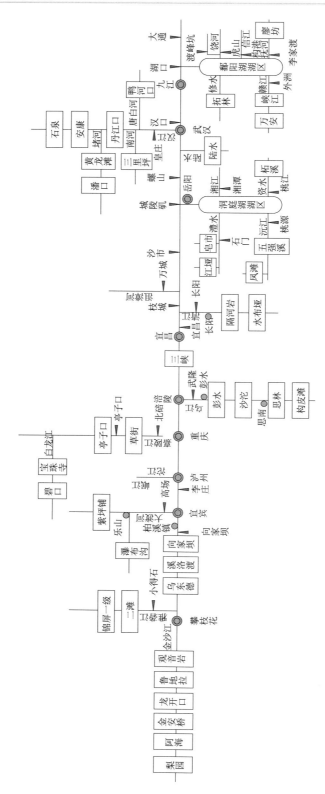

图 3.3　2020 年长江流域水工程联合调度运用控制性水库示意图

（1）水文学法。水文学方法是基于天然流量数据计算，默认生物已经适应天然流量节律，即参照天然流量状况界定生物最适宜的流量。水文学法是目前生态流量计算开发最多的一类方法，其中 Tennant 法、7Q10 法、NGPRP 法、Tessman 法和月流量变动法这 5 种水文学方法应用最多。水文学法具有操作简便，数据需求量少和成本较低等优点。实际工作中，主要依据《河湖生态环境需水计算规范》（SL/Z 712—2014）、《水域纳污能力计算规程》（GB/T 25173—2010）、《河湖生态需水评估导则（试行）》（SL/Z 479—2010），选用合适的方法计算干流各控制断面的基本生态需水量。

（2）水力学法。河流生态需水的水力学计算方法是将河流维护一定河床及河流断面形态作为河流的主要生态功能，从流量与河床形态之间的关系出发，利用曼宁公式等水力学方程，研究提出维护一定河床及断面形态的流量水平。此种方法适用于河床形状稳定的河段。

（3）栖息地法。栖息地法基于研究水生生物所需的水力条件出发，分析为保护水生生物水力条件所需的流量特征，从而为水生生物提供一定的物理栖息环境。这种方法研究的是目标物种而不是整个河流生态系统，所以受生物物种资料的限制和误差，计算出来的流量值往往存在较大争议。

（4）整体法。整体法是将河道从源头到河口、从地表水到地下水、从河道到河岸带、沼泽、洪泛区、湿地作为一个整体考虑，尽量维护河道流量的完整性、天然季节变化特点，综合考虑水文、水力、生态、地理、地质等跨学科领域并给出合理建议，从而提出维持河流天然属性的推荐生态需水量。整体分析法考虑较为全面，容易被接受。但需要的资源多，研究河流生态系统时花费的持续时间较长。

3.3　生态调度技术

自 20 世纪 80 年代以来，发达国家和部分发展中国家开展了大量生态调度研究和实践，证明了生态调度是有效修复河流生态的主要手段。目前，长江干支流已形成了梯级水库（包括引水电站）群，以维持河流生态环境、恢复河流生态系统为目标的梯级水库生态调度技术，已成为长江流域生态系统修复的一项重要技术。

3.3.1　生态需水调度

生态需水调度是通过水库调度，下泄下游河道生态所需的生态流量和水量，包括两个方面：一是水生生物所需的水量、流量、时机，以及持续时间、频率等水文节律要素；二是下游河道取、用水所需的水量，比如枯水期生活供水、灌溉供水、航道保证水位等。水库调度不仅可以解决上述生态需水问题，在特枯年份还能通过调度加大下泄流量，解决天然条件无法解决的供水、航运等需水问题。对水库生态调度的最初认识是生态需水总量，逐渐发现最小生态需水量表达更准确，现在比较认可的概念是河流的生态适宜的径流过程，而不是一个固定的量。

在历史发展进程中，河流生态系统与人类演变一样，都是不可逆的，不可能通过生态调度使河流恢复到原有的天然状态或原始状态，只能根据河流生态环境系统的实际状态，尽力去改善，尽量追求水资源的可持续发展状态。所以，生态调度应遵循以下几点原则：

一是从我国基本国情出发，在满足防洪、灌溉、航运、发电等人类社会需求的同时，利用河流生态系统自身的承载能力和调节能力，科学实施合理的水库调度措施，减小人类活动的不利影响，使河流生态系统尽可能地得到恢复。二是掌握不同河段生态特点和需求，针对性地采用不同的生态调度方案，满足不同的生态系统完整性和生物多样性的需水要求。在人类对于水资源的基本需求的前提下，尽量满足最小生态流量或者适宜的生态流量。三是河流的社会属性决定了河流也要服务于人类社会，应尽量在人类活动和维持生态平衡中取得新的平衡，尽量避免超出河流生态系统可承受范围，依靠流域生态系统自身的修复能力，为河流健康创造良好的条件。

根据河流水生生物耐受性定律和河道内生态需水量定义，由河道内生态需水量与生物生理响应关系可知，当河道内流量低于最小生态需水量时，河流生态系统将被严重破坏，生物生存受到严重威胁；当流量低于天然生态需水量、高于最小生态需水量时，河流中水生生物受到胁迫，生物多样化以及生物数量降低，生态系统仍可维持；当流量在天然生态需水量范围内时，河流水生生物生物数量最多，生态系统最稳定，这是河流不断演变、生物不断进化形成的自然平衡状态。因此，生态需水调度的目标是使下游河道水文特征保持在适宜生态需水量范围内。

截至 2017 年，长江三峡工程已连续 14 年开展下游生态补水调度。自 2017 年开始，联合溪洛渡、向家坝等重要水利枢纽工程开展联合生态调度。三峡工程开展生态补水调度以来，下游宜昌站、汉口站和大通水文站 12 月至次年 3 月流量不同程度增加，尤其是 3 月增加流量最多，改善了长江中下游枯水期水生态环境，效果显著。根据 2012—2016 年长江流域 59 个生态环境流量控制节点的生态基流满足率的评价结果，流域干流和大部分支流生态需水保障状况良好。

3.3.2　水质调度

水库运行后，由于水深增加、泥沙沉淀，会使水质发生一定变化，但不会导致水质被污染，当库水重新回到下游河道后，水质很快能恢复到天然状态。但是如果水库因为其他原因（比如排污、污染事故等）被污染，水库因流速变缓会出现水华，加剧了水库污染，进而对河流水生生物的繁殖、发育、生长和活动产生不利影响，同时对人群安全用水构成威胁。水质调度是为防止或减轻突发河流污染事故、水体富营养化与水华的发生而进行的生态调度。通过水质调度来改善河流生态，为提高水体自净能力营造良好的水文情势及水力条件，进而维系河流生态环境。

3.3.2.1　潮汐式调度

为防止水库水华，可以通过改变水库的调度运行方式，在一定的时段降低坝前蓄水位，缓和对于库岔、库湾水位顶托的压力，使缓流区的水体流速加大，破坏水体水华的条件。也可以考虑在一定时段内加大水库下泄量，带动库区内水体的流动，达到防止水体富营养化的目的。这种"潮汐式"的生态调度理论和方法，是以水力调控的方式，达到防控支流水华暴发的目的。

目前，国内外已经进行大量野外观测、室内外实验和数值模拟等方面的工作来研究三峡库区主要支流富营养化和水华的影响因素，并取得了非常多研究成果。有研究发现三峡水库因干支流的水温差等导致支流库湾存在明显的分层异重流，包括长江倒灌异重流及库湾顺坡异重流等。分层异重流的存在，一方面强迫支流水体分层，且呈现靠近河口的深水分层较弱、远离河口的浅水分层反而较强的特殊分层状态，使得水体混合层沿库湾向上游逐渐变小；另一方面，倒灌异重流持续携带干流营养盐补给支流水体，丰富了支流水体中藻类可利用营养盐；同时，缓慢水流使泥沙迅速沉降导致水体透明度增大，真光层变深。根据临界层假设，三峡水库调度可通过短时间的水位抬升和下降来增大干支流间的水体交换、破坏库湾水体分层状态、增大支流泥沙含量临时抑制藻类水华。从生物多样性角度看，生态调度能够周期性地改变水库藻类生境条件，进而抑制单一恶性藻类疯长形成的水华。

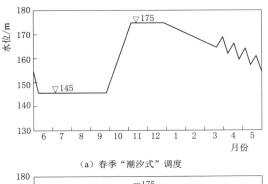

（a）春季"潮汐式"调度

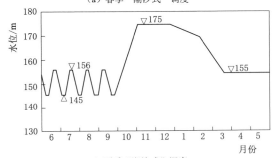

（b）夏季"潮汐式"调度

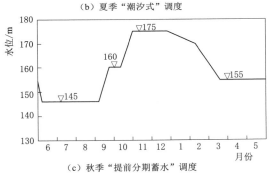

（c）秋季"提前分期蓄水"调度

图 3.4　潮汐式生态调度方法示意图

　　三峡水库支流水华主要在水位变化缓慢的 3—9 月（包括春、夏、秋季）暴发，在三峡水库初步设计水位调度过程线的基础上，提出了潮汐式水位波动方法防控支流水华（图 3.4）。春、夏季潮汐式波动方法以三峡水库初步设计水位过程线为基础，首先持续抬高水库水位，增强支流异重流能量补给，扩大异重流对支流的影响范围，破坏因异重流导致的水体分层，然后持续降低水位，增大干流水体流速，促进干流对支流水体的拖动作用，进而缩小支流水体滞留时间，并为下次抬升水位提供水位可变空间，交替进行水位抬升、下降过程，干流水位的不断波动可促进干支流水体的不断交换，对支流水体形成潮汐式影响，破坏水体稳定分层，进而控制支流水华。对 9 月之后的秋季水华，采用提前分期蓄水方式进行防控，即将初步设计中的 9 月底开始蓄水提前至 8 月底至 9 月初，到 9 月底蓄水至约 160m，10 月初再开始蓄水直至 175m。持续蓄水可破坏分层异重流导致的水体分层，增大干支流之间的水体交换，进而防控库湾在秋季暴发水华。

　　"潮汐式"生态调度水量太少，水位变幅太小则起不到实质性的作用，水量太大对发电和下游水位影响较大，运用难度较大。自 2009 年、2010 年三峡水库逐渐注重灵活动态调度后，库湾水华暴发程度明显低于 2007 年和 2008 年。且 2013 年后库区水华发生次数总体较少，2014—2017 年均仅在云阳县澎溪河发生 1 次。三峡水库"潮汐式"生态调度已产生较好效果。随着金沙江上游梯级水库的投入使用，水文测站的增加和水文气象预测预报精度的提高，使得三峡水库汛期防洪调度更加灵活，"潮汐式"波动方法与防洪问题的矛盾得到缓解，通过水库"潮汐式"生态调度来防控支流水华的可能性大大增加。

3.3.2.2　长江河口压咸调度

长江河口咸潮入侵的影响因素较多，情况也较为复杂，潮汐、径流量和风应力是影响长江河口咸潮入侵的主要因素。长江河口咸潮入侵一般发生在枯季 11 月至次年 4 月。长江径流量具有显著的季节性变化，长江径流量小则长江河口咸潮入侵加剧，所有汊道的等盐度线向陆收缩，对长江河口水源地取水安全造成不利影响。北支近百年来径流量逐年减小，潮流作用增强，咸潮入侵加剧，在径流量小和潮差大时，出现咸水倒灌南支的现象。长江流域三峡工程、南水北调工程等大型水利工程建成运行后，枯季三峡工程增加下泄量，长江河口来水量变大，可以有效降低咸潮入侵的影响。

国内众多学者针对三峡工程建成运行对长江河口咸潮入侵的影响进行了科学研究。何俊杰等人利用 ECOM - si 模拟的枯水季三峡泄流对长江河口咸潮入侵的结果显示，在枯季三峡库区泄流、北支咸水在三峡库区泄流和未泄流等几种情况下，均会出现咸水倒灌入南支的现象，因此三峡库区泄流对涨憩时的北支咸水倒灌影响不大。但是，在多年平均径流量的情况下，北港和南港几乎无淡水出现。而在三峡库区泄流后，南支北港和南港部分地区出现了淡水；在三峡库区泄流前、后，小潮涨憩时刻与较大潮涨憩时刻相比，南支均表现出了十分显著的盐度垂向分层。从等盐度线垂直分布方向上看，泄流后大潮涨憩时刻和小潮涨憩时刻的等盐度线较之前相比，都向海洋方向移动了一定的距离；从取水时间上来看，长江河口陈行水库、青草沙水库和东风西沙水库等三个水库在泄流后，最长连续不宜取水时间都有所缩短，大约为 1～2 天，且青草沙水库盐度的日变化幅度随着径流作用的增强也有所缩小。

自三峡水库蓄水运行以来，针对长江河口咸潮入侵现象，在 2014 年 2 月 21 日至 3 月 4 日和 2017 年 12 月 28 日至次年 1 月 8 日实施过两次压咸调度。2014 年 1 月起，全国平均降雨量较常年同期偏少，受长江枯水期低水位和潮汛现象共同影响，上海长江河口遭遇历史上最长咸潮期达 21 天，对居民取用水构成严重威胁。国家防汛抗旱总指挥部与长江防汛抗旱总指挥部商议从 2 月 21 日起，三峡水库在日均出库 6000 m³/s 的基础上增加 1000 m³/s，实现对咸潮的压制。至 3 月 4 日，水库出库流量恢复至 6000 m³/s，完成了连续 11 天的压咸调度。压咸调度过程中，日均下泄流量 7060 m³/s，与正常消落过程相比，水库多下泄水量约 10 亿 m³。2017 年底，长江河口河道径流量不足，外海潮汐动力使得咸水不断向河道内涌入，河口咸潮入侵风险巨大，沿江居民生活取用水面临重大压力。2017 年 12 月 20 日，长江防汛抗旱总指挥部向三峡梯调中心发送调度令：为压制河口咸潮入侵，自 2017 年 12 月 28 日起，将三峡水库出库流量按日均 7000 m³/s 控制。因此，三峡水库在 2017 年 12 月 28 日至次年 1 月 8 日进行了为期 12 天的压咸应急调度，具体调度过程见表 3.1。

表 3.1   2017 年三峡水库压咸调度过程

日期	时刻	三峡入库流量 /(m³/s)	三峡出库流量 /(m³/s)	监利站流量 /(m³/s)	螺山站流量 /(m³/s)	汉口站流量 /(m³/s)	大通站流量 /(m³/s)
12-28	8 时	7267	6173	6565	9100	9890	11750
	20 时	7135	7752	6560	9115	9870	12000
12-29	8 时	5130	6210	6600	9080	9850	11950
	20 时	7140	7777	6890	9090	9840	11950
12-30	8 时	5754	6207	6955	9150	9805	11900
	20 时	7205	7777	7040	9175	9800	12000
12-31	8 时	5814	6210	7060	9275	9810	11800
	20 时	7145	7778	7075	9350	9850	11850
1-1	8 时	5963	6205	7050	9440	9870	11550
	20 时	7185	7787	7045	9385	9930	11650
1-2	8 时	5769	6212	7010	9400	9950	11650
	20 时	6088	7800	7010	9395	9940	11750
1-3	8 时	4365	6218	6970	9375	9930	11300
	20 时	6914	7085	7010	9360	9930	11750
1-4	8 时	4165	5941	7045	9440	9995	11800
	20 时	6471	7066	7050	9590	10100	12150
1-5	8 时	5089	6233	7020	9630	10200	12100
	20 时	7511	7825	7020	9700	10200	12550
1-6	8 时	6154	6607	7030	9710	10300	12250
	20 时	5973	8536	7090	9745	10400	12600
1-7	8 时	6124	6606	7220	9845	10450	12300
	20 时	6403	9252	7390	10050	10700	12750
1-8	8 时	5362	5609	7500	10300	10800	12600
	20 时	7440	8533	7610	10400	10900	13300

注　数据引自《基于长江中下游生态环境改善的三峡水库优化调度方案研究》。

经过三峡水库压咸应急调度可以看到，大通站 12 月 28 日至 1 月 8 日的流量都在 11000m³/s 以上，满足一般意义上对于大通站压咸流量的需求，也在事实上规避了河口咸潮入侵的风险，长江流域梯级水库真正通过优化调度对改善生态环境问题起到了积极的作用。

3.3.3　其他生态因子调度

生态因子是指对生物有影响的各种环境因子。其他生态因子调度诸如考虑水体温度、泥沙含量、水体含氧量、水流流速等生态因子的调度。

（1）水温调度。高坝大库改变了水温的季节性，冬季使下泄水温增加，而夏季使其降低。水库下泄低温水导致生物的生长和性成熟等生理过程放慢，对紧张性刺激和疾病的恢复能力降低，繁殖调节和幼鱼孵化的成功率下降，无脊椎生物和鱼类的生物多样性减少等，并使得鱼类产卵期延后，最佳产卵位置会向下游移动。通过分析水库水体的温度分层现象，同时兼顾下游河道水生动物的需求，改变水库调度方式来提高下游河道的下泄水温，减小或消除低温水下泄对生态系统繁殖力的不利影响。2017 年 4 月下旬至 6 月中旬，结合上游来水及汛前消落计划，金沙江下游溪洛渡水库首次实施了分层取水生态调度试验，提高下泄水温约 1℃，改善了下游水生生境。

（2）泥沙调度。水库建设后的河道，由于水位升高、过水面积加大、流速减缓从而使挟沙能力降低，泥沙在水库内淤积。水库可按"蓄清排浑"、调整泄流方式以及控制下泄流量等方法，通过调整出库水流的含沙量和流量过程，尽量降低下游河道冲刷强度，以减小不利影响。

（3）生物繁殖调度。水位上涨、流量增大和流速加快是刺激长江流域家鱼产卵必需的外界水文条件，家鱼的产卵规模与涨水幅度、持续涨水时间一般成正比。江水在涨水过程中的水位变化、流量流速增加等水流刺激是促使四大家鱼自然繁殖的重要条件。大多数家鱼的产卵活动发生在涨水过程中，但并不是所有的涨水过程都有产卵行为。家鱼产卵前是需要连续的或足够长时间的涨水过程刺激，刺激产卵所需要的时间与流速相关，流速越大需要时间越短，反之，流速越小时间则越长。因此，可以通过上游控制性水库进行优化调度，在合适时段使得四大家鱼产卵场水位持续上涨，则可能有效刺激家鱼进行产卵。

自三峡工程运行以来，通过三峡水库生态调度来修复长江生态环境已成为重要的手段。在过去的十余年调度过程中，国家防总、长江水利委员会和三峡集团公司围绕水库生态调度开展了大量的调查研究和多年实践。为保障下游供水、航运和长江口咸潮入侵应急，每年 1—2 月三峡工程蓄满年份下泄流量按照 6000m³/s 控制，每年 3—5 月和 11—12 月，三峡工程蓄满年份下泄流量按照庙嘴水位不低于 39.0m 控制；为促进"四大家鱼"繁殖产卵，每年 5—6 月，保证持续涨水天数 4 天以上，前后涨水过程有间隔；每年 5—9 月，为减少库尾泥沙淤积，实施冲沙调度，根据三峡库区水位和寸滩来水，择机逐渐加大下泄流量；为保障下游供水和两湖地区、河口地区的综合用水，在每年 9 月来水较大时下泄流量按照不小于 10000m³/s 控制，10 月来水一般时，下泄流量按照不小于 8000m³/s 控制，11—12 月下泄流量不小于三峡电站发电保证出力对应流量。

3.4　三峡水库生态调度应用实例❶

四大家鱼是长江水系鱼类资源的重要组成部分，也是长江中游江湖洄游性鱼类的代表，仅长江中游段就有达 19 处四大家鱼产卵场，产卵高峰期在每年 5—6 月，长江宜昌至城陵矶江段是四大家鱼最主要的繁殖栖息地。三峡工程建设运行前后大量研究表明，四大家鱼繁殖规模的减少与三峡大坝蓄水运行引起的宜昌江段水温、水文情势变化密切相关，水温变化导致了四大家鱼繁殖时间推迟，水文情势变化导致了繁殖水文条件恶化，繁殖规模下降。2011 年 6 月首次开展了针对四大家鱼自然繁殖的三峡水库生态调度试验，为促进长江中游四大家鱼资源的恢复迈出了重要一步。此后，每年 5—6 月持续实施三峡水库生态调度试验和效果监测工作，不断积累了调度经验和监测成果。为评估三峡水库生态调度试验效果，水利部中国科学院水工程生态研究所在长江中游沙市江段设点开展了持续的

---

❶　实例引自《三峡水库生态调度试验对四大家鱼产卵的影响分析》。

监测调查工作，目前已经积累了 2011—2018 年较长时间序列的鱼类早期资源、水文环境要素等监测数据。

3.4.1　生态调度实施过程

（1）研究区域。长江中游沙市江段距上游的葛洲坝枢纽约 150km，距三峡大坝约 188km。宜昌至沙市江段有顺直河道、弯曲河道以及沙洲等不同的生境类型，历史上有多个四大家鱼的产卵场分布。鱼类早期资源固定采样点选在长江中游荆州沙市区荆江水文趸船，该点位于沙市水文站附近，地处长江北岸的主泓一侧，距岸边约 100m（30°18′52.58″N、112°13′45.03″E）。鱼卵汛高峰时期的断面采样位置为覆盖固定采样点所在的河道断面。

（2）三峡水库生态调度实施过程。2012—2018 年三峡水库共实施了 11 次生态调度试验，2012 年、2015 年、2017 年、2018 年均为 2 次，2013 年、2014 年、2016 年均为 1 次。其中，2017 年 5 月首次开展了溪洛渡、向家坝、三峡梯级水库联合生态调度试验，向家坝水库和三峡水库同步开始加大出库流量，以满足生态调度试验要求。根据实际调度情况统计，生态调度时间集中在 5 月下旬至 6 月下旬，三峡出库起始流量介于 6200~14600m³/s，出库流量日增幅介于 1050~3130m³/s（表 3.2）。生态调度期间宜昌江段持续涨水时间 2~9 天，水位日均涨幅范围 0.43~1.83m，流量日均增幅范围 1080~5800m³/s，调度起始时水温范围 17.5~23.5℃，调度时宜昌江段水温除 2013 年未达到 18℃（但沙市江段已达到）外，其余年份的水温都介于四大家鱼自然繁殖适宜范围（20~24℃）。

表 3.2　　　　　　　　　2012—2018 年三峡水库生态调度实施情况

调度日期	流量日增幅/(m³/s)	水位日涨幅/m	涨水持续时间/天	调度起始水温/℃
2012 年 5 月 25—31 日	800~5300（2425）	0.19~1.80（1.02）	4	21.5
2012 年 6 月 20—27 日	600~2600（1600）	0.23~1.06（0.64）	4	23.0
2013 年 5 月 7—14 日	660~3200（1260）	0.38~1.05（0.51）	9	17.5
2014 年 6 月 4—7 日	940~1450（1230）	0.36~0.53（0.46）	3	21.1
2015 年 6 月 7—10 日	25~6910（3180）	0.11~2.77（1.30）	4	22.0
2015 年 6 月 25—28 日	5325~6275（5800）	1.58~2.07（1.83）	2	23.3
2016 年 6 月 9—11 日	750~2925（1775）	0.21~0.89（0.55）	3	22.5
2017 年 5 月 20—25 日	600~1700（1080）	0.22~0.71（0.43）	5	20.3
2017 年 6 月 4—9 日	400~3500（1365）	0.18~1.34（0.51）	6	21.8
2018 年 5 月 19—25 日	1125~2800（1825）	0.43~0.84（0.58）	5	21.0
2018 年 6 月 17—20 日	675~1975（1440）	0.27~0.77（0.56）	3	23.5

注　括号中数值为平均值。

3.4.2　生态调度结果

（1）生态调度期四大家鱼产卵规模年际变化。由图 3.5 可见：2012—2018 年，监测期间四大家鱼的产卵规模（鱼卵径流量）呈先减少后逐年上升的趋势，其中，在 2016 年达峰值，随后在 2017 年显著降至 2014 年产卵规模。生态调度期间，四大家鱼的产卵规模在 2013 年显著下降，随后在各年间大致相等（除 2016 年以外）；非生态调度期间，四大家鱼产卵规模的年际变动趋势与整个监测期间四大家鱼产卵规模的年际变动趋势相同。另外，生态调度期间四大家鱼的产卵规模占监测期间四大家鱼总产卵规模的比例以 2012 年最大（66.58%），2017 年次之（59.94%）。除 2016 年以外，生态调度期间四大家鱼的产卵规模占监测期间四大家鱼总产卵规模的比例较大，变动范围为 31.90%～66.58%。四大家鱼产卵规模的年际波动，一方面与每年参与繁殖的群体数量和质量以及水温和水文等环境要素的变化有关，另一方面受到鱼卵的采集效率、孵化存活率、鉴定准确率等方面的影响。

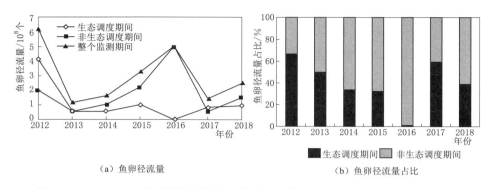

（a）鱼卵径流量　　　　　　　　　　　　（b）鱼卵径流量占比

图 3.5　2012—2018 年不同调度期间沙市断面四大家鱼的鱼卵径流量水平及占比

（2）不同种类家鱼鱼卵量。由图 3.6 可见：不同种类家鱼的鱼卵径流量在各年份间呈不规则波动变化。除 2015 年、2016 年以外，草鱼和鲢鱼的鱼卵径流量在不同年份的变化趋势基本一致；青鱼和鳙鱼的鱼卵径流量在不同年份的变化趋势基本一致。统计四种鱼在各年份的鱼卵径流量占比发现，草鱼、鲢鱼、青鱼、鳙鱼卵径流量占比分别为 38.5%～68.8%、22.2%～53.8%、0.6%～20.7%、0.2%～18.4%。沙市江段四大家鱼组成一直以草鱼和鲢鱼为主，二者年均产卵量约占总产卵量的 85%，青鱼和鳙鱼年均产卵量约占总产卵量的 15%。此外，四大家鱼种类组成比例变动较大的年份（2015 年、2016 年）与

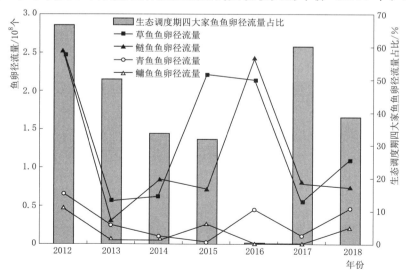

图 3.6　2012—2018 年不同家鱼鱼卵径流量及生态调度期四大家鱼鱼卵径流量占比

生态调度期四大家鱼鱼卵径流量占比较小的年份保持一致，初步表明生态调度水文过程的差异性可能对不同种类家鱼的作用效果不同。

3.4.3　生态调度效果与展望

（1）四大家鱼自然繁殖对三峡生态调度的响应。从四大家鱼繁殖响应时间来看，在生态调度后的 1～3 天，宜都至沙市江段的四大家鱼就陆续开始产卵。但 2013 年，三峡水库调度持续加大泄流 6 天后沙市断面才出现鱼卵汛，四大家鱼繁殖的响应时间较长，推测可能由于此次调度开始时间较早，沙市断面温度刚达到 18℃，而宜都断面尚未达到 18℃，江水的流量和水温不足以刺激四大家鱼大规模繁殖。

根据历年沙市断面四大家鱼鱼卵密度与枝城水文站水位变化的响应关系得出，每年在 5 月中旬至 7 月上旬，只要有明显的涨水过程都能监测到四大家鱼产卵活动，而持续退水过程中几乎都没有家鱼繁殖。由图 3.7 可见，四大家鱼繁殖对三峡生态调度响应情况较好的年份（2012 年、2017 年），单日最大鱼卵密度均出现在生态调度的人造洪峰过程，初步

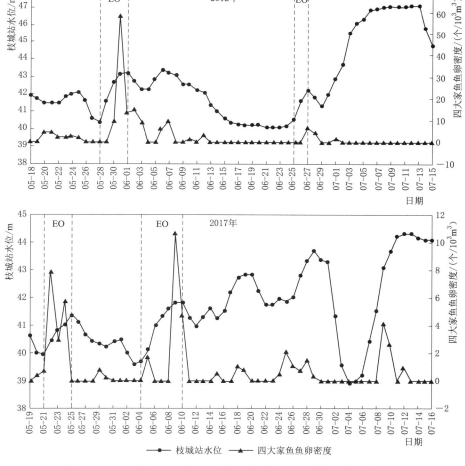

图 3.7　2012 年和 2017 年四大家鱼鱼卵密度与水位变化响应关系

表明生态调度的实施能够促进四大家鱼大规模繁殖发生。

（2）生态调度与非调度期间四大家鱼繁殖性能比较。为进一步评估生态调度的有效性，选取了 3 个能够表征四大家鱼繁殖性能的参数，分别为产卵持续时间、产卵场范围、产卵规模，通过比较生态调度洪峰与非生态调度洪峰两种调度模式下四大家鱼繁殖性能参数（平均值和范围）来综合评估生态调度的实施效果。2012—2018 年，沙市断面共有 28 个产卵规模在 1000×10^4 粒以上的繁殖事件，其中包括 9 次生态调度洪峰过程和 19 次非生态调度洪峰过程。通过比较繁殖性能参数发现，生态调度下四大家鱼繁殖状况普遍好于非生态调度，表现为繁殖持续时间更长、产卵场延伸范围更广、单次洪峰的产卵规模更大（表 3.3），证实了实施生态调度对四大家鱼自然繁殖是有效果的。

表 3.3　　　　　　　　　两种调度洪峰模式下四大家鱼繁殖性能比较

洪峰模型	统计项	产卵持续时间/d	产卵场范围/km	产卵规模/10^6 个
生态调度	平均值	4	85	82.6
	范围	3～5	56～115	35.4～308.4
非生态调度	平均值	3	68	56.6
	范围	2～6	17～105	11.5～214.4

第4章

江 湖 连 通

在地质历史时期，随着印度板块向北不断移动、挤压，青藏高原隆起，长江流域西部急剧上升，而东部上升缓慢，长江在打通西部河道后，从三峡进入东部平原地区，由于没有固定的河道，雨季洪水泛滥，形成大片洪泛区，淤积和冲刷并存；旱季在洼地形成大量湖泊，并在水流通过的地方进一步冲刷形成河沟。经过长期旱季与雨季的相互交替的淤积、冲刷，逐渐出现了河道雏形，低洼地带也逐渐形成了相对稳定的湖泊。这些湖泊与长江有着密切的连通关系，汛期湖泊蓄滞大量洪水，保持河道稳定，枯季湖泊向长江补水，保持河道水量，同时为来年洪水腾出容量，由此形成了延续千万年的河湖相互调节的动态水系。随着生产力水平的提高，人类为了改善生存环境，对长江的开发利用活动越来越剧烈，不断修堤筑坝、侵占河道、围湖造田，越来越多的通江湖泊被阻隔，阻断了河流的连通性，逐渐改变了天然的动态平衡，形成了现在的江湖关系。

4.1 江湖阻隔生态问题

长江中下游地区河网稠密，水系复杂，是我国淡水湖泊分布最集中最密集的地区，该地区湖泊总面积达 1.41 万 km^2，约占全国湖泊总面积的 1/5，在历史时期，绝大多数 $10km^2$ 以上的湖泊与长江相通，形成了长江流域独具特色的江湖复合生态系统。20 世纪 50—70 年代，由于防洪、供水、粮食生产等原因，进行了大规模的修堤、建坝和围垦等活动，人为切断了湖泊与长江的天然联系，导致通江湖泊的数量锐减，到现在只剩下洞庭湖、鄱阳湖和石臼湖等极少数湖泊与长江保持自然连通。2003 年三峡大坝蓄水以来，由于清水下泄，长江干流出现长距离的冲刷、河床下切、入湖流量明显减少等问题，使得江湖关系愈发紧张。

天然的长江生态系统存在四种自然连通关系，即上游与下游之间的纵向连通、干流与支流之间的横向连通、干流与泛滥平原之间的侧向连通、地表水与地下水之间的垂向连通。水坝的建设使得自然连通的上下游河道片段化，江湖阻隔使得长江干支流与泛滥平原间的自然连通几乎丧失，导致江湖复合生态系统被割裂，水、沙、生物、信息之间的自然联系被切断，使河流、湖泊、水库形成了完全不同的生态系统。这必然带来一系列的生态环境问题，如洄游通道被阻隔，洄游性鱼类生存空间被挤压，无法繁殖；水文节律改变，物种改变；栖息地丧失，生物多样性衰减；水质污染加剧，生态系统退化等。

4.1.1 栖息地丧失

水库、堤防、闸坝的修建导致河流和湖泊原有的自然环境迅速改变，最直接的影响就是栖息地的丧失。

（1）河道渠化工程导致栖息地减少。自古以来，人类为创造良好的生存环境，不断地改变自然。长江从东晋修筑堤防开始，至明朝初期已初具规模。20 世纪 50 年代以来更是开展了大规模的河道整治工程，例如修建闸坝和加固加高堤岸阻挡洪水、实施堵汊简化河道形态、硬质河岸带取代自然堤岸预防河床冲沙、开展河道清淤保障航运，这些河道渠化工程导致河岸带环境多样性的降低，栖息地面积减少，生物多样性改变。虽然近年来人们开始关注河岸带的景观及多样性建设，但往往无法完全恢复原有栖息地环境，更难以创造更优越的栖息地环境。

（2）湖泊面积锐减导致栖息地减少。20 世纪 50 年代后，中央和各级政府都把粮食生产作为了各级工作的重点，形成了"以粮为纲"的大环境。为了保证粮食产量和供给，全国各地开始了围湖造田的社会风气，同时由于毁林开荒导致的水土流失造成湖泊淤积，湖泊面积锐减。20 世纪 50 年代以来，我国湖泊面积减少了五分之一，近 2 万 km²。湖泊面积的减少导致湖泊生物栖息地面积的减少，水生植物和沿岸的陆生植被衰退，生物多样性减少，整个湖泊生态系统也随之改变。

（3）湖滨带退化导致栖息地减少。改革开放以后，我国各地城镇化速率加快，城市建设、修建道路、围垦等原因导致许多湖泊的滨岸带退化甚至丧失。同时，由于城市景观建设的需要，自然湖滨带被硬质岸坡所取代，大面积陆向湖滨带变为不透水的地面，栖息地面积减少，也降低了湖滨带的各向异性和拦截外源污染的能力。

（4）过度采砂导致栖息地丧失。2001 年国务院全面禁止长江干流河道采砂后，采砂活动迅速转移至洞庭湖、鄱阳湖及其支流上。随着建筑市场快速增长，采砂范围和规模不减反增。以鄱阳湖为例，2000 年采砂船仅有 9 艘，到 2010 年前后，采砂船多达 550 艘，采砂面积扩大到 260.4km²，挖砂平均深度 4.95m，采砂量达到 $1.29 \times 10^9 \, m^3$。过度采砂导致湖泊内大量泥沙被吸走，破坏了湖泊底部栖息地环境，毁灭了底栖动植物的生存环境。采砂活动扰动底泥，使中下部形成浑浊带，悬浮物浓度急剧增加，水体透明度降低，直接影响了浮游生物生长和沉水植物光合作用。此外，采砂活动改变了湖泊地质地貌，易发生堤岸崩塌、湖泊加深、湖泊面积减少等问题，同样导致了栖息地的丧失。

（5）鱼类栖息地丧失。长江流域是我国淡水物种丰富度最高的区域，由于江湖间修建大量闸坝，江湖阻隔的生境累积效应逐渐突显。半洄游性鱼类需要在具有一定流速生态条件的长江及其支流中繁殖，幼鱼洄游到湖泊中育肥。闸坝的修建阻隔了"三场一通道"的通道，湖泊内鱼类不能进入长江越冬和繁殖，而长江中的幼鱼不能进入湖泊摄食育肥，使半洄游性鱼类"三场"栖息地缺失甚至消失，给半洄游性鱼类的生存带来非常大的影响。

4.1.2　水文情势改变

在河流上建造大坝、水库、水电站、跨流域调水工程等，拦截部分河流径流量，改变了河流自然的水动力条件、含沙量以及输沙能力，对流域江湖水文情势产生较大的影响，江湖关系也发生了改变，尤其三峡工程的运行对下游河道和江湖关系有着较大的影响。

（1）洞庭湖水文情势的改变。荆江三口是洞庭湖与长江关系的纽带，荆江三口来水占洞庭湖总径流量的 30.0% 左右。三峡工程的运行拦截了长江干流 88.0% 的泥沙，荆江三口分沙量也随之急剧减少。荆江三口分流分沙发生变化，使得洞庭湖水沙交换过程随之而变，河湖关系重新调整。根据水利部长江水利委员会水文局和湖北省水文水资源局1956—2012年的流量、含沙量观测数据变化情况（图4.1）可以看出，自20世纪50年代以来，受下荆江裁弯、葛洲坝水利枢纽兴建和三峡水库蓄水运行的影响，荆江三口的分流分沙能力一直处于衰减之中。尤其是三峡水库蓄水运行后，藕池口分流量减少了46.1亿 m³，减幅29.8%，其分流比则由3.5%减小至2.7%；松滋口分流量减少了52.5亿 m³，减幅15.2%，其分流比则由7.7%减小至7.2%；太平口分流量减少了33.5亿 m³，减幅26.7%，其分流比则由2.8%减小至2.3%；三口年分沙量则由蓄水前1999—2002年的年均0.57亿 t减小至2003—2012年的年均0.13亿 t，年均减少0.44亿 t，减幅为77.0%。

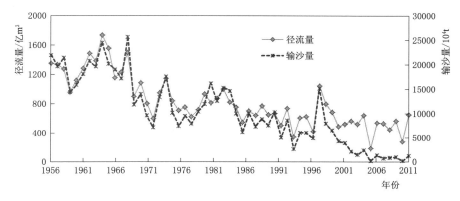

图4.1 1956—2011年长江干流输沙量与流量变化特征

三峡工程运行前，荆江三口洪道以及口门段多年逐渐淤积萎缩，致使三口通江水位抬高，松滋口东支沙道观、太平口弥陀寺、藕池（管）、藕池（康）四站连续多年出现断流，且年断流天数增加（表4.1）。三峡工程运行后，由于清水下泄、干流河道下切，导致干流水位下降，加剧了三口断流。尤其9月和10月是三峡水库主要蓄水期，受上游来水偏少和水库蓄水影响，三口断流天数有所增多，尤以松滋口东支和藕池口最为明显。如沙道观、藕池（管）、藕池（康）站9—10月平均断流天数分别由1999—2002年的6天、3天、26天增多至2003—2011年的14天、8天、35天。

表4.1　　　　　　　　　　　　不同时段三口控制站年断流天数统计

时　段	三口站分时段多年平均年断流天数			
	沙道观	弥陀寺	藕池（管）	藕池（康）
1956—1966	0	35	17	213
1967—1972	0	3	80	241
1973—1980	71	70	145	258
1981—1998	167	152	161	251
1999—2002	189	170	192	235
2003—2012	201	141	186	265

（2）鄱阳湖水文情势的改变。鄱阳湖作为目前仅存的通江湖泊之一，近年来随着自然变迁和人类活动的双重影响，入湖尾闾的水文情势已经发生了较大的变化。鄱阳湖枯水时间提前、延长，枯水位降低；赣江下游尾闾同流量下的水位持续下降、枯水位连创新低，悬移质输沙量大幅减少，东河分流比持续减小、西河分流比持续增大；抚河下游分汊道段多，与清丰山溪水流相串通，上游水利枢纽工程的修建改变了下游水沙条件并引起河床再调整。从鄱阳湖区主要水文控制站多年实测径流量统计值（表 4.2）可以看出，鄱阳湖入湖总水量呈下降趋势，2003—2016 年均入湖总水量较多年均值减小 1.9%；而 2003—2016 年鄱阳湖年均出湖水量为 1508 亿 m³，较多年均值增加 2.1%。从鄱阳湖入、出湖年输沙量过程线（图 4.2）可以看出历年入湖年平均含沙量变化呈下降趋势，至 2002 年以后下降趋势更加明显。由于三峡水库的运行，长江江水含沙量减小，在江水倒灌期，长江倒灌入湖泥沙量将减少。

表 4.2　　　　　　鄱阳湖区主要水文控制站多年实测径流量统计值　　　　　单位：亿 m³

水文控制站	外洲	李家渡	梅港	虎山	渡峰坑	万家埠	五河之和	湖口
控制流域面积/万 km²	8.09	1.58	1.55	0.64	0.50	0.35	12.71	16.22
1956—2002	685.28	127.3	178.94	71.33	46.64	35.07	1144.56	1476.53
2003—2016	680.2	120.28	181.25	68.5	39.85	33.29	1123.37	1508.05
距平百分率/%	−0.7	−5.5	1.3	−4.0	−14.6	−5.1	−1.9	2.1

注　"五河之和"为鄱阳湖入湖的赣江、抚河、信江、饶河、修水五大河流的七个控制水文站（外洲、李家渡、梅港、渡峰坑、虎山、虹津、万家埠）的数值之和。

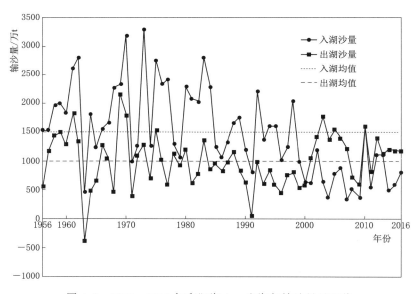

图 4.2　1956—2016 年鄱阳湖入、出湖年输沙量过程线

水文情势的变迁，必然引起尾闾河道水力特性的变化，进而对河床演变和河势稳定带来连锁反应，例如：赣江西河河道防洪压力增加、河势稳定性降低、持续低水位运行使堤防工程安全问题加剧、沙滩出露使水景观变差，东河断流导致水环境和航行条件恶化等；抚河洪涝灾害频繁严重、供水灌溉保证率低下、航运发展萎缩、水土流失和水环境污染加

剧等，给鄱阳湖地区的水资源、水生态、防洪及航运安全带来较大的隐患。

（3）非自然连通湖泊水文情势的改变。20 世纪 50 年代中后期至 60 年代，长江干支流沿岸湖泊陆续修建了闸坝，使湖泊与长江之间失去了自由的水文连通。目前，一般湖泊的调度方式是洪水期关闭闸门防止长江洪水的侵袭，但同时内涝水却外排至长江增加长江的洪水压力，洪水期过后则闭闸蓄水，维持较高的水位，湖泊早已失去调节长江洪水的"原始功能"。同时，湖泊被闸坝控制后，湖泊水动力、水文循环过程以及生态联系也随之发生了变化。

受闸坝调控及用水影响，湖泊水位发生异常波动，一些湖泊水位波动出现"反季相"状态，势必造成湖泊水动力条件的改变。例如，巢湖自 1963 年建湖闸之后，12 月至次年 3 月水位较建闸前明显上升，尤其是 2001 年之后，巢湖 12 月至次年 3 月水位已经全面超过 8m，比建闸前抬高了 2m 多；建闸前，巢湖水位波动幅度平均超过 2m，建闸后，水位变幅仅 1m，汛前降至最低（图 4.3）。江湖之间水文连通改变后，直接改变了湖泊的水动

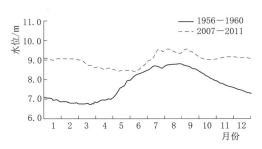

图 4.3　巢湖建闸前（1956—1960）后（2007—2011）的水位变化

力情况，使枯季水位显著抬升，湖泊水位变幅明显减小。水文的动态循环产生了各种环境梯度，是江湖生态系统形成的重要载体，湖泊建闸使得湖泊水文循环基本不再受河流影响，逐渐形成了自己的水文循环过程，以水文循环为载体的江湖生态联系也随之切断。

4.1.3　水体污染加剧

在过去的几十年，经济迅速发展和用水量不断增加，工业和生活废污水排放量也急剧增加，而污水处理厂建设速度相对滞后，同时农业面源污染也日益加剧，长江承纳的废污水量一直在持续增加。据《2018 年长江流域及西南诸河水资源公报》的数据，2018 年长江流域 61 个参评湖泊中，劣于Ⅲ类水质标准的湖泊水面面积占 88.9%，劣于Ⅲ类水质标准的项目主要为总磷、氨氮、高锰酸盐指数和五日生化需氧量。61 个湖泊营养状况评价显示，富营养湖泊占评价湖泊个数的 86.9%。

（1）长江流域典型湖泊的水质问题也早已引起人们的关注。太湖在 20 世纪 90 年代尚为中富营养水平，至 2000 年已以富营养为主，近些年，太湖更是频繁发生蓝藻水华。巢湖早在 20 世纪 80 年代就大范围发生过蓝藻水华，目前在夏季时水华覆盖面积可达全湖的 25%。洞庭湖和鄱阳湖同样面临着富营养化风险。洞庭湖浮游藻类叶绿素 a 近 10 年持续上升，已达轻度富营养。鄱阳湖的营养物浓度也持续上升。因此，长江中下游地区湖泊富营养化问题一直是久治不愈的重症，江湖阻隔则是长江中下游地区湖泊水质污染加重的一个重要因素。最初，江湖阻隔的重要原因是防洪和湖泊渔业的需求。围湖养殖发展渔业在特定的历史时期是一项重要的民生工程，而如今则成为生态环境恶化的重要诱因。江湖阻隔使得入湖污染物滞留在湖水中，湖水交换周期大大延长，放大了流域入湖营养盐负荷的藻类生长促进效应，使得藻类更容易利用营养盐条件积累到较高生物量。

（2）江湖阻隔大大减小了湖水水位的波动范围，从而减小了滨湖水陆交错带的面积和功能发挥，特别是降低了水陆交错带对水中微生物、有机质、营养盐等的净化作用，间接地促进了湖泊富营养化。

（3）江湖阻隔还大大降低了湖泊鱼类多样性，由于江湖间的基因交换被阻断、水质下降，使得一些较为敏感的特有鱼类逐渐减少。比如湖北涨渡湖与长江阻隔之后，鱼类种类由约80种下降到52种，洄游型和河流型鱼类比重由50％下降到不足30％，渔业资源的下降缩短或者阻断了营养盐在初级生产者到消费者、分解者之间的迁移通道，加快了营养盐在浮游生态系统中的循环速率。

（4）江湖阻隔还大大降低了迁徙鸟类的数量。据相关学者对长江两岸23个湖泊的调查表明，江湖阻隔的湖泊迁徙鸟类的数量明显低于通江湖泊，这会大大降低鸟类通过捕食和排泄对湖体营养盐的去除通量。

江湖阻隔改变了天然条件下物质交换和生态平衡，直接或间接地使平衡向不利方向移动，引发的这些自净能力下降、浮游植物的生产力贡献增加等生态系统变化，使得在相同的营养盐背景下，阻隔湖泊的浮游植物浓度明显高于通江湖泊，因此，江湖阻隔成为湖泊水质变差的重要因素之一。

4.1.4 生物群落改变

在长期的进化过程中，不同生物逐步形成了与水文周期相适应的生活史对策，水文过程的改变必然会对生物群落产生重要影响。归纳起来，江湖水文连通受阻通过三条途径作用于湖泊生态系统：

（1）江湖阻隔导致湖泊与河流之间的水沙和营养传输受阻，扰乱周期性水文波动，阻断或延滞生物的交流和生长过程。最直观的后果就是导致洄游性鱼类不能进入湖泊而逐渐消失，即使偶然有鱼类进入也不能繁殖建群。

（2）江湖阻隔改变了天然的水文周期、水下湖床等，降低了生境的时空异质性和生境的多样性，使一些特有生境发生改变，对一些特有鱼类产生较大影响。例如，涨渡湖原是长江洄游性鱼类重要的索饵场和繁殖场，结合多种资料及调查结果表明，涨渡湖区先后出现的、可确认的野生鱼类总共约82种。其中，20世纪50年代的鱼类总共约80种，但在江湖阻隔后鱼类不断减少，到20世纪80年代约为63种，到2003年野外调查显示已下降到52种，2005年季节性通江后，银鱼等9种曾经消失的野生鱼类重返涨渡湖。

（3）水文动态过程可干扰各类群落的演替，在长期的进化过程中，水生生物逐步适应了自然的水位波动节律，它们的生存与生长也依赖于这种特定的水文条件，江湖阻隔带来的水文条件改变，使湖泊中物种及其分布发生改变。例如，一些阻隔湖泊在春季维持高水位，使得湖泊底部光照减弱，阻碍了沉水植物的萌发与生长，导致群落分布区域缩小，有调查显示，2014年某湖泊沉水植物覆盖范围较20世纪80年代显著下降，仅剩0.4％，且分布范围局限在小范围浅水区内，同时由于水位抬升导致近岸滩地被淹没，抑制了挺水植物的生长，挺水植物生存范围也不断缩小。又如，水位波动小使滨湖水陆交错带面积缩小，导致陆生植物侵占水生植物的生存空间。20世纪50年代前，涨渡湖自然通江，北纳举水和倒水，南受长江倒灌，水生植物种类颇多，野生动植物资源丰富；1950年建闸后，大面积围垦筑堤、围湖造田等致使涨渡湖水生植物遭到严重破坏，1992 年调查显示仅剩 3 科 6 种，湖面 80％被菱科植物覆盖；2005 年恢复季节性通江后，涨渡湖水生植物共 45 科 96 种，主要优势物种有菱、莲、浮萍、水蕨、芦苇和水蓼等；至 2011 年湖北省第二次湖泊湿地调查显示，涨渡湖生物群落更加丰富，水生植物种类增加到 114 种。

江湖阻隔扰乱了原有的自然水流体制，改变了生物适应的自然环境，导致湖泊物种多样性下降，生物群落结构发生根本改变。江湖阻隔使湖水难以交换，浮游植物大量增殖，浮游植物的增殖也促进了浮游动物群落的发育。相比长江干流和阻隔湖泊，通江湖泊底栖动物多样性较高。这应归因于通江湖泊高度异质的生境，包括静水区、缓流区、急流区、回流区以及消落区。通江湖泊的底质有淤泥、黏土、砂泥、细砂、粗砂、砾石等多种类型，而阻隔湖泊的底质一般是淤泥。江湖阻隔导致洄游通道堵塞和流水环境丧失，并且降低了生境异质性，原有的特有鱼类生存环境被压缩，鱼类资源也相应减少，也必然导致湖泊生物群落结构发生改变，必然导致湖泊生态平衡发生变化。

此外，江湖阻隔改变了湖泊内鱼类群落结构，定居性鱼类在湖泊鱼类组成中占比逐渐增加，而江海洄游和江湖洄游鱼类转变为偶见类群；江湖阻隔使长江流域鱼类资源趋于小型化，捕捞鱼类中小型鱼类比例上升，鱼类种群年龄结构低龄化和个体小型化。

4.2 江湖连通的生态价值

自然演进形成的江河、湖泊、河汊等水体构成了天然河湖水系和天然的水文节律，但季节性不均匀降水导致水位和淹没面积的大幅度波动，给人类的生产、生活带来了很大的不便和困扰，枯水期水位低、取水难，丰水期洪水大、破坏强。随着人类生存和社会经济发展的需要，逐渐修建了渠系、塘堰、闸坝、堤防、水库与蓄滞洪区等水利工程，既能拦水又能蓄水，解决了枯水期水少、丰水期防洪的问题，这一复杂的复合水系不仅支撑着经济社会发展，还是生态环境的重要组成部分。随着人类生产力水平的提高和社会经济格局的变化，这样的人类活动对天然水系的干扰越来越剧烈，长江流域很多地区的城镇化和围湖造地等人类活动导致河湖萎缩严重，水资源通道阻断，水系物质交换、更新变差。水系连通问题已经成为制约城乡经济可持续发展和生态系统健康的重要因素。国家政府部门早已意识到以牺牲环境为代价的经济发展是不可持续的，城市的发展和经济的发展也需要优良的环境作为基础，生态文明建设和"绿水青山就是金山银山"理念进一步推动了河湖水系连通性改善。2021 年 3 月，《中华人民共和国长江保护法》的正式施行进一步推进长江流域河湖水系连通的修复。在尊重自然、掌握自然规律的前提下，人类有意识地、科学地改造水系，对河湖水系内水体间的水力联系进行合理的改变与调控，保障水系的健康与服务功能，维持生态系统的基本平衡，对不同尺度流域水循环过程和其影响下的物质、能量、生物等时空分布的合理适度调配，对实现人水和谐，保障社会和谐可持续的发展具有深远意义。

4.2.1 资源环境价值

河湖水系连通工程有多种方式，通过合理规划、布局与设计，建设江湖连通水道；通过合理调度闸坝，恢复通江湖泊的水力联系；通过生态清淤疏浚等，疏通阻碍水系连通的河段，实现江湖连通，可取得许多重要价值：

（1）提高水资源调配能力。通过人工修建的连通河道，或输水渠道、闸坝等，连通河湖，提高可调节水量，平衡水资源分布，使缺水区域水量得到适当补给，满足当地居民的生活、工农业生产用水，同时改善当地的生态环境。

（2）提高抵御旱涝灾害能力。江湖连通可在一定程度削减洪水威胁、减缓旱情。水系连通后，在应对洪涝灾害时，既可提高洪水排泄能力，也可在一定程度上提高蓄洪能力，有助于缓解洪水威胁；在应对旱情时，可提高引水能力，可有效调配干旱地区水源，解决区域性水分布不平衡问题。

（3）改善水环境污染。通过水系连通提高河湖的流动性、缩短湖水交换周期、增强河湖自净能力和纳污能力，从而可以改善河湖健康状况。

（4）改善生态。河湖水系连通改变了河湖（尤其是湖泊）的水域空间、水动力以及物质、生物、信息、能量的交换，对区域生态会产生较大影响。水域空间的增大扩大了水生生物的空间，更有利于水生生物的生存；物质的交换改善了水质，加快了物质的更新和能量的输送；信息的交换提高了生物交配的质量，有利于提高生物群落多样性、避免物种的退化。

（5）促进区域经济多维度融合发展。江湖连通工程建设改善了区域水资源条件，对地区农业、渔业、旅游业和工业等多维度融合性发展具有巨大的促进作用，有利于经济向高质量发展转变。

4.2.2 保持河流连续性和连通性的价值

从人类活动的发展进程看，人类很早就能充分利用水资源进行经济活动。而对其的利用必须有相应的水道、沟渠连通不同的水体，所有水资源的利用都是以水系连通为前提的。长江流域水资源丰富，如今由于流域经济的发展和人口的增加，对水资源的需求呈几何级数增加，需要更多的连通水道和渠道引水，水系连通对水资源利用的影响更加明显。

目前，长江流域已初步形成了由堤防、部分支流水库、蓄滞洪区、河道整治工程及非工程措施组成的长江防洪体系。江湖连通是河流侧向连通的主要表现形式，其价值首先是增加了河流系统蓄泄能力。保持水系连通的大型连通湖因储水量大，可显著削减和滞后河川汛期入湖洪峰流量。如鄱阳湖承纳南面赣、抚、信、饶、修等5条河流来水，经调蓄后由北部湖口泄入长江，汛期可削减洪峰流量的 20%～40%，滞后洪峰 1～4 天，减轻了长江的洪水威胁。又如洞庭湖一般年份四水洪水早于长江干流，洪峰彼此错开，"江涨湖蓄"发挥了较大的功能，从而减轻长江荆江段的防洪压力。由于洞庭湖调蓄容量巨大，即使出现"江湖并涨"的洪水，其调洪作用亦十分明显。

其次，江湖连通所形成的周期性水文变化是维持湖泊湿地生境的重要条件，周期性涨落的水文条件是促使湖泊洲滩湿地演化的决定因素。长江流域湖泊阻隔与否对湿地生态环境有重要影响。天鹅洲故道原为自然通江故道，每年的汛期与长江相通，上口在枯水季节与长江隔断，而下口长年与长江相通，因此，在汛期天鹅洲故道水位随长江水位的涨落而变化。1998 年在天鹅洲故道和长江之间筑起了一道大堤，造成天鹅洲故道和长江的阻隔，汛期河漫滩面积缩小，加速了大面积河漫滩湿地的旱生演替过程，使洲滩苔草群落大面积萎缩。同样是通江湖泊，黑瓦屋故道一直保持通江，周期性涨落水文条件与长江同步，使黑瓦屋故道保持了较大面积，较完整的河漫滩湿地，河漫滩地占目前堤坝围筑后故道面积的 69%，和天鹅洲故道相比，其洲滩苔草群落面积占故道面积的比例大。

再次，河湖连通维持河湖之间物质、生物和能量传递的畅通性，对水生动物产生巨大影响，其中鱼类是水生动物的代表。水文周期过程是众多植物、鱼类和无脊椎动物生命活动的主要驱动力之一。自然的水位涨落过程可为鱼类提供较多的隐蔽场所，对向下游迁徙的鱼类有很重要的作用。向下游迁徙鱼类的游移时间，直接同河流中水流流速有关，鱼类的生存和迁徙需要一定的流速范围，流速过大不利于鱼类的生长和发育，过小不利于洄游鱼类的迁徙。水流影响鱼类的生殖过程，丰水期大流量对很多物种迁徙时间和许多鱼类产卵会起到提示作用。江湖连通对于保持生物量和生物多样性具有重要影响，连通水体的生境异质性会明显提高，从而维持较高的物种多样性。

目前，长江流域江湖连通性很差，需要采取措施，增强江湖水系之间的连通，以维护长江健康。

4.3 江湖连通技术

长江流域江湖连通工程主要分布在汉江中下游平原、鄱阳湖湖区、洞庭湖湖区和下游安徽省巢湖湖区等，江湖连通工程通过水系连通解决不同的生态环境问题，主要包含引水治污、闸口生态调度、生态水网构建等多个类型的连通方式。

4.3.1 引水治污

引水治污型的水系连通方式，是通过构建河湖水系连通，加快水体的流动更新，提高水体自净能力，同时通过合理调度保障生态环境需水、有效补偿地下水、改善水生生境和生存空间，修复保护连通水域周边的生态环境，提供宜人的区域环境。不同连通特性的水体具有不同的自净和降解能力（表 4.3），水系连通性越好，流速越大，水质降解系数越大，水体自净能力越强，具有更大的环境容量。

表 4.3 水体水质降解系数参考值表

水体	水质	水生态环境状况	水质降解系数参考值/（L/天）	
			COD_{Mn}	氨氮
大江大河	优	Ⅱ～Ⅲ类	0.20～0.30	0.20～0.25
	中	Ⅲ～Ⅳ类	0.10～0.20	0.10～0.20
	劣	Ⅴ类或劣Ⅴ类	0.05～0.10	0.05～0.10
一般河道	优	Ⅱ～Ⅲ类	0.18～0.25	0.15～0.20
	中	Ⅲ～Ⅳ类	0.10～0.18	0.10～0.15
	劣	Ⅴ类或劣Ⅴ类	0.05～0.10	0.05～0.10
湖泊水库	优	Ⅱ～Ⅲ类	0.06～0.10	0.06～0.10
	中	Ⅲ～Ⅳ类	0.03～0.06	0.03～0.06
	劣	Ⅴ类或劣Ⅴ类	0.01～0.03	0.01～0.03

21 世纪初，我国开始高度重视河流的治理及生态修复问题，规划建设了一批以水环境治理为主要目的的河湖水系连通工程。如引江济太工程、牛栏江-滇池补水工程等。2000 年汛期，太湖流域干旱少雨，通过长江引水 2.22 亿 m³ 入太湖，太湖贡湖湾水体水质从引水前的劣 V 类改善为引水后的Ⅲ类。调水虽然不能从根本上彻底治理污染，但对湖泊水质改善有很大的帮助。2007 年太湖蓝藻暴发，形成生态灾害，从长江调水 3.67 亿 m³，调水后水质明显好转，基本解决了当地居民的饮水危机。

支流之间的水流联系也可起到减污的作用。2005 年，沱江发生污染事故时，通过都江堰从岷江调水 5000 万 m³ 为沱江冲污，占当时岷江来水量的 1/3，等于甚至大于沱江上游来水，岷江调水使沱江污染物得到一定程度的稀释，并随水流迁移入长江干流，得到更大水体的稀释，污染物浓度降低。

引水增加了当地水体的水量，提高了水体的纳污能力，从一定程度上改善了当地水质。但该方法主要是稀释、冲污，要从根本上改善水质还应是处理污水，减少污水排放。受可引水量的制约，其降解污染的作用有限，更多的情况是污水转移，只是解决了本地的污水，却污染了其他水体。因此，引水治污只是应急之举。

4.3.2　闸口生态调度

除修建人工通道使江湖连通外，江湖连通的另外一个重要方式是闸口生态调度，即改变过去目标单一的调度机制，由过去防洪抗旱为目的转变为多目标的生态调度，在保证防洪抗旱的前提下，保持闸口常年开启，即使在洪水较小的情况，也不关闭闸门，尽可能允许中小洪水淹没洲滩，保持水位的自然涨落，从而促进江湖生态自然修复，减小人为干扰，改善湖区和湿地的生态环境。然而，当下长期的闸口生态调度鲜有实施，更多的是采取季节性的闸口生态调度，即"灌江纳苗"的方式实施江湖连通。在适宜季节，通过引长江水入湖，使长江的鱼苗或仔幼苗进入湖泊，以此补充湖泊内鱼类的种类和数量。"灌江纳苗"是一种季节性通江，可为洄游性鱼类提供"三场一通道"，对洄游、半洄游，特别是江湖洄游鱼类资源的恢复发挥作用，优化了湖泊鱼类群落结构，使食物链的受损环节重新恢复，食物网复杂化，从而提高湖泊水生生态系统质量和稳定性，阻止或减缓湖泊生态系统的退化。此外，"灌江纳苗"使得江湖在一定时间内得到联系，有利于改善水质，在保持江湖复合生态系统结构和功能的完整性上发挥作用。

为保护长江中游生态区湿地和生物多样性资源，世界自然基金会（WWF）长江项目组于 2002 年正式与汇丰银行（HSBC）合作启动以涨渡湖为示范点的重建江湖联系的示范项目。2005 年，实施了以"灌江纳苗"为主要内容的季节性江湖连通，纳苗 526.7 万尾，涨渡湖水生态环境得到了显著改善（表 4.4）。2006 年 5 月武汉市新洲区政府出台《涨渡湖江湖连通运行方案》，把这个活动以制度方式予以固定，在全国属首创。涨渡湖是长江中游洄游鱼类重要的索饵与繁殖场所。20 世纪 30 年代，涨渡湖面积最大可达 225km²。为了抵御洪水，不断修筑堤坝围垦，1954 年兴建的挖沟闸切断了涨渡湖与长江的联系，使得涨渡湖水面面积锐减为 36km² 左右，大量湿地丧失，野生动植物的种类和数量明显减少，20 世纪 50 年代涨渡湖鱼类总共约 80 种，80 年代下降到 63 种左右，1995—2003 年则进一步下降到 52 种，消失的鱼类以洄游型鱼类和江河型鱼类为主，洄游型和河流型鱼类的占比由通江前的 50% 下降到阻塞后的不足 30%。涨渡湖的演变过程是长江中下游湖泊演变过程的缩影。

表 4.4　　　　　　　　　　　涨渡湖江湖连通前后生态环境指标对比

指　标	连通后与连通前相比
水产产量	增加 50 万 kg
水产产值	增加 300 万元
野生鱼类数量	增加银鱼等 9 种野生鱼类
水质	显著改善
藻类群落	富营养属种 *A. alpigena* 含量显著降低，底栖种 *Navicula. spp.* 含量明显上升
水体透明度	变高
钉螺	未引入
水鸟	小天鹅、水雉、黑水鸡等珍贵水鸟的数量明显增多
泥沙	引进约 1662t

4.3.3　生态水网构建

良好的水系连通条件和丰沛的可调水源是城市水系发挥功能的前提，水系连通不畅，影响了河道自净能力和抵御城市洪水的能力，通过对水循环水系连通进行科学有效的调控，有利于改善城市水生态环境问题。

从环境治理与生态修复的角度出发，生态水网构建的思路首先是提高水体连通性，增强水体交换能力，提高水环境容量。由于资源开发和防洪的需要，大部分天然水体都存在水体流动性差的问题，形成了"死水"，如果此时水体还承接了一定的污水，超过了水体本身的纳污能力和自净速度，则会引发一系列水环境水生态问题。因此，生态水网构建时必须先让水动起来，加速水体流动，成为活水，发挥其自然水流和水域净化的自然能动性，使得污染水体修复方式趋向于简单性、高效性的自然需求。

其次，水网连通是要拓展水生生物的生存空间、恢复食物链、提高生物多样性，逐渐恢复生态系统。生态水网的构建，必须以长远的眼光考虑，一方面要加强水系区域水环境的整治，以便对水系区域的开发内容和容量进行合理掌控；另一方面也要保证水网内及周边生物、植被的连续性和多样性，恢复水网内的自然信息、能量传递属性，扩展水网内水生生物栖息地，发挥水网的生态廊道功能。

最后，生态水网格局构建要提升水系的景观生态效益。针对生态水资源环境特点，构建水系网络生态景观格局，结合水资源结构所处位置的地理条件，对区域生态水网功能定位，规划设计结构清晰的水网架构，通过人工干预，清理淤泥填塞河道、连通断头河道、恢复被占用河道和湖泊等，调整水资源系统，形成水系的水体流动，形成景观水网系统和城市绿化开放空间，发挥水系的综合效益和本身的水网特色。

4.4　应用实例

目前长江流域开展了众多江湖水系连通工程，众多学者也对工程实施先后的生态环境效应进行了研究，本节重点介绍这些典型江湖连通工程及实施效果。

4.4.1　引江济太工程

自 20 世纪 80 年代以来，太湖流域水质不断下降，入湖污染负荷不断增加，水污染严重，湖泊及河网水体富营养化现象严重，甚至一些重要城市饮用水源地的水质都难以得到保障。为满足经济社会发展对流域供水、水生态安全的要求，太湖流域利用现有水利工程体系，以实现"以动治静、以清释污、以丰补枯、改善水质"为战略目标，通过科学调度，加强江湖连通，调引长江优质水源，弥补当地水资源量不足，促进河湖水体流动，改善河湖水环境，提高水资源及水环境承载能力。

（1）工程实施过程。太湖流域行政区划包括江苏省、浙江省和上海市，流域总面积为 36895km² 。2019 年，太湖流域总人口 6164 万人，占全国总人口的 4.4%；GDP 总量 96847 亿元，占全国 GDP 总量的 9.8%；人均 GDP 是全国的 2.2 倍。太湖流域存在水资源量供给不足和水污染严重的问题。2019 年，流域水资源量 225.6 亿 m³，供水量 338.7 亿 m³，主要靠长江引水和重复利用来弥补本地水资源的不足。2002 年起，太湖流域管理局启动了"引江济太"水资源调度，依托现有水利工程，利用流域性骨干河道望虞河、太浦河及流域骨干工程常熟水利枢纽、望亭水利枢纽和太浦河闸泵，引长江水进入太湖及河网地区，向江苏、浙江、上海等下游地区增加供水，工程示意图如图 4.4 所示。2008 年，国务院批复《太湖流域水环境综合治理总体方案》，确定了走马塘、新沟河、新孟河引排工程，与此前的望虞河、太浦河形成"三引二排"的调水新格局。引排水工程大大促进了太湖水体流动，让太湖换水周期从一年一次提升到一年两次，提高了太湖水体自净能力，增加了枯水期太湖水量，稀释了污染物，改善了河道与湖泊的水质，增加了水生生物量。

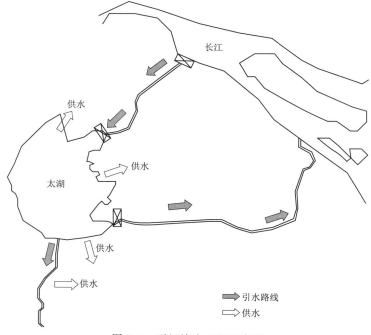

图 4.4　引江济太工程示意图

（2）工程实施效果。

1）提高水资源调配能力。根据《太湖流域引江济太年报》，截至2019年底，通过望虞河共调引长江水316.63亿m³，其中入太湖141.46亿m³；结合雨洪资源利用，通过科学调度，经太浦闸向下游的江苏省、浙江省、上海市部分地区增加供水261.63亿m³。引江济太使太湖水体置换周期从原来的309天缩短至250天，加快了太湖水体的置换速度；太湖湖区大部分时间保持在3.0～3.4m的适宜水位，增加了水环境容量；平原河网水位抬高0.3～0.4m，太湖、望虞河、太浦河与下游河网的水位差控制在0.2～0.3m，河网水体流速由调水前的0.0～0.1m/s增至0.2m/s，受益地区河网水体流速明显加快，水体自净能力增强。同时，工程在太湖流域出现高温、干旱年份时能及时补充清水资源，保障了流域各地的生产、生活和生态用水，有效缓解了太湖流域河网水位下降的趋势，保障了重要饮用水源地的供水安全。

2）改善区域水环境。调水工程以清释污，引长江水入太湖，增加了太湖流域水资源量，有效地通过流域江湖连通工程体系调控来改善流域水系的水环境，促进太湖流域水环境发展趋势向好，使水生态功能得到保证，生物多样性得到恢复，对保证该地区社会经济可持续发展和水环境生态系统的良性循环具有积极作用。2007年无锡供水危机中，通过引江济太应急调水，有效降低了水源地蓝藻的生长和聚集，改善了取水口附近水质。调水后，贡湖水源地水质明显改善，总氮指标由劣Ⅴ类变为Ⅳ类，缓解了水源地供水危机。

引江济太调水后，太湖水质明显改善，2018年，太湖高锰酸盐指数达到Ⅲ类，氨氮达到Ⅰ类，总磷、总氮分别为Ⅳ类和Ⅴ类，部分水质指标已达到《太湖流域水环境综合治理总体方案（2013年修编）》中确定的2020年控制目标。

（3）问题与思考。

1）引水工程只能缓解水量水质危机，减污仍是根本措施。近年来太湖健康状况虽然呈变好趋势，但是太湖流域污染物入河（湖）总量仍远超水体纳污能力，太湖营养过剩的状况没有根本扭转，湖中藻型生境已经形成，尚未得到根本性的改变，太湖健康状况仍可能产生波动。引江济太入湖水质略差于太湖平均水质，引江济太能否改善太湖水环境仍存在争议。要充分发挥引江济太工程效益，需进一步加大区域污染源治理，大力加强太湖流域水环境综合治理，确保望虞河清水入湖及太浦河供水水质，实现引江济太工程效益最大化。

2）引水涉及多方利益，尚需建立合理的运行机制。引江济太工程管理和调度涉及不同省市和不同行业利益，流域统一调度难以有效实施，要在统筹流域防洪和供水安全、流域与区域需求的基础上，实现流域水资源统一调度，确保引江济太调水工程长效运行。

3）引水对太湖水生态系统的影响还需深入研究。长江水质和太湖水质存在较大差异，水生态系统结构、食物链也不一样，引江济太对太湖水生态系统有利和不利影响尚需进一步研究，从而采取针对性措施，恢复太湖水生态系统。

4.4.2　牛栏江-滇池补水工程

滇池是我国六大淡水湖泊之一，流域面积2920km²，总湖水容量15.6亿m³，是昆明市赖以生存和发展的母亲湖，常年汇入滇池的河流有35条，然而滇池流域资源性缺水现象严重，同时流域生态环境遭到严重破坏，水质逐年恶化。滇池是昆明市生产、生活污水的唯一受纳水体，长期饱受"水脏"的困扰。为有效缓解滇池流域面临的缺水与污染双重危机，提高湖体自净能力，从根本上缓解滇池水污染和昆明市资源性缺水问题，2008 年12 月 30 日，全面开工建设牛栏江-滇池补水工程（以下简称"牛栏江补水工程"），2013年年底，牛栏江补水工程建成并投入试运行，每年补水约 5.66 亿 m³。

（1）工程实施过程。牛栏江补水工程水源牛栏江是金沙江右岸一级支流，发源于昆明市寻甸县，流域面积 13672km²，其中云南省境内流域面积 11408km²；多年平均径流量49.5 亿 m³，其中云南省境内 43.5 亿 m³；干流全长 440km。水资源开发利用程度相对较低，全流域只有 16.0%，下游只有 2.5%。牛栏江补水工程主要任务为近期重点向滇池补水，远期向曲靖市供水，同时作为昆明市的备用水源。工程跨越云南省曲靖市和昆明市境内 6 县区，主要由水源工程、干河泵站提水工程和输水工程组成。德泽水库是牛栏江补水工程的水源工程，位于牛栏江上游河段，坝高 142m，水库正常蓄水位 1790m，库容约4.16 万 m³，最低运行水位 1752m，相应库容 1.89 万 m³。干河泵站位于库区支流干河内，采取一级提水方案，最大扬程 233.3m，泵站取水口布置在干、支流交汇口下游约330m 左岸。通过总长 115.85km 的输水线路输送至昆明市盘龙江，清水穿城进入滇池，工程多年平均向滇池补水 5.66 亿 m³。截至 2019 年 12 月 31 日，已累计向滇池补充水质标准为Ⅲ类以上的优质清水 34.1 亿 m³。

（2）工程实施效果。

1）水环境质量显著提升。工程投入运行后，增加了滇池流域的水资源量，加快滇池水体循环，增强湖体自净能力，滇池水体污染指数明显下降，水体透明度上升，水体富营养状态持续改善，滇池整体水质持续向好。盘龙江水质通水前为Ⅳ～劣Ⅴ类，通水后逐步改善并稳定在Ⅲ类左右。滇池外海水质通水前为劣Ⅴ类，通水后逐步改善为Ⅳ～Ⅴ类，营养状态为中度富营养，滇池综合治理效益明显。

2）城市供水保障力明显提高。昆明市人均水资源量不足 300m³，水资源极度缺乏，随着城市迅速扩大和人口增加，城市供水量从 20 世纪 90 年代的日供水量 30 万～40万 m³ 猛增到现在的 90 万 m³。按照昆明市"七库一站一江"供水保障体系及多水源联合调度方案，每天从牛栏江补水工程取水 15 万～30 万 m³ 作为城市供水，极大缓解了昆明城市供水压力，极大提升了城市抗击供水危机的能力。

3）城市生态环境得到改善。牛栏江补水工程向滇池补充生态水量，充分利用补水大流量特点，引水入城、以水活城，通过科学合理的分水处理，营造盘龙江入口段景观瀑布，清澈的上游来水极大程度上净化了盘龙江补水河道水质，景观环境得到明显改善，为昆明城市发展增添了新的亮点。

（3）问题与思考。牛栏江补水工程运行近 7 年来，在协调监管机制、水资源保护和统一管理等方面仍存在一些问题与困难。

1）由于尚未形成省级层面统一长效的协调监管机制，在联合调度管理过程中，仍不能很好兼顾相关部门的用水利益。

2）牛栏江补水工程是以湖泊水污染防治为主、城市应急供水为辅的生态治理工程，但牛栏江德泽水库上游支流多、水系发达，涉及昆明、曲靖 2 市 6 县区，人口密集，农田集中，农业生产及人类生活面源污染大，总氮污染严重，特别是受水区为湖泊，对河流型水库的水质保护提出了更高要求，工程的效益与上游的水质保护紧密相关。

3）未建立跨区生态补偿机制。工程本身具有典型的跨区域、跨流域水系连通工程的特点，管理机构多、管理系统复杂、区域经济发展与生态保护矛盾突出，为了更好地保护牛栏江，保证水资源的可持续利用，需要研究完善跨区域的生态补偿问题，建立受水区和水源区长效补偿机制，通过有效的管理机制，促进水资源保护和资源共享。

4.4.3 大东湖水网连通工程

大东湖生态水网，是以国家级风景区也是全国最大的"城中湖"——东湖为中心，由以东沙湖水系和北湖水系为主要组成部分的江、湖、港、渠共同组成的庞大水网，将东湖、沙湖、杨春湖、严西湖、严东湖、北湖等6个主要湖泊以及青潭湖、竹子湖等湖泊连通，远期拓展到与汤逊湖水系中的南湖、汤逊湖连通，远景与梁子湖水系连通，实现江湖相通，构建生态水网湿地群，实现城水和谐、人水和谐。大东湖水系历史上与长江相连，可追溯到三国、唐朝、宋朝、明朝、清朝，区域内东湖、沙湖等湖泊一直与长江紧密联系在一起，后来因长江干堤的逐步兴修，通过建闸进行人为调度，江湖与长江的水体交换逐渐受阻。受淤积影响及社会经济的发展，随着20世纪60年代的围湖造田和90年代的城市建设，湖泊面积大为减少，进一步阻隔了湖泊与长江的联系。

为解决大东湖水系湖泊水质恶化、水体流动性差等问题，2009年5月，武汉市提出构建大东湖生态水网工程并得到国家发改委批复，该项目总投资158.78亿元，主要实施"三大工程，一个平台"，即污染控制工程、生态修复工程、水网连通工程及监测评估研究平台。工程通过青山港闸和曾家巷泵站引长江水入湖，年补充水量2亿 m^3。引水流量总规模为 $40m^3/s$，青山港闸设计引水流量 $30m^3/s$，曾家巷泵站设计引水流量 $10m^3/s$。工程示意图如图4.5所示。

（1）工程实施过程。

1）引水方式。大东湖水网主要依靠水闸、泵站和港渠完成从长江引水和排水。引水方式有两种：

一是青山港进水闸自长江引水，至沉淀池处理后，经青山港、东湖港进入东湖；曾家巷进水闸自长江引水，在内沙湖沉淀池处理后进入沙湖，再经东沙湖渠流入东湖。由九峰渠向北湖水系的严西湖调水，经红旗渠入北湖，再流经北湖大港至北湖泵站排入长江，完成主流的循环；东沙湖水系中的杨春湖通过新东湖港及东杨港实现与东湖的连通；北湖水系中的严东湖、竹子湖、青潭湖则由西竹港、竹青港、北严港实现连通。

二是新建曾家巷引水泵站和引水闸，曾家巷引水闸设计引水流量为 $10m^3/s$；曾家巷引水泵站作为补充大东湖的生态用水，设计引水流量为 $10m^3/s$。曾家巷引水泵站自长江引水入沙湖，在内沙湖沉淀池沉淀后，一路经沙湖港、罗家港由罗家路闸入长江，实现沙湖水体循环；另一路则由东沙湖渠进水果湖、筲箕湖（东湖）、汤菱湖后，经新沟渠、沙湖港、罗家港进罗家路闸入长江，实现东沙湖水系的循环。

2）引水调度。运行期，引水进入东湖后的水量分配，新沟渠分流25%，九峰渠分流75%。当青山港进水闸、曾家巷引水闸具备引水条件时即开闸引水，引水进入东湖后按前

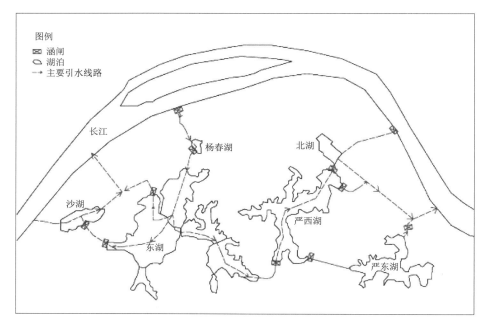

图 4.5 大东湖生态水网工程示意图

述分配比例进行水量分配。当长江水位低于曾家巷引水闸、青山港进水闸引水水位时，适时启用曾家巷引水泵站提引江水。据数模分析，泵站设计引水时段为每年 4 月 21 日—5月 31 日和 10 月 1—31 日。

考虑到枯水期（11 月至次年 4 月）湖泊水质污染指标有所反弹，每年利用曾家巷引水泵站前期引水进行沙湖小循环和东湖中循环，其中前 10 天进行沙湖小循环，之后泵站引水进入东湖中循环，自流引水及 10 月泵站引水实施大循环。

自流引水期间，引水进入东湖后向新沟渠和九峰渠分流，新沟渠的分流水量流经沙湖港、罗家港，由罗家路泵站排出，泵站排水流量为新沟渠分配流量与日常排水量之和。九峰渠的分流水量进入严西湖后进行北湖水系循环，一路经红旗渠向北湖供水，退水入北湖大港；另一路经西竹港、竹子湖、青潭湖，退水入北湖大港，再由北湖泵站排出，泵站排水流量为北湖大港退水流量与日常排水量之和。泵站提引期间，涵闸可自排出江，涵闸排水按湖泊水位要求调度。

3）排水调度。当区域发生暴雨时，新生路泵站先排沙湖汇流片渍水和沙湖调蓄水量，罗家路泵站优先排除罗家路汇流片渍水，再排出东湖调蓄水量。东沙湖渠建成后，东湖调蓄水量设计按 $10 m^3/s$ 调入沙湖，由新生路泵站排出，剩余调蓄水量仍由新沟渠排入罗家港，经罗家路泵站排出。北湖泵站优先排除北湖汇流片渍水，再排出严西湖、严东湖、青潭湖和竹子湖调蓄水量。

4）雨水资源利用。随着水网连通工程的实施和目前天气预报水平的提高，各湖泊的调蓄水量可结合水网水力调度控制排出，增加在湖泊中的滞蓄时间，减少引水量。

①东沙湖水系。东湖原只有新沟渠一个排水出口，水网连通工程实施后，东湖排水更加顺畅。东沙湖渠建成后，除了引水功能外，还具备排水功能，东湖调蓄水量可经过东沙

湖渠进入沙湖，再由新生路泵站排出长江。由此，利用排水实现水网水力调度。

东湖全年的径流总量 7462 万 m^3，受降水影响，径流年内分配不均，汛期、枯水期水量相差大，汛期径流量占全年径流总量的 70%。东湖汇水区在实施"清水入湖"工程后的洁净雨水经东湖调蓄后，由东沙湖渠和新沟渠控制出流，为东湖自身和沙湖提供生态需水。枯水期径流量较小，基本当作初期雨污水截走，难以形成湖泊间的水循环，只考虑汛期，在扣除初期雨水径流后年均可利用洁净雨水资源 4488 万 m^3。

②北湖水系。严西湖原只有红旗渠一个排水出口，水网连通工程实施后，沟通了严西湖至北严港循环线路，同时增加了严西湖的排水流路，严西湖调蓄水量可经过上述循环线路进入竹子湖、青潭湖，再由北湖泵站排出长江。由此，利用排水实现水网水力调度。

严东湖、严西湖、竹子湖、青潭湖汇水区全年的径流总量 5496 万 m^3，区域现有泵站排水能力具备控制排湖条件，雨水经湖泊调蓄后，由红旗闸（往北湖）和西湖小闸、联丰闸控制出流，为严东湖、严西湖、竹子湖、青潭湖自身和北湖提供生态需水。只考虑汛期，在扣除初期雨水径流后年均可利用洁净雨水资源 3500 万 m^3。

（2）工程实施效果。为评估已实施工程对水质的改善效果，进而推广江湖连通技术，湖北省水利水电规划勘测设计院收集整理了近年水质监测资料，重点分析了外沙湖与东湖两个已连通湖泊 2011 年至 2014 年水质污染指标 COD、总氮、总磷的变化情况。

自 2011 年 9 月东沙湖连通渠通水后，外沙湖水质整体呈变好趋势，水体 COD、总氮、总磷含量均逐年下降，水质类别由劣 V 类逐渐改善至 V 类。这主要是由于通水前外沙湖水体污染严重，水质较东湖差，通水后，由东沙湖渠引入东湖洁净雨水，加快了沙湖的水体交换，促进沙湖水质逐步改善。东沙湖渠通水后，东湖水质仍在 V 类与劣 V 类之间徘徊，但自 2014 年 4 月东湖初期雨水截留工程竣工后，东湖水体 COD、总氮、总磷含量整体呈下降趋势，水质有明显改善。

（3）问题与思考。大东湖水网连通工程的实施改变了湖区与天然江河的水文过程、水质状况以及水生生物栖息环境，势必会引发生态环境风险，因此建议采取以下措施：

1）开展底泥清淤，削减湖泊底泥污染物释放。东湖内源氮磷污染十分严重，不考虑内源污染释放的情况下，通过有效的外源控制，东湖水质只需要 3 年左右的时间就能得到改善。但是由于内源释放，东湖水体中氮磷等营养元素浓度仍会保持较高水平，东湖水质需要 35 年以上才能得到恢复。清除内源的主要来源——底泥，削减水体内源性污染物的释放量，是目前国内外控制河湖内源污染的主要措施。

2）推进截污治污工程，治理外源污染。近年来，武汉市高度重视城区湖泊的治污截污，已经关闭了较大的排污口，但仍不彻底，尚有隐蔽的排污口在向东湖偷排污水。此外，雨季大东湖周边汇水区地表径流会携带大量污染物排入湖中，约占整个入湖污染负荷的 25% 左右。因此，持续推进截污治污工程，对治理大东湖水网的污染是很有必要的。

3）实施生态修复工程，恢复水体生态功能。生态修复工程是提高湖泊水生态环境长期稳定的核心，主要包括湖泊、港渠水域、滨湖带和汇水区等区域生态修复工程等。生态修复工程的实施将促进水网水体修复，提升湖泊生态平衡抗干扰能力。

　　4）修建阻螺设施，防止血吸虫病传播。大东湖水网连通工程会引起水流速度、水质、土壤、植被、气候等环境因素的改变，从而形成有利于钉螺等外来生物扩散栖息的自然条件。依据钉螺水力生物力学的研究结果，在涵闸前方、涵闸后方和渠道中修建合适的水工设施，降低钉螺扩散风险。同时采取中（深）层取水法、拦网法等方法阻拦漂浮物，以减少外来生物进入湖区的机会。

第 5 章

富营养化水体及黑臭水体生态治理技术

一般而言，水体水质恶化为多方面因素相互作用引起的叠加效应，对应水质恢复也需要系统分析，开展综合性整治。本章主要就水体富营养化及黑臭的成因、治理关键技术和应用实例进行论述。

5.1 水体富营养化及黑臭的成因

水体富营养化及黑臭对应成因各有不同，水体富营养化是水体黑臭的前奏，黑臭则是水体富营养化的极端体现，水体达黑臭后就基本丧失了生态功能。

5.1.1 水体富营养化的成因

水体富营养化是目前长江流域面临的最严重的水环境问题之一，已成为推动长江经济带高质量发展的掣肘。1968 年，经济合作与发展组织（OECD）对"水体富营养化"做出定义：生物体所需的氧、磷、钾等营养物质在河口、湖泊、海湾等缓流水体中大量富集，引起藻类及其他浮游生物迅速繁殖、致使溶解氧含量下降、鱼类及其他水生生物大量死亡的现象称为水体富营养化。现在研究普遍认为水体富营养化是由于人类活动引起水体中氮、磷营养元素输入增加，超出水体自我调节和自我净化的能力而导致水体恶化的一种现象。

水体富营养化可分为自然富营养化和人为富营养化。自然条件下，水体中的营养物质由于降水、蒸发以及水土流失等过程逐渐积累，使一些水体由贫营养向富营养发展。例如湖泊会由贫营养发展为富营养，进一步又发展为沼泽，最后变成干地。自然环境中输入水体的氮、磷等营养物质数量一般都很少，因此水质演变的过程极其缓慢，往往需要几千年或几万年才能完成富营养过程。

人类的活动能够大大加速这一过程，这种情况可称为人为富营养化。随着经济的发展、人口的增长、工业化程度的提高，人类活动愈加频繁和深刻地影响水环境。大量富含氮、磷的生活污水和工业废水排入河流湖泊，使水体在短时间内呈现富营养状态。适宜的光照和其他条件下，浮游植物和大量水生植物过量繁殖，初级生产力急剧增加，导致水中溶解氧迅速减少，水体富营养化。本书所研究的富营养化均为人为富营养化。

水体富营养化的发生是一系列物理、化学、生物变化综合作用的结果，与水体理化状况、水体形态和底质类型等众多因素有关，不同类型的水体因其地理特性、水生生态系统等差异，会呈现出不同的富营养化情况。但是发生富营养化的必需条件却大致相同，主要因素可归纳为如下：

第一，水体内部环境因素。水体受到气候特性、地质环境、生命周期等自身因素影响，生态系统复杂，相互之间协同作用导致富营养化。

第二，水体流态因素。湖泊等缓流型水体，循环周期较慢，进入水体的营养物质易产生积聚，外界条件适宜时，形成富营养化。

第三，营养物质的产生和流入。当氮和磷，还有碳源、微量元素等大量流入水体中时，造成藻类大量繁殖，打破水体原有的物质平衡，形成水体富营养化。

由此可见，营养盐的大量输入是现阶段水体发生富营养化的主要因素，长江流域水体中营养盐的输入主要来源于以下几个方面：

（1）人类活动。从人类活动方面看，随着城市人口大幅度增加和生活质量的提高，人们对水源的需求也越来越高，比如饮食、日常洗漱等生活用水。生活用水的增加使生活污水的排放也成倍增长。同时，由于人类生活的多样化，跟人类活动相关的娱乐项目对水体污染也很严重，例如游船、垂钓等各类娱乐活动的兴起，水上乐园、观光船等设施排出的污水，以及螺旋桨扰动底泥后加速了底泥营养物质的释放，均造成了水污染现象激增。例如，随着武汉市城市化进程的推进，南湖周边地区居住人口数量激增，十几年间，大量经过一定程度处理或未经处理的生活污水直接排入南湖，导致南湖水体富营养化，水质长期处于劣 V 类标准。

（2）农业生产。长江流域是全国重要的粮食基地，随着经济快速发展、城镇化进程加快和耕地减少，为了增加粮食生产，农田中化肥、农药的使用量越来越多。农药和化肥的不合理应用是面源污染的重要来源，这些污染物通过地表径流等方式进入水体中，超过了水体对营养物质的承载力，加剧了水体的富营养化，以这些农业面源污染引起的水体富营养化问题越来越突出。

（3）工业建设。为了适应经济发展，各类工业以及工厂也随之增加，产生大量含有氮、磷营养盐的工业废水，加之国内大部分工业污水处理厂缺乏深度处理工艺，致使含有氮、磷等营养元素的废水仍不断进入河流、水库或湖泊，加剧了水质以及环境的恶化。

（4）畜牧养殖。以畜牧业为主的地区，畜禽对饲料中的植酸磷不能吸收利用，大部分不被吸收的磷随着禽畜粪便排出，不加处理的排泄物经地表径流汇集至周边湖泊、水库和河流等水域，经过长时间的累积，促使水中藻类吸取氮、磷等元素后大量繁殖，从而引起富营养化现象。

此外，一般湖泊富营养化的典型特征之一便是水华。水华是水体富营养化状态下生态系统平衡被破坏的极端表征。当水体中营养物质大量增加，在一定温度和光照条件下，某些藻类发生暴发性的繁殖，引起明显的异常水色变化现象。水华暴发时，由于藻类的大量繁殖和腐烂，导致水味腥臭，降低水体的透明度，影响水体中氧的溶解，向水体中释放有毒物质，造成水生生态严重恶化，我国以蓝藻水华最为常见。

5.1.2　黑臭水体的成因

当大量有机污染物被排入水中时，有机物会被好氧微生物分解从而消耗水中大量的氧气，使水中溶解氧含量急剧下降至厌氧或缺氧的状态。水体中的铁、锰等金属离子在缺氧和厌氧条件下被还原后与水中的硫离子形成硫化亚铁、硫化锰等黑色化合物。硫化锰、硫化亚铁等吸附在悬浮颗粒上，从而使水体变黑；随着有机物的腐败、分解，会产生氨、有机酸、硫化氢、有机胺、硫醇和硫醚等具有刺鼻气味的物质，致使水体变臭。同时一部分污染物自然沉降进入水底，随着河流流动与季节变化，重新进入水体，造成污染。水体黑臭是水体有机污染的一种极端现象，致使黑臭水体形成的主要影响因素有：有机污染物、无机污染物、金属元素、底泥及其悬浮物、水体内部环境、微生物与水动力条件等。

（1）有机污染物。有机污染物主要来自未经处理的工业废水、生活污水和面源污染，随径流进入水体的有机物被认为是引发水体黑臭的重要因素之一。一般认为，该过程的重点是高有机负荷迅速耗尽溶解氧，导致水体处于厌氧状态，然后碳水化合物和蛋白质等溶解的有机物被厌氧微生物降解后，成为较小的分子（包括有气味的有机酸和还原的硫化合物），例如硫化氢和有机硫化物。这些小分子进一步与水和沉积物中的矿物质发生反应，并通过微生物作用进行转化，形成黑色沉淀物。

（2）无机污染物。无机非金属污染物，如磷和氮等，也参与了黑臭水体形成的过程。过量的营养元素造成水体的富营养化，导致水体中植物疯长，继而使水中溶解氧不足，促使鱼虾死亡，破坏水体生态平衡。无机硫化物例如硫酸根等也会参与到水循环中，硫酸根在水体缺氧情况下被降解后会产生具有刺鼻气味的产物，包括硫化氢气体和挥发性有机硫化物。

（3）金属元素。地表水体中的主要金属元素是铁、镁、铝和锰，它们主要来自于沉积物中的黏土矿物，铁和锰都是黑臭水体中的主要黑化成分，而其他主要金属元素，例如铝、钙、镁和锌虽然是白色的，但当形成矿物质或其氧化还原电位太低时也会参与自然氧化还原过程，这些金属元素也间接导致了城市河流的有机污染加速。当水中溶解氧耗尽时，金属形成硫化物沉淀并使水体显出黑色，例如常见金属铁和镍便会形成黑色或深色硫化物。

（4）底泥及其悬浮物。底泥作为水体组成的一部分，也积极参与了水生态循环。作为有机和无机污染物沉淀后的温床，底泥对水体二次污染作出了巨大的贡献。水体中未经分解的污染物或者吸附在颗粒污泥上的物质会随着自然沉降在底部沉积，持续加剧水体中溶解氧的消耗；天然的底泥温床为厌氧细菌提供了有利的生存环境，各种厌氧细菌会在底部进行发酵、分解等生物行为，从而释放加剧水体污染的黑臭物质，例如硫酸盐还原菌等会在底部厌氧环境下参与含硫物质的循环，从而生成刺鼻的硫化氢等气体。此外，当底泥受到扰动之后，污染物也会重新进入上覆水体，继而形成二次污染。由于水流的冲击，加剧下覆底泥扰动，吸附在底泥颗粒上的污染物会被加剧释放，从而加快水体黑臭化进程。

（5）水体内部环境。

1）氧化还原电位。不同的氧化还原电位值揭示了水体相对应的状态，当水中氧化还原电位值过低时，说明水体处于强还原性的环境中，有利于污染物释放出还原态金属，同时过低的氧化还原电位值也能表明水体处于厌氧环境中，有助于硫化氢等刺鼻气味产生，也促进了金属硫化物的生成致使水体变黑。

2）溶解氧。健康的河流中，生物对溶解氧的消耗速率是小于溶解氧恢复速率的，当溶解氧消耗速率大于恢复速率之后，水体中会逐渐成为缺氧甚至厌氧的状态，这种现象的发生将对水生态系统产生严重的负面影响，如鱼类死亡、栖息地丧失等。当水中溶解氧含量急剧降低甚至达到厌氧条件后，厌氧微生物逐渐代替了原来好氧微生物的优势地位，厌氧微生物会将死亡后的水生生物进行分解，产生大量不利于水体健康的物质，导致水体浑浊不堪，并伴随恶臭气味。

3）温度。温度对水体黑臭有着非常重要的影响。一般情况下，黑臭水体在夏天的黑臭程度要大于在冬天时的黑臭程度，这主要是因为温度影响了水中的溶解氧含量和微生物的生物行为。一方面温度高时，水中溶解氧含量恢复速率和溶解氧饱和度都会降低，所以更容易形成缺氧甚至厌氧条件，继而驱动水体黑臭；另一方面温度升高后会影响水中微生物行为，水中厌氧细菌比好氧细菌更能适应温度升高，因此随着温度升高，提高了厌氧微生物（如硫酸盐还原菌等）活动频率，继而加快了黑臭水体的形成。

（6）微生物。黑臭水体的形成是一个极其复杂的生物化学过程，底泥为大量微生物提供了繁殖栖息条件，使微生物更易参与到水体的黑臭的过程中，微生物成为黑臭过程中至关重要的驱动因素。一些厌氧细菌（如硫酸盐还原菌等）将大量的有机物进行分解，含硫有机物、硫化氢气体和硫醇等致臭物质便是此分解过程中产生的中间产物和最终产物。这些带有刺鼻性气味的气体不断溢出水面使水体发臭；含硫有机物在分解过程中会产生二甲基硫醚、二甲基二硫醚和二甲基四硫醚等挥发性有机硫化物，这些气体亦已被证实为主要的致臭物质之一；在有机污染物存在的条件下，放线菌会产生乔司脒、萘烷醇类和冰片烷醇类等，这类物质在极低浓度的情况下便会产生极其刺鼻的味道，而乔司脒的浓度也可以定量描述水体黑臭的程度。

（7）水动力条件。水动力条件同样也是诱发黑臭水体形成的关键因素之一。当水体流速缓慢或者水动力不足时，极有可能导致水中溶解氧消耗速率远大于恢复速率，继而导致水体处于缺氧甚至厌氧条件。当地表水体径流量远大于污水排放量时，污染物会被稀释至水体可以自行修复的程度，从而对水体产生较小影响；当污水排放较大以至于不足以被水体本身稀释至可自行修复的程度时，会加剧污染物的累积，当条件适宜时水体便会出现黑臭现象。

5.2 水体生态治理关键技术

富营养化水体及黑臭水体的治理都是一项系统工程，应充分结合水体的污染源和环境问题，系统分析水体恶化成因，合理确定水体生态治理和长效管控技术路线，按照"山水林田湖草"生命共同体的理念，遵循"控源截污、内源控制、补水活水、水质净化、生态修复"的系统治理思路，开展综合性整治工程，考虑水体的系统性修复，构建稳定的水生态系统，提高水体的自净能力，保障长治久清。

5.2.1 控源截污技术

长江流域水环境问题主要是由于水质恶化引起的，而造成水质下降的原因主要有城市点源污染和农村面源污染，控源截污技术主要考虑点源污染控制技术和面源污染控制技术。在水生态修复治理中，控源截污是水体生态治理的基础和前提，也是水生态修复重中之重的一项任务，只有污染源得到有效控制，水质才能得到根本性的改观。

5.2.1.1　点源污染控制

点源污染主要来自岸边污水直排，长江干流的点源污染集中在城市江段特别是攀枝花以下的城市江段。其中，太湖水系、洞庭湖水系、湖口以下干流、宜昌至湖口、鄱阳湖水系、汉江和岷江沱江排污相对集中，特别是老城区岸段偷漏排严重。

点源污染控制主要针对城市水体沿岸排口，包括分流制污水排口和雨水排口、合流制污水系统沿岸排口进行截污。《城市黑臭水体整治工作指南》明确指出"截污纳管是黑臭水体整治最直接有效的工程措施，也是采取其他技术措施的前提"。在截污纳管实施过程中，因系统考虑不足，容易出现大截排简单化的做法，成效甚微，因此，根据排水系统的不同，处理方式也需对应不同。

（1）分流制污水排口的截污。由于历史现实原因，长江流域仍存在分流制排水体系下污水直排现象，甚至偷排漏排。该部分排口应作为截污纳管的重点对象。将沿岸范围内的分流污水排口进行截流收集，在末端设置截流井或直接接入城市污水收集系统，实现旱季全截污。

（2）分流制雨水排口的截污。随着分流制排水体制的推进，城市水体污染控制并没有收到预期效果，主要是受降雨造成的地表径流污染影响。雨水降落地面后，冲刷沥青油毡屋面、沥青混凝土道路、建筑工地等，使得前期雨水中含有大量的有机物、病原体、重金属、油脂、悬浮固体等污染物质。由雨水径流所引起的非点源污染已成为城市水环境污染的重要因素之一，具有较大的随机性、偶然性和广泛性。

分流制雨水排口的截污主要针对初期雨水污染的控制，将降雨初期污染较重的雨水进行截流至污水处理厂，比较常用的控制技术有液动下开式堰门截流技术、旋转式堰门截流技术、定量型水力截流技术、雨量型电动截流技术、浮箱式调节堰截流技术和浮控调流污水截流技术等，可通过水位、雨量或流量实现截流的智能控制。

（3）合流制排口的截污。老城区合流制排口的截污改造多采用截流井，将合流制改造为截流式合流制，通过有效提高合流制截流系统的倍数，实现旱季截污。但在雨季，由于大量雨水汇入，流量超过污水处理厂或污水收集系统设计能力时多以溢流方式直接排放至城市水体，造成城市水体的严重污染。合流制排口的雨污溢流污染已成为老城区水体污染的重要污染源之一。

合流制排口的雨污溢流污染也呈现出一定的初期效应，其截污与分流制雨水排口初期污染的控制类似，多采用堰门控制技术，将初期污染严重的雨污水截流至污水处理系统，将后期相对干净的雨水直接排放至自然水体。

对于溢流量较大，很难用智能分流设备进行控制的溢流口，可采用末端调蓄处理技术，通过新建调蓄池或调蓄塘的方式，对溢流初期污染较为严重的雨污溢流进行调蓄，蓄积的雨污水采用一体化处理设备进行物化处理，大大降低其颗粒态污染物；其出水则采用生态塘或人工湿地的方式进一步生化处理，降低其入水体污染负荷。

5.2.1.2　面源污染控制

目前，长江流域内大多数工业点源污染和城镇污染正逐步得到治理和控制，农村面源污染已经成为流域湖泊河流水体富营养化的主要来源。农村面源污染主要是由于化肥农药污染、畜禽养殖污染、水产养殖污染、农村生活污水污染和农村径流污染所致，具有来源复杂、广布性、随机性、多发性等特点。其中，所含主要污染物是氮、磷等营养物质，这些污染物都是造成长江流域湖泊富营养化的罪魁祸首。近30年来长江中下游的湖泊富营养化程度都呈明显的加重趋势，绝大多数湖泊都处于富营养水平，其中总磷是最主要的营养状态指数贡献因子。

农村面源污染来源复杂、治理难度大，需要系统分析农业面源污染产生的来源，基于污染物产生、迁移和去向的路径来确定控制技术，主要包括源头减量、过程拦截、末端处理几个方面。

（1）源头减量技术。在源头上最大限度地减少农村面源污染排污量是面源污染控制的关键，针对不同的农业污染类型可采用不同的源头减量技术。化肥农药污染源头减量主要涉及缓控释肥、测土配方技术、保护性耕作、有机肥替代化肥和作物废弃部分资源化利用等；禽畜养殖污染源头减量主要考虑"一池三改"技术、沼气发酵、粪污堆肥、饲料调控技术等；水产养殖污染源头减量可采用立体养殖、原位水质净化技术、循环水养殖技术等；农村生活污水源头减量可采用黑灰水分离技术、四池净化技术、一体化设备分散式处理和资源化利用等；农村径流污染源头减量可考虑地表径流拦截技术、水土保持坡面治理技术和雨水资源化利用技术等。结合流域各地实际，可选择组合技术进行农业面源污染源头减量，最大限度地减少污染物的排放量。

（2）过程拦截技术。经源头减量后，仍有部分污染物随地表径流排入水体，结合污染物的地表迁移路径，因地制宜地选用过程拦截技术，最大限度地延长地表径流的水力停留时间，可对污染物起到拦截、吸附、转化、沉淀和降解等作用，进一步降低污染量。常见的过程拦截技术主要是利用迁移路径中的沟、渠和塘系统，通过建设生态沟渠、拦水坝、过滤堤、小型湿地和生态塘等，大幅降低营养物质的迁移输送，并在沿岸布设综合植物缓冲带，对汇流进一步进行拦截，大比例地降低入水体污染物。

（3）末端处理技术。末端处理主要针对入湖前的地表汇流进行，考虑到农村地表径流分散的特点，可采用生态沟渠导流技术，将区域内的径流汇集至末端处理系统，经进一步水质提升后排入自然水体。生态沟渠在导流过程中可降低末端处理系统的入流污染负荷，降低末端处理系统的处理难度。末端处理系统多采用生态塘或人工湿地的形式，并配置一定比例的水生植物、水生动物等，提高系统的净化能力，进一步降低自然水体的污染负荷。

5.2.2　内源控制技术

5.2.2.1　环保清淤

环保清淤是在清除河湖的污染底泥同时，减少施工过程中对周边湖体环境的扰动，减少底泥污染物向水体的释放，并为水生生态系统的恢复创造条件，实现浅水河湖水环境的改善，是近30年来发展起来的水利工程、环境工程和疏浚工程交叉的边缘工程技术。

（1）技术特点。环保清淤采用水力疏浚的方法将污染底泥精确挖除掉，减少泥沙扰动、泥沙扩散，并对挖除后的污染底泥进行安全处理，在挖泥、输送过程中和疏浚工程完成后对环境及周围水体的影响都较小，技术主要具有以下特点。

1）超挖量小，以免伤及原生土。为了清除对水环境造成影响的污染底泥，开挖范围依污染底泥的分布而定，尽量不开挖未污染的土层，具有高定位精度和高开挖精度，可彻底清除污染物，并尽量减少超挖量，即在保证环保清淤效果的前提下降低工程成本。

2）根据水体周边环境要求，尽量减少开挖时污染底泥在水中扩散而形成的二次污染，同时在运输过程中不得泄漏，避免对地下水及周边环境的污染，因此，在排泥场必须严格控制尾水排放浓度。

3）对疏浚的污染底泥进行安全处理，避免污染物对其他水系及环境的再污染。对于污染性质严重（如含有重金属、有毒有机物等）的污染底泥且工程量较大时，通常应选择科技含量较高的专用疏浚设备和特殊的弃土办法处置。

（2）主要设备。环保疏浚设备主要有两类：一是常规挖泥船改造后的设备；二是各国专门开发而来的环保疏浚设备。

1）常规挖泥船改造后的设备。目前国外所使用的环保疏浚设备多为在普通挖泥船上进行环保改造，开发并配备先进的定位、监控系统以提高疏浚精度、减少疏浚过程中的二次污染，满足环保疏浚要求。

①绞吸式挖泥船。主要是把常规绞刀头改造成环保绞刀头，目前主要有带罩式环保绞刀、立式圆盘环保绞刀、螺旋环保绞刀和刮扫吸头四种。

②链斗挖泥船。主要对链斗架进行改造，如斗架上部为封闭式，泥斗上装设排气阀。

③抓斗挖泥船。主要是把抓斗改为封闭抓斗，使疏挖时不泄漏污泥。

④铲斗挖泥船。在普通铲斗上增加一活动罩，使污泥封闭在铲斗内，在提升铲斗时污泥不流出。

另外，为了适应环保特性，提高疏浚精度，减少疏浚土及残留物对环境的影响，对普通挖泥船加装定位桩台车系统、全球定位系统（GPS系统）、视频及超声波系统，建立高精度水位遥报、深度指示器系统以及船尾监测控制系统，以便对开挖过程进行监控，提高疏挖精度，减少漏挖及超挖；对输排系统进行改造，装设污染监测系统（PMS），减少输排过程中的泄漏，设计好与污染底泥处理设备或工程的衔接，避免疏挖出的污染底泥对环境二次污染。

2）专用环保疏浚设备。近20年来，各国开始设计适用于环保疏浚的专用设备。如日本研制了专用的疏挖设备，如螺旋式挖泥装置和密闭旋转斗轮挖泥设备，可清除高浓度软泥且不易发生污染扩散，几乎不污染周围水域。

环保绞刀是湖泊底泥环保疏浚的必要条件，在绞刀上设置防护罩，防止绞刀头腔内旋转的水流由于离心力的作用向罩外水体扩散造成二次污染。荷兰IHC公司研制了长锥形罩壳式环保绞刀头，刀头四周设有12个纵向刀片，保护罩壳内壁设有若干固定刀片，绞刀头刀片转动时与之相切，外罩底边始终和泥面贴合，防止了因绞刀扰动使底泥颗粒向罩外水体扩散。荷兰DAMEN公司研制的环保绞刀头为螺旋切割型，并带防护罩，螺旋刀头始终与河道保持水平，不会产生漏挖，对水体的扰动小。我国中港集团自行研制了环保型绞刀头和防扩散挡污屏，改善了耙吸式挖泥船的溢流方式，安装了抛泥自动记录仪，成功完成了云南省滇池污染底泥环保疏浚工程等多个环保疏浚项目的设计和施工。

目前，国外主要专用环保清淤设备有日本真空吸引压送船、IRIS高浓度工法疏浚船、SGB环境对应型高精度清淤船、IMS全液压驱动疏浚船和绞吸式挖泥船。各设备详细对比见表5.1。

表 5.1　专用环保疏浚设备比较表

项目 \ 方法	（日本）真空吸引压送船	（日本）IRIS 高浓度工法疏浚船	（日本）转筒式疏浚船	（美国引进）IMS 全液压驱动挖泥船	（荷兰引进）绞吸式挖泥船
照片					
系统概要	由前端吸引机将水中污泥真空吸引，储存在储蓄槽内，再由管道压送至堆放场，利用压送泥连续进行	装载有气密式底斗轮的专用清淤船，该船同时具有空气压送功能，能够应对高浓度软泥的清淤系统	将吸泥装置埋至指定的底泥深度，通过回转翼的旋转系统吸入底泥来进行的清淤系统	利用绞刀进行挖掘，使用泵进行污泥输送	利用旋转绞刀配合吸泥进行挖泥管进行挖泥
操作方法	在水底扇状旋转、交互开钻前进	移动底斗进行泥挖掘前进	随着泥筒的前进来进行污泥挖掘	增加星轮驱动，可自航作业	使用钢桩进行固定、自航或由拖船拖动航行
清淤方法	由吸引机吸引掘削水中污泥，船上通过管道连续压送	在气密罩内，由底斗轮来进行挖掘，采用压缩空气来输送污泥	利用回转翼将污泥送至压缩空气来输送污泥	先由旋转绞刀将沙进行切割，再由吸泥泵将泥沙吸走	先由旋转绞刀将沙进行切割，再由吸泥管将泥沙吸走
排送方法	储蓄槽内铺设的排泥管直接压送至岸边	底斗轮挖出的污泥在气密罩内通过压缩空气压送至堆积场	吸泥筒内的污泥通过压缩空气输送至堆积场	使用泵通过输泥管进行输送	使用泵通过输泥管进行输送
清淤能力	40～60m³/h	100m³/h 以上	最大为 100m³/h	50m³/h	100m³/h
含泥率	40%～80%	70%～80%	约 70%	5%～10%	
余水处理	由于混入余水较少，只需进行小规模的余水处理	由于混入余水较少，余水处理量大大减少	余水极少	余水量大	余水量大
浊水、污浊的产生	由于直接吸引及挖掘底泥，产生的污浊较少	由于底泥以原始的沉淀状态较好清理，产生污浊较小	气密式设备，产生污浊小	直接挖掘，产生污浊较大	直接吸取，产生污浊较大

5.2.2.2　底泥原位修复

根据处理过程中是否需要移动底泥，可将底泥修复技术分为原位修复和异位修复两大类。由于异位修复技术需要挖掘出受污染的底泥并寻找场地进行堆放和处置，工程量巨大且花费不菲，而且很容易造成二次污染，所以底泥原位修复技术受到越来越多的重视。目前，底泥原位修复技术有以下三种。

（1）原位覆盖技术。原位覆盖技术不需要移动底泥，直接采用砂石、粉尘灰、炉灰渣、人工合成物等材料在底泥上方形成一层或多层覆盖物，从而阻止底泥与上覆水的接触，防止受污染底泥中的有害物质扩散到水体中。最早的底泥原位覆盖技术是美国于 1978 年首先使用的，在流动性不大的水体中采用沙土覆盖的方式，随后推广到其他国家。实验证明，原位覆盖技术能够有效阻止底泥中的耗氧性物质、重金属污染物、持久性有机污染物和氮、磷营养盐等进入水体，对水质改善具有显著作用。原位覆盖技术适用于多种污染类型的底泥，成本低廉，便于施工，应用范围较广。但原位覆盖技术也存在减小水体容量、改变河道及湖底坡度等缺陷，此外，水流速较快、水动力较强的区域也不适合使用原位覆盖技术。

（2）原位化学修复技术。原位化学修复技术，是向受污染的水体中投放多种化学药剂或酶制剂，通过化学反应消除底泥中的污染物或改变原有污染物的性状，为后续微生物降解作用提供有利条件。根据投放试剂的种类，可以将原位化学修复技术分为原位还原修复技术和原位氧化修复技术。原位还原修复技术是向底泥中加入还原剂，使底泥的氧化还原电位发生改变，营造适合微生物降解污染物的还原性环境；原位氧化修复技术是向底泥中加入氧化剂或向底泥上覆水充氧，使氧化还原电位提高从而降低污染物的毒性，这种方法费用低、见效快，目前应用较为广泛。

（3）原位生物修复技术。原位生物修复技术，该技术是近年发展起来的一种新型底泥修复技术。这种技术利用水生植物、微生物等的生命活动，对水体中的污染物进行吸附、转移、转化和降解作用，从而净化水体并重建水生生态系统。在原位生物修复技术中，主要采用向底泥中加入具有降解污染物能力的微生物、转基因工程菌和栽种沉水植物。这种技术不需要向水体投放化学试剂，工程造价相对较低，修复效果较好，有利于水体生物多样性的恢复，是底泥原位修复技术的一个重要发展方向。

5.2.3　补水活水技术

常规河湖补水活水技术侧重于活水技术，补水主要用于严重缺水的河湖治理中，通过管道系统进行补水。本节补水活水技术不对管道系统补水或循环进行论述，主要介绍原位活水技术。

在严重污染的河水中，单靠天然曝气作用，河水的自净过程非常缓慢，故需要采用人工曝气弥补天然曝气的不足，实现原位活水的效果。通过人工方法实现全水域曝气，能让富氧水与贫氧水进行迅速交换，使整个水体由死水变为富含氧气的流动水，以保证水生生物生命活动及微生物氧化分解氨氮和有机物所需的氧量，同时搅拌水体达到水体循环的目的，因而提高了河流的自净能力，普遍用于河道的污染治理。

5.2.3.1　常规曝气设备

根据人工曝气设备的水体位置，可以分为表面曝气设备和水下曝气设备。表面曝气设备优点是不需要修建鼓风机房及设置大量布气管道，设施简单、集中，常见的有叶轮式增氧机、水车式增氧机、喷水式增氧机；水下曝气设备突出优点是能够提高氧的转移速度，常见的有射流曝气机和泵式曝气机，但容易对底泥造成搅动。除了集成曝气设备，还可以利用机房（内置鼓风机或纯氧设备）、空气（或氧气）扩散器和管道系统构建微孔曝气系统，可使鼓风机或纯氧设备制备的氧气通过布设在水体底部的微孔管道系统进入水体，以提高水体中的溶解氧含量。

　　根据人工曝气设备的固定性，还可分为固定式曝气机和移动式增氧平台两种形式。常规曝气设备多为固定式安装，属于固定式曝气机。移动式增氧平台可在需要曝气增氧的水域设置可自由移动的曝气增氧设备，其突出的优点是可根据曝气河道水质情况，灵活调整曝气设备的运行，达到经济高效的目的。

5.2.3.2　太阳能曝气设备

　　近年来，太阳能曝气设备因其安装方便，运行费用低等优点越来越多地应用于河湖水环境治理。太阳能曝气设备以太阳能为动力，通过高效水循环技术来改变局部水动力条件，给水体复氧，破坏蓝藻的生存环境和竞争优势，提高水体自净能力，以零运行成本全天候对水体进行治理和修复。

　　太阳能曝气系统利用太阳能带动轴式直流电机驱动叶轮将水体底部缺氧的水带到表层，提升到水面的低溶解氧水体以平流状缓慢流出而形成表面流。在水体自重作用下，被抽走的底层水由邻近的富氧上层水体替代，实现了上下层水体的交换。如此往复循环，水体溶解氧含量明显提高并逐渐均化。太阳能曝气设备持续运行，可以使水体中溶解氧保持较高水平，促进水体中水生植物、藻类的光合作用、呼吸作用，同化作用、异化作用，好氧菌、厌氧菌或兼性菌的作用，硝化作用、反硝化作用等，进而去除水体中污染物，消除水底黑臭、持续降解底泥等。

　　太阳能曝气系统的运行，改变了水生生物的生长环境，降低了水体中的藻类，促进水体中鱼类、底栖生物、浮游动物的生长，在此过程中好氧微生物得到激活，厌氧微生物受到抑制，促使水体中食物链健康发展，生态修复的良性循环得以实现。

5.2.4　水质净化技术

5.2.4.1　人工湿地

　　湿地是地球上重要的生态系统之一，处于陆地生态系统与水生生态系统之间，享有"地球之肾"的美誉。湿地不仅可以调蓄水量、调节气候、为动物提供良好的栖息地，而且还可以净化污水。人工湿地则是人工建造的、可控制的和工程化的湿地系统，一般由人工基质和生长在其上的水生植物（如芦苇、香蒲等）组成，是一个独特的基质填料—植物—微生物生态系统。

　　人工湿地通过湿地生态系统中的植物、基质、微生物所发生的物理、化学、生物的协同效应来实现水质净化，主要包括吸附、沉淀、过滤、氧化分解、离子交换、络合、硝化反硝化、植物的摄取以及生物代谢活动等，具有净化效果好、工艺设备简单、运转维护管理方便、对负荷变化适应性强、工程基建和运行费用低、生态环境效益显著等特点。国内外学者从工程设计的角度出发，按照系统布水方式的不同或水在系统中流动方式不同划分为表面流人工湿地（自由表面流人工湿地和构筑表面流人工湿地）、潜流人工湿地（水平潜流人工湿地、垂直潜流人工湿地和复合垂直流湿地）。

（1）表面流人工湿地。表面流人工湿地和自然湿地类似，污水从湿地表面流过。在流动的过程中废水得到净化。水深一般 0.3～0.5m，水流呈推流式前进。近水面部分为好氧层，较深部分及底部为厌氧层。表面流人工湿地中氧的来源主要靠水体表面扩散、植物根系的传输和植物的光合作用，但十分有限，具体剖面结构见图 5.1。

图 5.1　表面流人工湿地示意图

表面流人工湿地的优点是投资及运行费用低，建造、运行、维护与管理相对简单，对土地状况与质量要求不高，适合污水污染物含量不高的污水处理。缺点是负荷过小、冬季水面易结冰、夏季易滋生蚊蝇且散发臭味，不能充分利用填料及丰富的植物根系，且卫生环境较差。

（2）水平潜流人工湿地。水平潜流人工湿地因污水从一端水平流过填料床而得名，水面位于基质层以下，水流以水平流流态流经处理单元。主体分层，填料较复杂，能发挥植物、微生物和基质间协同作用，具体剖面结构见图 5.2。

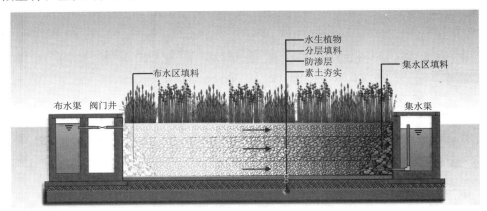

图 5.2　水平潜流人工湿地剖面图

水平潜流人工湿地在美国、欧洲及我国均运用较多，主要用于处理生活污水及农业面源控制，其出水水质优于传统的二级生物处理。在美国，大约 40% 的潜流湿地只种植香蒲一种植物，欧洲国家主要种植芦苇。我国因各地气候差异，湿地植被均选用本土挺水植被。为避免水力短路和堵塞，水平潜流人工湿地多采用穿孔布水系统，布水水流为多孔介质流，受湿地长宽比、深度、布水系统限制，其过水断面非常有限，因此所能承受的最大水力负荷有限；均匀布设的填料使得湿地内部缺乏微生物群落结构、水流形态的多样性。

水平潜流人工湿地污染物去除效果较自由表面流人工湿地高，水力负荷和污染负荷大，对 BOD、COD、SS、重金属等污染物去除效果好，污水基本上在地面以下流动，保温效果好，卫生条件好，较少有恶臭和蚊蝇现场。但是，水平潜流人工湿地建设和运行费用略高，控制较复杂，冬季处理效果受气温影响较大。

（3）垂直潜流人工湿地。垂直潜流人工湿地的水流方向和根系层呈垂直状态，水流在填料床中基本呈现从上向下或从下向上的垂直流动，出水装置一般设在人工湿地底部，其中下行垂直潜流人工湿地可调节出水水位。垂直潜流型人工湿地表面通常为渗透性能良好的砂层，且多采用间歇性进水，可提高氧向污水及基质中的转移效率，具体剖面结构见图5.3 和图 5.4。

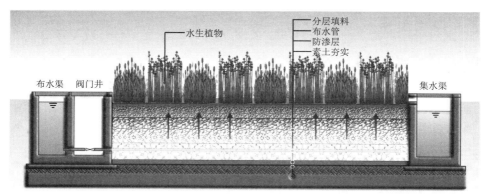

图 5.3　上行垂直潜流人工湿地剖面示意图

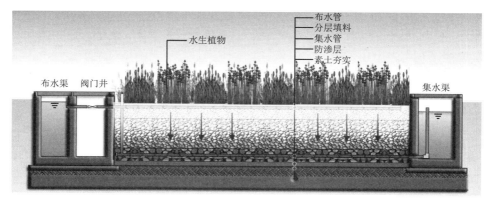

图 5.4　下行垂直潜流人工湿地剖面示意图

污水被投配到砂石床上后，淹没整个表面，然后逐步垂直渗流到底部，由铺设在底部的集水管网予以收集，后排出人工湿地污水处理系统。在进水间隙，空气将填充到填料间，后续投配的污水能够和空气有良好的接触条件，提高氧转移效率。停灌期的通风和植物传输进入人工湿地污水处理系统，由此来提高 BOD 去除和氨氮硝化的效果。

垂直潜流人工湿地的主要优点在于污染物处理效率高，效果稳定；占用土地资源少；独特的布水过程中增加的空气层，加上人工湿地中的生物特别是微生物的代谢活动产生的热量，为垂直潜流人工湿地在冬季的正常运行创造了有利条件。垂直潜流人工湿地的主要缺点在于建设与投资费用较高；管理相对难于表面流人工湿地；有滋生蚊蝇的可能性；有机物的去除能力不如水平潜流人工湿地。

（4）复合垂直流人工湿地。复合流垂直流人工湿地是由中国科学院水生生物研究所提出来的一种新型的具有独特下行流-上行流复合水流方式的垂直流人工湿地，具体剖面结构见图 5.5。因具有水平-下行-水平-上行-水平多流向复合的独特湿地结构和流程，沿程形成好氧-缺氧-厌氧-缺氧-好氧交替的多功能层，实现了基质、氧气、pH、根系、微型生物等理化生物条件的梯度分布，处理效果高，可深度净化水体。复合垂直流人工湿地水流方向和根系层呈垂直状态，表层通常为渗透性良好的砂层，间歇进水，允许空气填充到基质中，提高含氧量，有利于提升处理效果。

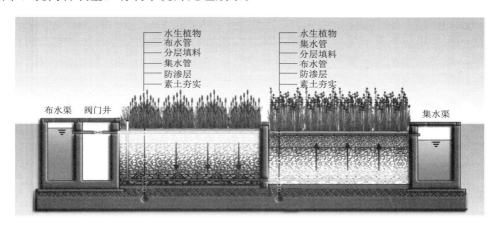

图 5.5　复合垂直流人工湿地示意图

复合垂直流人工湿地污染物处理效率高，处理效果稳定，单位面积处理效率高，硝化能力高，去除污染物能力强，占地少。但是，复合垂直流人工湿地对有机物的去除不如水平潜流人工湿地，控制管理复杂，建设与投资费用高。

5.2.4.2　人工浮岛

"浮岛"原本是指由于泥炭层向上浮起作用，使湖岸的植物漂浮在水面的一种自然现象。人工浮岛技术则是使用一种经过人工设计的漂浮于水面的构筑物，供植物和微生物生长，起到净化水体的作用。该技术诞生于 20 世纪 80 年代，由德国的 BESTMAN 公司提出，利用人工浮岛保护水边生态环境。在日本，人工浮岛作为水质净化技术一直受到重视，曾在日本的琵琶湖沿岸设置人工浮岛，收到了良好的效果。

人工浮岛水质净化技术是针对富营养化的水质，利用生态工学原理，把具有一定浮力的材料作为载体漂浮在水面上，然后种植植物于载体上。浮岛上的植物通过吸收水体中的营养元素来支持自身的生长，从而达到降解水中的 COD、氮、磷含量的目的。同时，植物根系巨大的表面积成为优良的生物载体，大量微生物附着其上形成稳定的微生物群落，并对水体中的各种营养元素进行降解，起到净化水质的作用。挺水植物还通过对水流的阻力和减小风浪扰动使悬浮物沉降，再加上人工生态浮岛能遮蔽太阳光，间接地抑制了藻类的繁殖，能有效地阻止水华的发生，立体生态浮岛示意图见图 5.6。

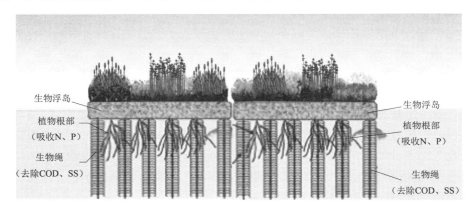

图 5.6　立体生态浮岛示意图

浮岛的挺水植物具有一定观赏价值，具有良好的景观功能，能给水生动物提供良好的生境条件，增加水生生态系统的稳定性和多样性。浮岛下方可投加一些鱼类和底栖动物，构建水生植物（生产者）—水生动物（消费者）—微生物系统（分解者）的生态系统。一些滤食性鱼类，如鳗、鳙鱼等可以有效去除水体中的绿藻类物质，使水体的透明度增加。在水体中放置适当的底栖动物可以有效去除水体中富余营养物质，如蚌类可以滤食水中悬浮的藻类以及有机碎屑，提高湖水透明度。

5.2.5　生态修复技术

5.2.5.1　河道生态恢复

多年来，我国传统的河道治理是以防洪排涝为核心的，多采用了河流的直线化或全断面衬砌护岸等方式，"三面光"的河道占比非常高。虽然大幅度地提高了治水的安全性，但也导致了河流生态环境的快速恶化，中国典型的河道治理现场见图 5.7。

图 5.7　中国典型的河道治理现场

从 20 世纪 50 年代起，欧美城市化程度很高的发达国家，开始重视城市河道的保护，并恢复部分已被破坏的城市河道。1938 年，德国发表《拟自然水利工法》，首次提出采用接近自然、保持生态的方式来开展河流治理；50 年代，德国拟自然河道治理工程学派成立，并指出河道硬化是河流环境恶化及生态退化的主要原因，强调在河流治理过程中要遵循自然。1995 年后，德国对莱茵河开展自然改造，开展裁直变弯，并将硬化堤岸恢复为自然河堤，重新恢复了河流两岸储水湿润带和自然生境，还延长了洪水在支流的停留时间，减低了主河道洪峰量。1998 年，美国联邦河溪生态修复组织制定了《河溪廊道修复原则手册》，将河流视为一个生态系统，系统地阐述了河流廊道的特点、过程、功能，河流廊道的干扰因素以及修复方法，并提出，美国在今后水资源开发管理中必须优先考虑河道生态恢复。在瑞士，布格多夫市的埃默河南段因采用硬质护岸，河道冲刷越来越严重，水生态系统也已近退化。河流原貌恢复后，发生洪水的可能性及危害都得到了有效的预防与治理，并形成了稳定的水生态系统。欧美多年的实践中逐步发展成河川生态自然工法观念与技术。在瑞士和德国等欧洲国家推进的近自然水利工程（Naturnaher Wasserbau）被介绍到日本后，日本也开始着手研究多自然型河流的治理。多自然型河流建设技术把自然河流的状况作为样本，将河流建设成尽量接近于自然的形态，在确保防洪安全的基础上，恢复城市河流湿地的自然生态和环境功能。图5.8和图5.9为日本神奈川县境川（境川为日本河流名）蛇形形态恢复前后实景图。

图5.8　日本神奈川县境川蛇形形态　　　　图5.9　日本神奈川县境川蛇形形态
　　　　恢复前实景图　　　　　　　　　　　　　　恢复后实景图

河道修复是长江流域河湖水生态修复的前提和重要技术手段，参考国外近自然的先进技术经验，长江流域的河道修复技术涵盖了以下两个方面。

（1）河道原有结构恢复技术。在河道整治中，恢复河道原有自然特征是改善水质、重建生境、回迁原有生物群、重构水生生物生态系统等方面的前提与基础。在河道整治工程中，尊重天然河道形态，保持河流的蜿蜒性，保持河流断面形状的多样性，避免直线和折线型的河道设计，以恢复河道原有自然风貌。

采用工程措施，将经人工取直的河道恢复成有一定蜿蜒性的自然河道，营造出接近自然的流路和有着不同流速带的水流，恢复河流低水河槽的蜿蜒形态，使河流既有浅滩，又有深潭，造就水体流动多样性，以利于生物的多样性。河道形态的恢复，主要有以下步骤及内容：

1）恢复河道的连续性。在河道修复过程中，尽可能地减少水利工程的建设，并改造现有废旧拦河坝、堰，将直立的跌水改为缓坡，设置辅助水道，在落差大的断面增设专门的鱼道。

2）重现水体流动多样性。采用植石治理法，在河底埋入自然石，营造深潭浅滩，形成鱼礁，重现水流的多样性，有利于构建多样化的生境，逐渐恢复原有的生物多样性。

3）给河流更多的空间。尽可能地降低滩地，恢复自然岸坡，重现自然水际线变化；营造低水河槽和深水河槽，以扩大河道的泄洪和调蓄能力。河流都有自有的流势，一开始不能通过固化水边来固定河槽，应尽可能利用河流地貌学的基本原理，在了解河流特点的基础上，巧妙地利用木桩、石块等非结构化手段加以引导，使河流通过自身的力量形成多样化的河槽，让诸如深潭、浅滩、自然形状的河床，以及混合的可渗性河底基面等自然河道特征重新形成，或通过保育、恢复措施促进其自我恢复，在此基础之上再进行生物和美学方面的恢复工作。

（2）河道自然河床恢复技术。对于河床的治理恢复可以采取工程措施，主要的方法有以下几种：

1）底泥清淤。对底泥淤积严重的水系，进行底泥清淤，恢复原有河床。

2）土质河床恢复。拆除硬质河床及废旧拦河坝，恢复自然河底，恢复河道的连续性以利于河底水生生物的生存及河水下渗回补地下水，并根据情况可用植石法设置鱼巢。

3）复式断面设置河段尽可能采用复式断面，分别设置深水河槽和低水河槽。低水河槽过水频率低，可以种草或栽植低矮乔木，平时作为河道立体绿化的一部分，洪水时期作为临时泄洪通道。

（3）河岸生态护坡恢复技术。河岸护坡是河道生态系统的重要组成部分，同时也影响着河流的稳定性及行洪能力，国内传统的河岸防护工程中多采用浆砌或干砌块石、混凝土、预制混凝土块体等硬质结构，虽然有利于保持岸坡的稳定性、防止水土流失和保证防洪安全，但割裂了水土联系，对环境和生态产生了不良的影响。欧美及日本的近自然工法提倡凡有条件的河段应尽可能利用木桩、竹笼、卵石等天然材料来修建河堤，并将其命名为——"生态河堤"。

目前，国内生态护坡一般采用天然石、木材、植物、多孔渗透性混凝土及土工材料等。生态护坡技术可以分为植物护坡和植物工程措施复合护坡技术。植物护坡主要通过植被根系的力学效应（深根锚固和浅根加筋）和水文效应（降低孔压、削弱溅蚀和控制径流）来固土、防止水土流失，在满足生态环境需要的同时，还可以进行景观造景。植物工程复合护坡技术有铁丝网与碎石复合种植基、土木材料固土种植基、三维植被网、水泥生态种植基、生态袋等形式。根据《广东省山区中小河流治理工程案例图册（印发稿）》，我国常见的生态护坡有以下几种形式。

1）草皮。草皮护坡一般为缓坡式护岸，多采用根系发达的植物进行护坡固土，不进行硬质护砌，经济成本最低，但抗冲刷能力相对较弱，适合于设计流速小于 1m/s 的顺直、冲刷不太严重、岸坡为缓坡的河段，建议有条件的河段优先考虑，可作为主要的护岸护坡材料。图 5.10 为草皮护坡实例。

2）框格或拱圈草皮。框格或拱圈草皮多为斜坡式护岸，多用混凝土、浆砌块（片）石等材料，浇筑或砌成框式骨架，框格或拱圈内种植草皮。经济成本较草皮护坡高，但防冲能力较强，且可打造多样化框架，具有一定的景观效果。水利工程多用于常水位以上，适合水流较快、有一定冲刷的土质边坡，建议根据工程需要选择采用，不作为主要的护岸护坡材料。图 5.11 为拱圈草皮实例。

3）生态格网。生态格网是用铅丝编成笼子或网袋，笼内填充天然块石、卵石、废旧混凝土块或其他特定生态功能的产品等，可用于直立挡墙护岸或护坡护岸。采用格宾笼作为挡墙护岸时，断面型式一般为前倾式、宝塔式、后倾式、阶梯式等，建议控制在 2m 以下，不宜过高；缓坡部分多采用格宾笼、格宾垫等；格网网袋用于装载抛石体，进行水下抛投。

生态格网具有较强的抗冲刷和抗风浪袭击能力，可在格网上进行插条，促进植物生长，

图 5.10　草皮护坡实例

图 5.11　拱圈草皮实例

具有生态景观效果好、透气性好、适应变形能力强、抗震性能好、使用寿命长、松散的填料可以减轻风浪的冲击力、施工方便、价格较经济、安全性较好等诸多优点，建议有条件优先采用作为主要护坡材料。图 5.12 为生态格网实例。

　　4）生态连锁块。生态连锁块一般在斜坡式护岸上铺砌，多为预制混凝土块，可相互锁定整体安装，适用于有一定抗冲要求和景观要求的土质岸坡。生态连锁块均保留有大量的孔隙，可填充混有草籽的种植土，快速恢复岸坡植被，滨水带可插扦挺水植物，具有净化水体及固土护岸的多重优势，具有滞洪、调节水位、生态修复、蓄洪等优点。建议根据工程需要选择采用，不作为主要的护岸护坡材料。图 5.13 为生态连锁块实例。

图 5.12　生态格网实例

图 5.13　生态连锁块实例

　　5）生态袋。生态袋是由聚丙烯（PP）或者聚酯纤维（PET 纤维）为原材料制成的双面熨烫针刺无纺布加工而成的袋子，袋内一般填充种植土，适用于有一定抗冲要求和景观要求的土质岸坡。

　　一般斜铺、平铺和叠铺适用于平缓（$\alpha \leqslant 30°$，α 为坡度）任意高度的边坡；叠码和打"丁"叠码适用于稍陡边坡（$30° \leqslant \alpha \leqslant 45°$）且高度小于 3.0m 的边坡；当边坡高于 3.0m 时，可采用"错台分级"的应用方式，分级高度不宜大于 2.0m，错台宽度不宜小于0.5m。袋体老化后，护坡抗冲能力降低，价格偏高。建议根据工程需要选择采用，不作为主要的护岸护坡材料。图 5.14 为生态袋实例。

　　6）三维土工网垫。三维土工网垫一般用于斜坡式护坡，适合于设计流速小于 5m/s的顺直河段，土工网铺设简单，成本低，可为动植物提供较好的生长环境。植物本身全面生根后才对基土提供防冲蚀保护，不适合在长期淹没或持续流态下保护护坡，建议根据工程需要选择采用，不作为主要的护岸护坡材料。图 5.15 为三维土工网垫实例。

　　7）生态混凝土。生态混凝土分为现浇式和预制构件式；预制构件可为单球组合、17球联体砌块、圆形孔砌块等不同构型，适合抗冲要求较高、生态景观要求较高的河段，具

图 5.14　生态袋实例

图 5.15　三维土工网垫实例

有良好的景观效益，可增强水体的自净功能，改善河道水质；利于植物、水生生物的生长。但由于单价过高，不建议大量使用。图 5.16 为生态混凝土施工实例。

（a）坡面平整　　　　　（b）设置框架模板　　　　　（c）框架浇筑成型

（d）生态混凝土搅拌作业　　（e）生态混凝土出料图　　　（f）现场浇筑

（g）浇筑完成　　　　　　（h）浇筑成型　　　　　　（i）客土作业

（j）植生作业　　　　　　（k）三周后　　　　　　　（l）十个月后

图 5.16　生态混凝土施工实例

5.2.5.2　湖泊生态修复

在浅水湖泊中，水生态系统具有两种替代性的稳定状态（the alternativestable states），我国一般称之为草型水生态系统稳态或清水态，以及藻型水生态系统稳态或浊水态。清水态特征为湖水清澈见底、拥有丰富的沉水植物、沉水植物生物量在初级生产力中占绝对优势（图 5.17）。浊水态特征为湖水浑浊、夏季有蓝藻水华暴发、沉水植物衰退甚至消失、富含高浓度浮游植物和悬浮泥沙颗粒、浮游植物生物量在初级生产力中占优势（图 5.18）。

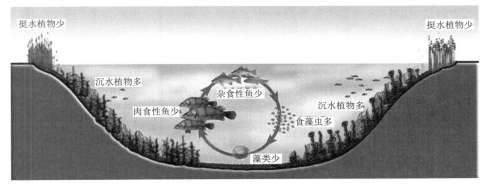

图 5.17　草型水生态系统示意图

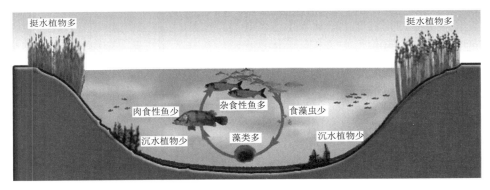

图 5.18　藻型水生态系统示意图

草型水生态系统构建技术是集物理、化学、生物多学科为一体的综合性工程技术，通过以湖沼学和恢复生态学为指导，以稳态转换理论为基础，以生物操纵为主体，与非生物工程措施相集成的系列生态技术，利用水生态系统的自生与自我调节、相互依存与相互制约、物质循环转化与再生、物质输入输出的动态平衡等方式，实现水生生态结构和功能的动态平衡，修复已被破坏的水生态系统并构建可持续的水生态系统，提高清水态恢复力，建立清水型水生态系统。

草型水生态系统的构建主要包括水生植物群落构建技术和水生动物群落构建技术两个部分内容，其中水生动物群落构建技术含鱼类群落构建和大型底栖动物群落构建。

（1）水生植物群落构建技术。水生植物群落构建是水生态系统构建的关键所在。根据不同水生植物的生长特性，对水生植物合理地进行组合配置，使其在整体上互补共生，最终形成一个稳定的水生植物群落。水生植物群落构建技术主要涉及挺水植物、沉水植物和浮叶植物三个部分内容。

挺水植物是水生植物的主要组成部分，能给其他许多生物提供生境，可为鸟类提供栖息地，可为鱼类提供产卵、躲避场所，可增加生态系统的多样性和稳定性。挺水植物可直接吸收营养盐，增加水体的净化能力。挺水植物根系发达，可通过根系向沉积物输送氧气，改善沉积物氧化还原条件，减少磷等营养盐的释放。挺水植物给微生物提供良好的根区环境，增加了微生物的活性和生物量。挺水植物可固定湖泊沉积物，减少沉积物再悬浮。挺水植物构成的近岸湖滨带是景观湖泊的天然屏障，对岸带环境稳定及地表径流污染削减有着明显的作用。

沉水植物在湖泊中分布广、生物量大，可成为浅水湖泊生态系统的主要初级生产者，也是使湖泊从浮游植物为优势的浊水态转换为以大型水生植物为优势的清水态的关键。一方面，浅水区沉水植物对湖泊中氮、磷等污染物有较高的净化率，可固定沉积物、减少再悬浮，降低湖泊内源负荷，为浮游动物提供生境，从而增强生态系统对浮游植物的控制和系统的自净能力；另一方面，其根茎叶均可为微生物提供良好的附着环境，从而在植物体上形成高净化效率的微生物群路，在植物叶片、根际光合作用下，植物体周围及根际处形成厌氧—好氧微环境，最终形成具有强大净化效能的高等水植物—微生物"生物膜"系统。同时，不同的沉水植物特性不同，其可形成的微生物"生物膜"厚度与微生物群落结构亦不同，净化能力也不同。

浮叶植物可在一定程度上增加水生态系统的自净能力，控制浮游植物发展等功能，具有较高的观赏价值，可作为富营养化水体水生植物构建的先锋种，用以控制浮游植物，改善水体透明度，为其他水生植物恢复创造条件，并能增加生态系统的多样性、稳定性。

1）水生植物的选种。选择来构建水生植物群落的高等水生植物具有适宜湖区生态条件、净化效果较好、适应能力强、具有一定景观功能、并且属于易于种植和管理的水生植物。不同湿地水生植物的选择具体原则如下。

①遵循当地气候特征和植被的分布状况，优先选用移栽后成活率高且能适应当地生长的植物或天然湿地原存的优势种，慎重引入外来植物，避免引发生物安全性问题。

②选择去污能力强、净化效果好的植物，主要考虑两方面因素：一方面是植物的生物量较大，另一方面是植物体内污染物的浓度较高。

③根据水体水质现状特性选择适宜的植物，如多年生的芦苇、香蒲、鸢尾、石菖蒲等，去除 COD、氮、磷的效率较高。

④合理搭配不同植物物种，多种植物混植或串联种植，发挥各自优点，提高系统的总体净化能力，增强水生态系统的稳定性。

2）空间布置。考虑到不同水生植物生长所适宜生境的差异，在整体空间布置上，应根据自然湖泊中水生植物群落在空间梯度上的分布规律（水平、垂直结构）进行群落配置，水体沿岸带水生植物立面配置示意图见图5.19。

垂直结构设计主要考虑将上层浮水植物、下层沉水植物和湖周挺水植物配置于同一水域；水平结构设计则对湖盆形态比较规则、水动力特性和底质条件较为近似的湖泊，由沿岸浅水向中心深处进行环带状分布设计，依次为挺水水生植被带、漂浮水生植被带、浮叶水生植被带及沉水水生植被带。根据不同的水深条件，植物配置不同。

①水深 100～200cm 时，布置沉水植物，点缀浮水植物。

②水深 50～100cm 时，布置挺水植物、沉水植物。

③水深 20～50cm 时，以挺水植物为主，点缀部分沉水植物。

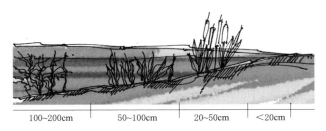

100~200cm 　　50~100cm 　　20~50cm 　　<20cm

图 5.19　水体沿岸带水生植物立面配置示意图

④水深<20cm 时，全部种植挺水植物。

3）时间次序。在一些湖泊生态修复实例中，实践证明生态系统恢复早期采用过多的植物种类进行组建先锋群落，群落的结构和功能反而更易被扰动。此外，考虑到自然生态系统的演替规律，即在系统的演替过程中，随着生境的改善，群落的物种组成从低级到高级逐渐增加，生态系统也由简单到复杂，最终在与环境协同作用后趋于稳定。因此，在水生植物群落构建初期，优先考虑选择少量沉水植物作为先锋物种构建生态系统的基本结构和功能，之后随着生境条件的改善，再逐步构建浮叶植物种群、挺水植物种群。

4）种植密度。不同水生植物种植密度差异较大，水生植物群落构建时需考虑不同的种植密度，常见水生植物种植密度见表5.2。

表 5.2　　常见水生植物种植密度一览表

类型	种类	密　度	类型	种类	密　度
沉水植物	苦草	49 株/m²	沉水植物	黑藻	25～36 丛/m²
	竹叶眼子菜	35 芽/丛、25 丛/m²		金鱼藻	25～36 丛/m²
	菹草	15～20 株/m²		狐尾藻	25～36 丛/m²
挺水植物	再力花	20 株/m²	挺水植物	美人蕉	3～4 芽/丛、10 丛/m²
	花叶芦竹	12～16 株/m²		海寿花	26 株/m²
	水葱	10～15 芽/丛、25～30 丛/m²		香蒲	25～30 株/m²
	菖蒲	30～36 株/m²		千屈菜	3～4 芽/丛、16～20 丛/m²
	梭鱼草	3 芽/丛、16～20 丛/m²		泽泻	3～4 芽/丛、16～20 丛/m²
	芦苇	4～6 芽/丛、9～16 丛/m²			

5）种植效果。水生植物群落的构建需根据水质现状、水生植物净化能力及目标削减量进行，典型水生植物净化能力见表5.3。

表 5.3　　典型水生植物净化能力一览表　　　　　　　　　单位：g/m²

序号	植物种类	生物量	总氮去除量	总磷去除量
1	菖蒲	4200±34	52.16±1.03	10.48±0.45
2	梭鱼草	1900±66	23.91±1.53	4.22±0.25
3	水葱	2543±34	28.16±1.12	5.48±0.32
4	芦苇	3930±25	38.97±2.35	18.22±0.28

序号	植物种类	生物量	总氮去除量	总磷去除量
5	花叶芦竹	2800 ± 43	20.16 ± 1.33	6.48 ± 0.18
6	黄菖蒲	4015 ± 23	51.16 ± 1.25	9.32 ± 0.74
7	美人蕉	1463 ± 92	26.28 ± 1.65	3.69 ± 2.32
8	再力花	2139 ± 99	29.80 ± 2.36	4.69 ± 2.58
9	苦草	3642 ± 97	59 ± 2.01	12 ± 1.52
10	菹草	4042 ± 52	61.24 ± 2.01	13.25 ± 0.81
11	红睡莲	2315 ± 41	25.63 ± 1.72	6.24 ± 1.17
12	荷花	2103 ± 55	21.22 ± 1.29	5.26 ± 0.74
13	竹叶眼子菜	3462 ± 86	52 ± 1.85	13.01 ± 1.32
14	茭白	2819 ± 97	38.12 ± 1.33	5.23 ± 0.23
15	香蒲	3369 ± 78	41.16 ± 1.45	6.42 ± 0.18

（2）水生动物群落构建技术。经典生物操纵理论的核心内容是利用浮游动物控制水体藻类，非经典生物操纵理论核心内容是利用鲢鱼、鳙鱼控制蓝藻。考虑到两种理论的不同应用条件，即鲢鱼、鳙鱼能滤食 $10\mu m$ 至数 mm 的大型浮游植物，而浮游动物一般只能滤食 $40\mu m$ 以下较小浮游植物，故对于蓄水初期水质较优人工湖水生动物群落的构建以鱼类为主，通过设计合理的食物网，同时利用浮游动物与滤食性鱼类控制藻类。

1）水生动物选种。生物种群间关系（不含水禽）主要由以下几条食物链构成。考虑不同鱼类及底栖动物的生活空间差异和食性差异，从当地物种中选取多种鱼类和底栖动物构建下述类型食物链，并形成合理的食物网，使所选物种在栖息空间和食性方面能够很好地互补，更好地利用水体空间和饵料资源。

①浮游植物为第一营养级：浮游植物→浮游动物→杂食性鱼、滤食性鱼、底栖动物→肉食性鱼；浮游植物→杂食性鱼、滤食性鱼、草食性鱼、底栖动物→肉食性鱼。

②沉水植物为第一营养级：沉水植物→草食性鱼→肉食性鱼。

③有机碎屑为第一营养级：有机碎屑→碎屑食性鱼、杂食性鱼、滤食性鱼、底栖动物→肉食性鱼类。

2）水生动物投放比例阈值。由于不同湖泊的营养结构都是在与其环境协同作用后所形成的特有的结构，故不同食性鱼类放养比例无法形成统一标准，应分析不同食性鱼类对湖泊生态系统的影响，控制其放养比例，并在此基础上借鉴同区域条件相似、鱼类结构相对合理的湖泊，适当进行调整。在水生态系统建成后，应对系统进行监测，追踪其发育情况，并根据具体情况做相应调整。

对于新建人工湖鱼类群落的构建。第一，在不同食性鱼类比例控制上，投放少量滤食性鱼类，同时构建肉食性鱼类群落，调控杂食性和草食性鱼类种群数量以保护沉水植物。第二，为控制水体透明度及底质，以促进沉水植物在吸收营养盐方面能竞争过藻类，严格控制杂食性鱼类、草食性鱼类及底栖食性鱼类。人工湖各鱼类重量建议投放比例为肉食性鱼类 $40\%\sim50\%$，滤食性鱼类 $10\%\sim20\%$，杂食性鱼类 $10\%\sim20\%$，底栖食性鱼类（底栖动物)<10%，草食性鱼类<6%。

3）时间次序。由于底栖动物净化水质能力较强且不会影响水生植物的生长，为营造良好的生境，在水生植物群落构建完成后，先构建底栖动物群落以净化水质，待后期水生植物生长稳定后再进行鱼类群落构建。鱼类群落构建时先投放滤食性鱼类，控制水体中的浮游植物藻类；再投放先锋肉食性鱼类，可以有效地控制小型野杂鱼，防止其对沉水植物生长进行干扰；最后投放剩余肉食性鱼类和杂食性鱼类，完善鱼类生物结构群。

5.3　应用实例

走过发展和污染、污染治理、生态修复的三个阶段，我国越来越重视水生态保护与修复，尝试多途径实现水体的修复，积累了宝贵的经验，形成了一些经典案例。

5.3.1　鄢家湖水环境综合整治

5.3.1.1　项目概况

鄢家湖位于阳逻街南部城区内，属新洲区武湖水系与涨渡湖水系交界处，现状水域面积 0.2km²，汇水面积 4.68km²，是武汉市 166 个受保护的湖泊之一。汛期涝水经泵站提升至倒水，最终排入长江。阳逻隶属武汉市新洲区，位于武汉主城的东部，是武汉市最具发展潜力的地区之一。

从 2013 年以来，鄢家湖共实施了三期工程，鄢家湖综合整治一期工程主要针对城市排水防涝的问题，采用截流式合流制管网系统对老城区污水进行统一收集，系统末端建有新坳闸，旱季新坳闸关闭，污水经新坳闸至 7 号泵站提升至阳逻污水处理厂统一处理后排放，基本实现了旱季截污。因老城区未进行雨污分流，且管道年代久远排水不畅，雨季为排内涝新坳闸开启，使得鄢家湖雨污溢流污染严重，被纳入住建部公布的首批《全国地级以上城市黑臭水体名单》。鄢家湖综合整治二期工程主要针对鄢家湖水体黑臭问题，进行了排水管网完善工程、清淤工程、鄢家湖泵站扩建工程、水环境整治工程和景观工程。2019 年初，经中央环保督察，确认鄢家湖已摘掉"黑臭"帽子。但是，根据近两年的水质监测报告，鄢家湖水质基本为劣 V 类，特别是雨后水质恶化明显。鄢家湖水质提升一期工程主要采用微生物菌剂、漂浮式拦污栅、生态浮床、曝气和水生植物等措施，基本实现了短期内提高并保持湖体水质为 V 类水，保障了军运会期间鄢家湖水质达标，旱季水质基本可达标。但水质提升一期工程未对连通渠来水进行截污处理，雨季开闸放水后，鄢家湖水质仍然恶化明显，需要较长的恢复周期。雨后水质监测显示，鄢家湖 COD、氨氮和总磷均超标。

2020 年，为持续推进鄢家湖的水环境治理，新洲区遵循"外源减排、内源控制、水质净化、生态修复、长效管控"的治理思路，针对雨季返黑返臭的问题进行重点分析，系统性地提出鄢家湖综合治理方案，以尽快消除劣 V 类水，保持湖体水质稳定，促进水生态系统恢复，实现鄢家湖"长治久清"。

5.3.1.2　水体污染状况

鄢家湖是典型的城市调蓄湖泊，承担了老城区雨季调蓄排涝功能，排涝和排污矛盾突出，连通渠的雨污溢流污染是其主要的污染源；其次，鄢家湖连通渠周边多为附近居民占用，开垦有菜地并设置了沤肥池，且化肥使用频繁，雨水冲刷后汇入连通渠内，造成面源污染。此外，汛期连通渠排水携带大量泥沙汇入鄢家湖，长年累月的沉积在鄢家湖入湖口，局部底泥污染严重，鄢家湖现场见图 5.20。

图 5.20　鄢家湖现场

（1）晴天水质。2019 年，实施水质提升一期工程后，鄢家湖水质有一定的改善，在 12 月达到 V 类水标准，2020 年 4 月水质维持在 V 类水，基本实现了短期内提高并保持湖体水质为 V 类水，保障了军运会期间鄢家湖水质达标，旱季湖心水质基本可达标。

（2）雨天水质。雨季，为防止老城区内涝，新坞闸开启排涝，大量雨污溢流经连通渠直排入湖，污染严重，入湖口返黑返臭趋势明显，呈轻度黑臭。图 5.21 为雨后鄢家湖入湖口现场。

图 5.21　雨后鄢家湖入湖口现场

5.3.1.3 修复方案

鄂家湖水环境问题成因多样，包括点源污染、面源污染、内源污染以及跨区管理带来的相关水环境问题等，工程按照"外源减排、内源控制、水质净化、生态恢复、长效管控"的治理策略，科学制定综合治理方案，通过系统工程解决水环境本质问题，以促进水体净化，实现水体生态修复，长效保障鄂家湖水质。

（1）外源减排。根据鄂家湖的实际情况，外源减排工程主要针对新坳闸的雨污溢流开展工作。根据雨污溢流污染路径，可从源头控制、过程控制和末端调蓄处理三个方面入手来降低污染。其中，源头控制主要措施是将合流制管网改建为分流制，对初雨进行截流，实现雨污分流和清浊分流，并提高污水处理厂处理规模，提升泵站抽排能力，加大雨水截流量，减少溢流量，甚至实现雨污混流全部截流。过程控制主要通过海绵城市改造，增加雨水的下渗和过滤，减少径流量和污染物浓度，从而降低污染负荷。末端处理可采用调蓄塘、一体化处理设备、多级生态处理系统等工程措施。

考虑到短期内，老城区雨污分流和污水处理厂扩容等源头治理工程较难完成，外源减排工程综合采用源头控制和末端调蓄处理技术开展溢流污染控制，具体技术路线见图 5.22。

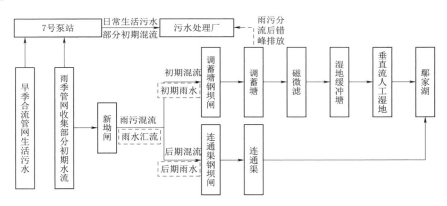

图 5.22　鄂家湖闸口污染处理技术路线

1）末端调蓄处理。在老城区管网改造及雨污分流完成前，为保障鄂家湖的雨后水质，需将闸口溢流污染就地进行调蓄处理后排入鄂家湖。鄂家湖上游连通渠周边现有多个坑塘，可充分利用进行末端调蓄处理。

因城市雨污溢流污染呈现出突发性、随机性和强冲击性等水文特征及特有的水质特性，且初期效应明显。在处理工艺的选择上需充分考虑随机间歇运行且抗水量水质冲击负荷能力强的处理技术。经充分论证，工程采用磁微滤-人工湿地组合工艺对雨污溢流进行多级处理后排放。磁微滤技术去除大量颗粒态污染物后，出水排入垂直流人工湿地进行生化处理，最终排入鄂家湖，可在雨污分流前大幅降低入湖污染物，稳定汛期湖体水质。

2）源头管网改造。工程对老城区合流管进行雨水水力计算，按 2 年重现期进行流量校核，对满足 2 年重现期的排水管道予以保留作为雨水管道使用，另外新建污水管道，新城区管网建成时间较短，根据调研，未出现过积水情况，近期对现状管网进行利用，只对混错接点进行改造及对缺陷管道进行修复；不满足 2 年重现期的雨水排水需求的管道，结合污水流量校核计算与现场实际情况作为污水管道使用，另外新建雨水管道，新建雨水管道按 3 年重现期进行设计。经管网改造后，老城区将实现雨污分流，新坳闸排水将由雨污混流变成雨水，将大大降低溢流污染影响，缓解鄂家湖水体污染状况。

（2）内源控制。2018 年，鄂家湖已开展过全湖清淤，现有底泥污染主要集中在入湖口，本次内源控制工程主要针对入湖口底泥。根据鄂家湖及其连通渠的特点和施工条件，选择有效可行的施工方案，对清淤采用的常用施工方法进行技术经济比较，推荐采用小型挖掘机的抓、运联合施工方式。清淤分段进行，尽可能安排在枯水期进行，针对河床水深较深处地段或高水位期，河段上下临时设置围堰挡水，用水泵抽水，使水位满足挖掘机入河需求。底泥经自然晾晒和添加固化剂固化以后，优先作为现场土方回用，多余土方外运。

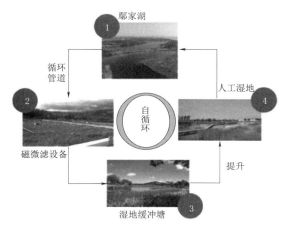

图 5.23 鄂家湖循环净化系统示意图

（3）水质净化。鄂家湖原与倒水相通，可进行自然水体交换，但多年来已逐步演变成典型的封闭式淡水湖泊，水体流动性差，自净能力较低。考虑到鄂家湖大部分时间水体是不流动的，特别是枯水期水质容易恶化，特构建鄂家湖循环净化系统以促进水体的流动及净化，充分利用城市雨污溢流污染处理系统，对雨后的湖水进行循环净化，循环净化系统见图 5.23。

（4）生态恢复。2017 年，鄂家湖进行了全湖清淤，水生态系统破坏严重，2019 年恢复了部分沉水植物。2020 年最新的水生态系统调查结果显示，鄂家湖水生态系统结构简单，结构发展不均衡，具体表现为水生植物以挺水植物为主，能够监测到的能够保持水体清水态的沉水植物群落较少；大型底栖动物数量较武汉同类型湖泊少，相对比较缺乏；鱼类群落结构失衡，主要为鳙鱼、鲢鱼、鲤鱼、鲫鱼，鳙鱼占比约 60%，鲢鱼占比约 25%，其他鱼类仅占比 15%。最新水生态监测结果显示近两年鄂家湖的自然恢复状况较差，鄂家湖暂不具备自然生态恢复条件，需要采取一定的人工恢复。

根据鄂家湖的水生态现状，鄂家湖水生态系统修复的主要内容包括：水生高等植物群落的恢复、底栖鱼类的控制和肉食性鱼类的投放、大型底栖动物群落的重建等。鄂家湖水生高等植物群落的恢复以沉水植物的恢复为主，考虑到苦草群系和狐尾藻群系是武汉湖泊湿地中最常见的群丛类型，且水质净化效率高，因此，沉水植物选用马来眼子菜、金鱼藻、苦草、狐尾藻和黑藻。大型底栖动物主要摄食附着物、有机碎屑，对植物活体无摄食，其可有效清除沉水植物叶片上的附着物，从而促进沉水植物生长，提高营养盐净化效率，与沉水植物形成"蚌-草"互利功能群。根据鄂家湖区域气候、地质地貌以及项目周边区域情况，种类选择为无齿蚌和褶纹冠蚌。鄂家湖鱼类群落构建工程主要包括杂食性鱼类群落的构建、滤食性鱼类群落的构建、肉食性鱼类群落的构建三个方面内容。其中，杂食性鱼类、滤食性鱼类和肉食性鱼类配比控制在 2∶3∶5。

5.3.1.4　效果预估

目前，项目正在实施过程中，为了解实施后的效果，开展了鄢家湖二维水环境模型的构建，将连通渠入湖污染、湖区降雨污染和面源污染进行了概化处理。

（1）雨季现状水质模拟。模拟结果显示，雨天，鄢家湖由于连通渠溢流污染汇入，以及其他区域降雨径流汇入，水质迅速恶化。不同雨型导致湖体氨氮最大浓度均为 20～22mg/L。小雨对湖体水质影响面积较小，且仅在湖周边区域，中雨影响区域扩大，达到 80%，其他雨型对于湖体水质影响面积均为 100%。小雨和中雨水质恢复周期为 45～50 天。小雨时，对湖心水质无影响；中雨、大雨、暴雨和大暴雨时，湖心水质均出现不同程度的恶化；中雨时水质恢复时间最长，达到 45～50 天；大雨、暴雨和大暴雨时，水质恢复周期为 25～30 天左右。

（2）雨季未来水质模拟。根据工程设计的消减量，计算出在不同等级降雨情况下湖泊恢复Ⅴ类水需要的周期，计算结果显示：同样的降雨等级，实施工程将会缓解降雨对水质的影响，同时大大缩短水质的恢复周期，有利于鄢家湖水质的稳定达标。

模拟结果显示，工程完工后，湖体水质影响面积明显缩减，氨氮最大浓度也降低，小雨、中雨、大雨期间为到 6～8mg/L，暴雨和大暴雨期间为到 4～5mg/L。中小雨期间，水质恢复周期小于 7 天，大雨、暴雨、大暴雨期间，水质恢复周期在 25～30 天。小雨时，湖心水质不受到影响，中雨时，水质在一天内恢复。大雨、暴雨、大暴雨时，水质恢复周期在 25～30 天。

5.3.2　南明河水环境综合整治

5.3.2.1　项目概况

南明河为长江流域乌江的支流，发源于贵州省安顺市平坝县林卡乡白泥田，全长 118km，被誉为贵阳人民的"母亲河"。

从 1952 年至 2007 年，南明河历经多次治理，前期南明河整治以水利工程治河为主，存在着诸多问题，如：工程量大、耗资巨大、效果并未凸显，并且陷入几乎每年都要进行定期清淤等整治工程的恶性循环。加上经济社会的快速发展、城市人口的迅速增长，城市污水处理设施、收集管网建设严重滞后，南明河水体状况反复：河水污染严重，水质严重恶化，进入市区的河段已下降为劣Ⅴ类水体。

为彻底改变以往，2012 年，贵阳市引入系统治理的思路，提出"截污治污为先，内源污染消除为保障，两岸环境质量提升为需求，生态自净能力恢复为根本"的治理方案，全面有序系统地推进河道整治、生态修复、污水处理、再生利用、面源治理等各项工作，启动了实施总投资达 42.8 亿元的"南明河水环境综合整治工程"。

5.3.2.2　水体污染状况

南明河是云贵高原山区季节性河流，雨季和旱季河流落差较大，各种各样的污水会随着雨水流入河内，旱季时，水源缺少，水循环速度慢，自我净化的能力也差，水质变差并且有异味。从 20 世纪 70 年代起，南明河水开始变黑发臭。到 20 世纪 90 年代，重工业速度加快，工业排放的污水和生活废水越来越多。贵阳市未经达标处理的污水排放量巨大，南明河共接纳了市区 72% 的工业废水量及 70% 的污染物，又由于地下水污染、大气污染等相关环境因素污染的影响，使得南明河的污染极为严重。

90 年代以后，就南明河水质污染各指标质量分类的年际变化特征来看（1990—1996年），南明河的水质污染呈明显加重趋势，尽管其中有所反复，但总体上质量分类是升高的。其中表现最为明显的是溶解氧、五日生化需氧量和非离子氨。1991 年溶解氧平均值为 6.62mg/L，达 II 类标准，至 1996 年仅为 3.33mg/L，降为 IV 类；化学需氧量与五日生化需氧量也分别由 1992 年的 6.34mg/L 和 2.54mg/L（I 类）增至 1996 年的 9.32mg/L（V 类）和 5.64mg/L（IV 类），表明水中污染物和有机质含量增加很快。特别值得一提的是非离子氨，1996 年年均 0.48mg/L，超标 23 倍，较 1995 年（0.114mg/L）增长 3 倍多，是与南明河水质密切相关的一种污染物。

2001 年，贵阳市委、市政府提出了"南明河三年变清工程"。整个南明河及其支流的截污沟全线贯通，河水治理的重点是：水变清、岸变绿、景变美。包括对南明河进行截污沟改造、河道清淤、排水大沟出口改造等相关河道整治工程，到 2004 年 4 月南明河整治工程初见成效。2008 年中下游甲秀桥、定扒桥断面水质在前五年达到极低值，说明当年的整治工程改善了南明河干流中下游水质，效果较为明显。

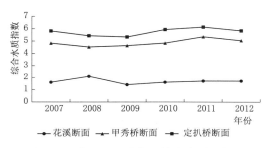

图 5.24　南明河干流断面综合水质指数图

2008 年后，随着贵阳工业化、城市化快速推进，沿河流域人口急剧增加，污水处理能力、基础设施等已不能满足新增污染物的处理，南明河又呈现出污染加重趋势，中下游水质再度恶化，至 2011 年达到峰值，多年综合水质指数变化情况见图 5.24。2012 年 5 月水质监测显示，南明河干流沿程的 COD、氨氮、总磷及 SS 浓度分别达 33.4~91.3mg/L、0.83~2.04mg/L、0.13~0.57mg/L 和 13.4~58.3mg/L，河道水质整体处于劣 V 类水平，严重影响了贵阳市的城市环境和经济发展。为此，贵阳市市委市政府推动启动南明河水环境综合整治项目。

5.3.2.3　修复方案

南明河水环境综合整治项目分二期进行，一期从 2012 年开始，从外源控制、内源控制、生态恢复、臭气治理四个方面出发，通过截污完善、清淤疏浚等救急措施，基本消除了南明河干流的黑臭问题。二期从 2014 年上半年开始，以支流治理为关键、污水处理设施建设为重点、改善提升南明河水质为核心，主要内容包括完善干流、支流截污系统及污水处理厂建设。

（1）一期工程。南明河水环境综合整治工程一期河道整治工程主要包括以下工作内容：

1）污水收集与地埋式污水处理系统建设（外源控制）。

①截污沟防渗改造：对截污沟进行防渗改造，防止污染渗透污染水体。

②截污沟局部沟改管：解放桥至市西河段左岸沟改管改造；小河污水处理厂过河管改造；一中桥增加过河管。

③排水大沟出口改造在排水大沟出口设置沉砂、拦渣、截污措施，并对排水大沟出口进行密封改造（共计 255 处）。

④地埋式污水处理厂建设。在解放西路西岸及五眼桥以北启动建设青山污水处理厂，在三江口启动建设麻堤河污水处理厂，将污水截流并经深度处理后，排入南明河或湿地公园作为景观补水。青山、麻堤河污水处理厂位于城区，均采用全地下式污水处理厂的建设形式，地面为宜居、宜业、宜游的生态公园。

2）河道清淤（内源控制）。南明河干流三江口至山水黔城段清淤 4.98 万 m³；山水黔城段至电厂坝段清淤 8.04 万 m³；电厂坝段至解放坝段清淤 11.69 万 m³；解放坝段至甲秀坝段清淤 14.55 万 m³；甲秀坝段至红岩桥段清淤 16.16 万 m³。河道基坑整治清淤 21.64 万 m³，河道深坑整治回填 21.64 万 m³。

南明河各支流清淤情况如下：小黄河陈亮村至三江口，清淤量 8.0 万 m³；麻堤河摆郎至三江口，清淤量 4.0 万 m³；小车河中铁国际城至南明河口，清淤量 1.5 万 m³；市西河三桥至筑城广场，清淤量约 1.5 万 m³；贯城河入河口往上游约 900m，清淤量约 0.8 万 m³。

3）河道生态修复（面源控制）。河道生态修复主要位于南明河干流团坡桥下游段、电厂坝段、四方河段，支流市西河、贯城河、小黄河和麻堤河。其中，干流团坡桥下游种植沉水植物 8000m²，干流电厂坝河滩型湿地 1500m²，槽式挺水植物带 100m，抛石挺水植物带 100m；市西河金锁桥、罗汉营和转弯塘布置有生态砾石透水坝 4 座，鲤鱼大沟入口设置生态砾石床一个。贯城河博爱路入口设置生态砾石坝一座，砾石床 200m²；小黄河设置砾石透水坝 4 座，跌水曝气坎 14 道，种植沉水植物 132000m²，挺水植物 11418m²，构建生态河堤 16.2km；麻堤河设置砾石透水坝 4 座，跌水曝气坎 3 道，种植沉水植物 19500m²。

4）臭气综合治理。南明河共完成 255 处排污口与截污沟的清淤、疏通和密封；在阳河排水大沟、冠州桥排水大沟、市东排水大沟、虹桥排水大沟、帆影广场五处设置离子除臭设施；在团坡桥则设置了生物除臭设施。

（2）二期工程。二期工程的部分内容是一期的延续，包括河道清淤、支流的水环境治理、污泥和生态治理等，具体包括 10 个截污清淤工程：①麻堤河截污整治工程；②小黄河截污整治工程；③南明河截污沟小河厂至五眼桥段改造工程；④市西河截污沟改造工程；⑤贯城河截污沟改造工程；⑥新庄污水处理厂二期配套管网工程；⑦孟关污水处理厂配套管网工程；⑧牛郎关污水处理厂配套管网工程；⑨市西河河道清淤工程；⑩贯城河河道清淤工程。7 个生态工程：①三江口河滩湿地工程；②五眼桥河滩湿地工程；③电厂坝段生态蓄水河道工程；④一中桥河滩湿地工程；⑤市西河二桥污水处理厂生态砾石床工程；⑥小黄河生态湿地工程；⑦小车河生态湿地工程。

5.3.2.4　效果评估

历经多次治理，南明河治理段水质有效提升、沿河景观明显改善、生态初步恢复，为城市河道水环境综合整治提供了典型成功案例。

（1）一期工程。南明河水环境综合整治工程一期河道整治工程实施后，取得了以下成果：

1）基本消除了南明河干流黑臭。

2）基本实现了南明河干流及五条支流截污工作，基本消除"跑、冒、滴、漏"的现象。

3）有效改善了南明河干流及五条支流的水质及感官效果。

4）清除了南明河及五条支流的淤泥，并有效控制了浮渣及漂浮物。

5）部分河段景观功能得以提升。

南明河水环境综合整治项目第一阶段工程实施完成后，南明河水系水质得到有效改善，劣 V 类水质由原有的 51％ 下降到 17.4％，准 V 类水质由原来的 10.1％ 提高至 24.3％，准 Ⅳ 类水质由原来的 8.8％ 提高至 28.2％。

（2）二期工程。二期工程实施后，南明河干流水质较一期竣工时有大幅提升，藻类和水生植物都得到一些恢复，各断面 COD 浓度基本达到地表水 Ⅲ 类标准；大部分断面氨氮指标达到 Ⅳ 类标准；总磷指标基本接近 Ⅳ 类标准。2016 年 8 月，劣 V 类水体进一步下降到 7.0％，V 类水体继续提高至 26.8％，Ⅳ 类水体继续提高至 31.6％。

经二期工程实施后，水生植物种群数量、河底覆盖度、水生植物多样性指数逐年逐步增加，河道自净能力逐步恢复；浮游动物种群数量与多样性逐步增加，鱼类物种丰富度和分布范围逐年提高。

5.3.3　大浩湖水环境修复

5.3.3.1　项目概况

2007 年前，大浩湖沿线污水直排入湖，周边家禽养殖至湖泊水质较差，湖体分布零散，水体污染严重，生物栖息生境严重退化，严重影响了当地居民环境及经济发展。为此，2010 年开启了大浩湖水环境修复工程，恢复区内 27 个天然湖泊的水循环联系，并开展水质净化。

5.3.3.2　水体污染状况

规划区域内水系发达，池湖纵横，有湖泊 27 个，调查发现，受渗漏等影响，部分湖泊干涸或水量较少；由于水产养殖，北区 15 号湖出现大量蓝藻。调查发现，项目对象区域内基本无环保净化措施，且大多数湖泊存在人工养殖现象，大量的氮、磷元素富集，使水体水质下降，造成水体富营养化，图 5.25 为大浩湖水体污染现场。

图 5.25　大浩湖水体污染现场

　　具体水质分析结果表明，大浩湖湖泊水系 pH 值介于 6.61～7.52，部分湖泊溶解氧含量较低。总氮和总磷含量普遍较高，均远远超过水体富营养化标准；其中南区 7 号湖，北区 3 号、5 号、12 号、15 号总磷浓度已经超过景观用水标准（地表水Ⅴ类），除南区 3 号湖外，其余湖泊总氮均超过景观用水标准；所有湖泊水质中的氮磷含量均超过富营养化标准，具体水质见表 5.4。

表 5.4　　　　　　　　　　　　　　大浩湖水质一览表

湖编号	监测指标			
	pH	DO/(mg/L)	总磷/(mg/L)	总氮/(mg/L)
南区 2 号	7.36	7.15	0.2	2.75
南区 3 号	7.2	8.54	0.11	0.64
南区 4 号	7.14	6.93	0	2.28
南区 5 号	6.75	7.13	0.25	3.11
南区 7 号	6.87	4.15	1.98	2.33
北区 1 号	7.7	8.06	0.31	3.50
北区 3 号	7.38	8.1	0.84	6.35
北区 5 号	7.48	8.06	0.65	4.99
北区 6 号	7.52	8.22	0.26	3.97
北区 12 号	6.68	6.54	0.79	4.69
北区 13 号	6.61	7.87	0.31	4.02
北区 14 号	6.98	7.68	0.27	4.56
北区 15 号	6.98	6.54	0.79	4.69
北区 16 号	7.19	5.73	0.22	4.52
北区 18 号	7.01	7.94	0.1	2.56
景观用水标准	6～9	≥2	≤0.4	≤2.0
富营养化标准	—	—	≤0.02	≤0.2

5.3.3.3　修复方案

　　大浩湖水环境修复采用湖体活水净化系统、雨水收集及再利用系统和生活污水处理及中水再利用系统，对项目水系统进行设计施工，修复水环境和恢复水生态群落。项目修复方案断面示意图见图 5.26，大浩湖水环境修复方案系统图见图 5.27。

图 5.26　大浩湖水环境修复方案断面示意图

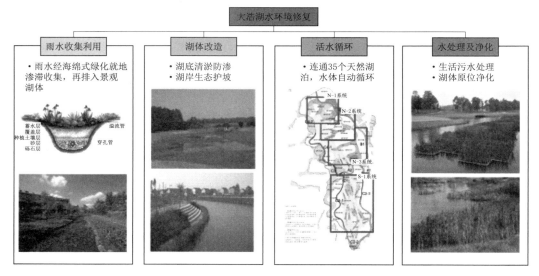

图 5.27　大浩湖水环境修复方案系统图

图 5.28　大浩湖雨水花园现场

（1）雨水收集及再利用系统。项目采用日本先进的水资源管理、利用、规划的"师法自然、资源利用、生态和谐"理念，基于地形、集雨区、湖泊自然特征和需水量等考虑，利用透水铺装下渗雨水，采用下沉式绿地收集雨水，经导流过滤，最大限度将雨水收集净化，就近储蓄于湖泊，参与湖体的活水循环系统。雨季调蓄雨水，旱季蓄积雨水，提升湖区防洪排涝能力。图 5.28 为大浩湖雨水花园现场。

（2）活水循环系统。结合区域微地形差异及节能考量，划分循环生态小单元，将区内湖泊连通且在流路最低端设置循环泵，依据地形高差形成错落有致、高低有别的湖泊自流动和自循环系统，维持水体正常交换和自动更新。施工后，活水系统贯通 35 个天然水塘，形成 500 亩的活水自循环水系，湖水蓄水量 90 万 m³。

（3）水体净化系统。项目基于景观水质目标和赏水赏景需要，在水系水路上合理布设生态沟渠、自然湿地、高效浸透流人工湿地、生态浮岛、绿色护岸等特色水质保障措施，改善了湖区水质。

1）立体生态浮岛。项目采用日本先进浮岛设计理念，构建了 9600m² 的立体生态浮岛，其现场详见图 5.29。立体生态净化浮岛有机优势结合植物、微生物生态位，在框架上方种植挺水植物，框架下悬挂并用钢筋固定从日本引进的表面积大、微生物挂膜且生长快的生物绳。利用植物组织吸收、微生物新陈代谢及沉降吸附等作用，实现对水体污染物的高效原位净化。

2）生态人工湿地。生态人工湿地面积约 17000m²，是基地湖泊水质保障的重要手段，布设于各水循环单元的水路入湖处。项目的湿地设计引入日本先进的浸透流方案，水流分层进入不同湿地填料层，提高污染物与湿地填料的接触面积和接触效果，通过优化水体流动改善水质净化效果。生态湿地填料层分别包括土壤、小砾石、中砾石和大砾石，利用铺设在大砾石底部的集水管道收集湿地出水，排入下游湖泊，浸透流人工湿地断面见图5.30。湿地植物采用当地的芦苇、美人蕉和水蜡烛等。

图 5.29　大浩湖立体生态浮岛现场　　　图 5.30　浸透流人工湿地断面图

此外，大浩湖还构建了约 $10000m^2$ 的自然湿地，是维系湖泊景观和水质的天然屏障。项目自然湿地设计与布置和绿地景观融为一体、浑然天成。自然湿地就近选材，选择基地本土植材、土壤等生态元素，极力减少对天然生态系统的植被破坏和土壤扰动，灵活运用景观生态学和恢复生态学理论对原有水生态系统进行修复、保护或营建，实现了师法自然，和谐生态的核心价值追求，打造出一片纯天然的绿色肺叶，在提供优质景观和良好生境的同时，充分挖掘和发挥自然湿地的水质净化和生态系统调节功能。图 5.31 为大浩湖人工湿地现场。

图 5.31　大浩湖人工湿地现场

5.3.3.4　效果评估

经综合治理后，大浩湖的水体水质明显好转，由原有的劣Ⅴ类稳定在地表水准Ⅳ类，具体指标如下。

（1）浸透流人工湿地运行三个月之后，委托广东省微生物分析检测中心进行水样检测，检测结果（表5.5）表明人工湿地处理效率非常高，对 COD、BOD、悬浮物、氨氮和总磷都有很强的抑制作用。

表 5.5　　　　　　　　　　　　　　人工湿地处理水样检测数据表

序号	检测项目	检测结果（2012-08-27）		
		系统进水口处浓度（09：40）/（mg/L）	湿地出口处浓度（10：00）/（mg/L）	去除率
1	COD_{Cr}	169	<10	>94.1%
2	BOD_5	50	<2	>96%

续表

序号	检测项目	检测结果（2012-08-27）		
		系统进水口处浓度（09：40）/(mg/L)	湿地出口处浓度（10：00）/(mg/L)	去除率
3	悬浮物	229	＜4	＞98.3％
4	氨氮	26.8	0.116	99.6％
5	总磷	2.35	0.095	96.0％

（2）大浩湖自然湿地和立体生态浮岛运行一年以后，检测数据（表 5.6）显示，湖泊水质远远超过《地表水环境质量标准》（GB 3838—2002）规定的一般景观水域的要求。

表 5.6　　　　　　　　大浩湖水样检测结果表　　　　　单位：mg/L

检测项目	检 测 结 果							
	L-09 入水口	L-09 缓流处	L-09 湖心	L-09 出水口	L-03 缓流处	L-03 入水口	L-03 湖心	L-03 出水口
SS	8	＜4	13	5	12	11	12	10
氨氮	0.389	0.465	0.320	0.371	0.282	0.417	0.307	0.351
COD_{Cr}	18	20	16	24	21	19	17	25
BOD_5	4.7	5.2	4.2	6.2	5.5	4.9	4.4	6.5
总磷	0.08	0.06	0.09	0.06	0.02	0.02	＜0.01	0.05

第 6 章

共 建 生 态 健 康 长 江

习近平新时代中国特色社会主义思想是共建生态健康长江的政治指引，按照新思想的生态建设要求和"共抓大保护，不搞大开发"指示精神，遵循"节水优先，空间均衡，系统治理，两手发力"的治水思路，以习近平总书记的指示"绝不容许长江生态环境在我们这一代人手上继续恶化下去，一定要给子孙后代留下一条清洁美丽的万里长江！"为目标，以山水林田湖草沙系统治理为方向，将长江流域作为一个命运共同体，共同开展新时代长江流域生态文明建设，推动长江经济带高质量发展。

6.1 长江的生态环境保护

长江流域水生态保护应坚持以人为本、人水和谐宗旨，着力改善长江流域水生态环境，提供更丰富、更优质的生态产品与服务，促进长江健康发展。长江的社会服务功能主要包括 6 个方面：供水满足生活生产用水和耗水；孕育丰富的水生生物，提供人类需要的渔业产品；提供便利的航运水道，促进社会和经济交流；蕴藏水能资源发电、提供清洁能源；提供河湖水域、沙洲、岸线等，扩张休闲娱乐生活空间；蕴藏大自然中无限美的景观，塑造当地独特的地域文化和文明程度。需要治理和保护的方面包括：水资源保护（科学取水、排水、调度等）、水环境保护（水体富营养化、岸线、航道等治理）、水生态保护（鱼类等水生生物、水生态系统等保护）、水污染治理（排污口、面源污染等污染防控）、水安全治理（水旱灾害防治）、水文化保护（风景、风俗等发掘）。

（1）长江流域水生态保护总体思路。习近平总书记强调治好"长江病"，要科学运用中医整体观，追根溯源、诊断病因、找准病根、分类施策、系统治疗。这是长江经济带共抓大保护、不搞大开发的前期基础性工作。长江水生态保护与修复重点在于保护和修复水生态系统的水文过程、地形地貌过程、物理化学过程及生物过程，保障河道、湿地、河口等重要水生态系统的生态水量，保护和修复河湖岸边带及鱼类生境，控制点、面源污染，加大珍稀水生生物的保护与补偿力度，统筹协调保护与发展的相互关系，全面支撑流域社会经济的永续发展。

（2）当前长江的重点保护和治理工作。习近平总书记曾深刻指出绿色发展，就其要义来讲，是要解决好人与自然和谐共生问题。人类发展活动必须尊重自然、顺应自然、保护自然，否则就会遭到大自然的报复，这个规律谁也无法抗拒。尊重自然，探索和谐发展。顺应自然，探索绿色发展。保护自然，探索协调发展。长江经济带不搞破坏性开发，坚持生态保护，促进长江经济带高质量发展。

1）重点水源涵养区的保护。水源涵养区一般位于江河湖泊上游集水范围内，具有涵养水源、防止土壤侵蚀和改良水质等生态功能。长江流域水源涵养主要内容为加强流域水土保持，退牧还草、小流域综合治理等相结合，将水生生物的自然生境作为保护重点，有效遏制湿地干涸萎缩退化和江河湖泊退化的趋势。长江源区气候独特，高原植被一旦破坏，会导致严重水土流失，造成生态破坏，而源区的"长江水塔"作用影响着整个长江水资源，因此，长江源区应为重点保护的生态脆弱区，不搞大开发，少开发，尤其避免大面积开发。长江上游重点建设区域应为通天河、大渡河上游果洛藏族自治州、金沙江迪庆藏族自治州迪庆段、秦巴山区等区域。长江中下游重点建设区域应为汉江源、清江源、沅江源、湘江源、抚河源、赣江源等长江主要支流源区。

2）河湖水系自然连通。河流是具有纵向、横向、垂向和时间等四维水文连通的生态系统。但是受水利工程建设影响，目前长江上游干流以及绝大部分支流和湖泊的自然连通基本被阻断，使得长江的江河关系、江湖关系发生了重大变化，鱼类迁移通道受阻，栖息地遭到破坏。因此，有必要严格控制水电开发强度，开展科学生态调度，保证足够的河流下泄生态流量和湖泊生态水位；同时科学评估水电工程尤其是梯级工程对鱼类资源的影响及其机理，对于一些效率低下、生态危害较大的小水电应予以拆除，恢复河流自然生境，选择代表性支流实施系统生态修复，重新恢复江河联系。例如，在金沙江支流黑水河、雅砻江支流安宁河、岷江支流青衣江、赤水河支流桐梓河和习水河实施生态修复工程，全面拆除小水电、引水管、壅水堰等设施，恢复河流的自然流态和水文节律，为一些长江上游珍稀特有的喜流水性鱼类提供理想的栖息环境。长江中下游通江湖泊的闸门调度要从兼顾生态需求向生态优先转变，提高江湖的自然连通性，为迴游型鱼类和半迴游型鱼类提供理想栖息地。

3）河岸带生态修复。加强对河岸、边滩的生态修复，满足防侵蚀、减污染、提供栖息地等综合能力的需求，从而减轻陆地污染对长江水生态健康的压力。长江流域河岸带生态修复需求主要分布在干流中下游（长江新洲城区段、麻城城区段，以及长江下游沿江城市、港口河岸），以及重要湖泊沿岸（石臼湖、升金湖湿地等），重点为主要河流城镇段。主要工程内容可以包括：在城市江段河岸带滨河建设绿色、亲水景观工程；建设生态护岸工程，高度融合植物与土木工程的生态净化功能将河槽河岸生态功能与水体景观功能的高度结合，以减少采砂等人类活动导致河岸带破坏；对河流、湖泊面源污染较重水域，沿岸营造植被缓冲带，以截留农业面源的河岸生态防护工程。

4）湿地修复与保护。湿地被形象地比喻为"长江之肾"，对于维持长江水系的环境质量具有不可替代的作用。湿地修复主要包括：恢复湿地原有面积，改善湿地涵养水源，保护湿地生态系统提升环境净化功能，提高水陆交替带的生态环境状况，尤其是具有重要功能作用的湖滨带和大型水库消落带；恢复湿地植被，加强湖滨及河口湿地的恢复与重建，形成缓冲带，有效防控面源污染和水土流失；恢复、修复和重建生物栖息环境，维护长江生物多样性。长江流域湿地保护与修复工程主要分布在长江流域内国际重要湿地（包括湖南东洞庭湖、南洞庭湖、西洞庭湖自然保护区，鄱阳湖自然保护区，上海市崇明东滩鸟类自然保护区，湖北洪湖省级湿地自然保护区，武汉蔡甸沉湖湿地自然保护区，云南拉市海湿地保护区，云南碧塔海湿地，神农架大九湖国家湿地公园，上海长江口中华鲟湿地自然保护区等），以及中国国家重要湿地（包括巢湖湿地、滇池湿地、石首天鹅洲长江故道区湿地、丹江口水库湿地、扬子鳄自然保护区湿地，以及太湖地区湿地、长江中下游湖泊湿地群等）。结合不同区域湿地特征，以自然恢复为主与人工修复相辅的方式，合理布局生态修复工程，构建全流域人、水、生物和谐共生的局面。

5）长江生境修复和生物多样性保护。长江上游水生生物主要保护对象为四川裂腹鱼、短须裂腹鱼、达氏鲟等长江上游珍稀特有鱼类的种质资源和种群规模，长江中下四大家鱼等江湖洄游性鱼类的"三场一通道"，中华鲟、鲥鱼、鳗鲡等江海洄游性鱼类的产卵场、洄游通道等，长江口的中华鲟、白鲟等珍稀洄游性鱼类及其栖息地，以及河口湿地生态等。对水产种子资源保护区、涉水自然保护区，加强生境及"三场"保护，并对珍稀特有鱼类等实施增殖放流等保护工程。有针对性地开展生态通道、廊道连通，推动典型栖息地再自然化改造或再造，实施规模化生态修复工程，使遭到破坏的生态系统逐步恢复且向良性循环方向发展。结合十年禁渔政策，实施长江渔业资源保护计划，通过布设人工产卵巢、修复鱼类产卵场、生态调度等措施恢复长江渔业资源，促进长江生态系统的自我调节。

6）强化污染治理促进流域水生态系统整体改善。推进城镇污水垃圾处理、市政排水管网优化、化工污染治理、农业面源污染治理、船舶污染治理以及尾矿库治理，补齐治理设施短板。在水网地区引导农民科学施肥用药，减少化肥和农药施用量，积极推广节肥增效，测土配方施肥技术。严格实施畜禽养殖粪污处理设备配套建设，加强农村生活污水和垃圾的收集处置。建立健全资源环境承载能力监测预警长效机制。加强管理制度建设，有效遏制污水直排，实现全流域达标排放。强化水生态综合治理，整治污染严重的河湖，加快中小河流治理，促进流域水生态系统整体改善。

7）科学调度保障生态流量。优化完善长江干支流水利水电工程（群）生态化调度，明确和保障河湖生态流量（水位）。加强生态流量理论和方法等基础研究，明确长江干支流及湖库主要控制断面生态流量（水位）。对于已建的水利水电工程，加强科学调度，保证下游生态环境所需的用水；对于新建的水利水电工程，科学合理论证，保障下游生态环境用水要求。注重水库群的联合调度及生态调度，满足河段内自然保护区、景观、湿地、鱼类产卵场等敏感区域的需水要求。制定更加科学的生态环境用水量标准，为水资源管理、水环境管理提供科学依据。根据长江流域治理开发出现的新情况、新变化和新要求，在流域梯级建设中加强区域生态环境需水研究，确定合理的生态环境需水量，保护工程下游生态环境。

8）建立有效的生态补偿机制。以长江流域为单元，统筹协调流域内自然、社会各方用水诉求，针对长江流域上中下游经济发展程度与生态保护力度不对等、生态资产配置不合理等问题，探索长江大保护背景下的长江流域水资源综合管理模式，制定有利于流域共命运、共发展的宏观生态补偿政策。针对流域内不同区域的不同特征和具体问题，分区、分类、分层次建立对应有效的生态补偿机制，促进全流域生态环境的共建、共享。

9）持续开展多元化科学研究。长江复杂的生态系统和多种影响因子交织，受技术条件限制，人类对长江的认识还很有限，很多科学问题尚未解开，亟待开展多元化科学研究。例如长江有丰富的特有鱼类资源，然而，绝大部分种类的基础生物学和生态学信息仍不完整，导致无法准确评估其种群状态，也不利于人工繁殖等相关保护工作的开展；长江的生境完整性和水生生物的生存需求还未完全掌握；长江水环境中化学物质的来源、迁移、转化、降解的规律尚不清楚；长江流域微生物的作用有待进一步研究等。类似这些科学问题需要采用更先进的技术手段，多专业相结合，从宏观和微观层面开展深入研究，为制定针对性保护和修复对策提供依据。

6.2　长江大保护展望

随着经济社会的发展和人们对水环境水生态保护要求的提高，面对水资源短缺和水环境污染，人们对水的认识也发生了变化。水不再是取之不尽、用之不竭的上天恩赐之物，而是一种有限的资源。水不再是免费而没有价值的，而是发展经济的重要资源，可以带来巨大的经济效益。除了人对水的需求越来越高，人类活动对水的影响也越来越大，已逐渐超出了水环境、水生态的承载能力，其严重后果已成为社会广泛关注的焦点。保护长江，科学开发、利用长江，节约、保护、管理水资源，防治水害，实现水资源的可持续利用，不仅要满足当代人，也满足后代人对水的需求，使水资源、环境、经济和社会协调持续发展，是长江保护的努力目标。

长江大保护事关长江经济带发展的全局性、根本性和战略性问题。首要在环境保护，根本在科学发展，重点在有序发展，核心在高质量发展。还需从演进、特征和延展角度阐释长江大保护的基本内涵，从遵循原则、空间维度、顶层设计上去探索长江大保护的推进策略，从战略、理论、政策和实践上去构建长江大保护的总体路径，为推动长江实现生态大保护提供理论支撑。

把"共抓大保护、不搞大开发"作为长江大保护的基本准则，把生产空间、生活空间、生态空间"三生空间"作为推动大保护的重要载体，从全方位、全地域、全产业、全链条、全要素、全过程"六全"维度去构建生态大保护可持续机制。长江大保护须遵循以下原则：

一是以生态系统整体保护为基本理念。按照山水林田湖草系统保护的要求，全面统筹、上下衔接、区域联动，对各类生态系统实行统一保护和监管，增强生态保护的制度性和协调性，加快水生态、水环境和水资源的保护体系建设。

二是以确保国家生态安全为根本目标。严格实施生态空间管控，遵守生态保护红线，加强生态保护监督，构建生态安全格局，从而构筑起生态安全屏障。

三是以提升生物多样性保护为基本评价标准。保障和丰富生物多样性是维持自然界生态平衡的重要基础，有效、完整地落实生物多样性保护，是做好长江大保护的重要指标。

四是以加强统一生态监管为重要措施。建立一个全面、严格、及时、有效的监督体系是加强生态保护统一监管的重要基础。

长江大保护是山水林田湖草沙复合系统的保护，要充分认识形成绿色发展方式和生活方式的重要性、紧迫性、艰巨性，加快构建生态功能保障基线、环境质量安全底线、自然资源利用上线三大红线。因此，按照"山水林田湖草沙"系统治理思路，打通"水上和水下""岸上和岸下""河流和湖泊""陆地和河湖""坝上和坝下"中生态治理的"肠梗阻"，协调"上游和下游""干流和支流""左岸和右岸""保护区和开发区"间的关系，构建有效推进长江跨区域的综合协同治理体系。探索构建协同共商的生物多样性治理体系，覆盖到长江的动物、植物、微生物、土地、矿物、河流、阳光、大气、水分等天然物质要素，以及地面、地下等人工物质要素，有效地把长江大保护贯穿于长江共建、共治、共享的全过程。

（1）遵循生态系统整体性规律，科学划分保护红线。综合考虑流域的水文性、地理性和生态性，从生态系统整体性规律对流域进行一体化管理、规划、设计和实施基于自然水资源的综合治理和系统修复。长江流域生态系统保护关键在于水资源可再生能力的提高、水质的改善以及生物多样性的维护。水资源（特别是其可再生能力）与生态系统之间具有相互影响的科学辩证关系，一方面，水资源可再生能力在生态系统保育中，发挥着不可或缺的基础性作用，生物多样性与生态系统多功能性呈正相关关系；另一方面，生态系统也对水资源和生物多样性保护具有一定的反作用。长江流域开发、利用、保护和管理，需从生态系统的整体性和长江流域的系统性着眼，以水而定、量水而行，同时兼顾生物多样性保护，并据此设立保护红线。

（2）基于一体化流域管理，建立整体联动的流域管理体制机制。流域机构设置和流域统筹协调机制，是流域立法中最为关键或核心的制度，也是公认的共抓长江大保护的关键钥匙。借鉴国际和国内成功的一体化流域管理法治实践，赋予长江流域管理机构在流域治理体制机制中居于基础性、核心性和主导性的监管地位，明晰其服务性、协调性、平台性为主的性质，授权其拥有全流域性规划、决策、规则和标准的组织拟定权、实施监督权等基本权力。在长江流域自然保护地管理模式上，建立中央直管、央地共管与地方政府管理相结合，统一管理与分级管理相结合，主管机构与流域管理机构协同管理的综合性管理体制。对生态系统循环、生物多样性保护具有关键性影响的区域，由国家批准设立国家公园或国家级自然保护区，采取中央直管或央地共管模式，增加流域管理机构对管理的协同参与。对于省级政府批准设立的地方性自然保护区和自然公园，由地方政府进行直接管理，同时提高流域管理机构对管理的参与程度。尽可能避免长江流域的行政区域分割碎片化、部门管理条块化。

流域生态环境合作治理需要平衡区域间的利益，具体而言：第一，构建利益共享的流域环境利益补偿机制，按"谁受益，谁补偿"原则平衡区域利益；第二，建立流域整体环保问责机制，倒逼地方政府积极参与治理；第三，完善中央引导、流域管理机构协调、地方参与的横向沟通机制；第四，建立流域信息共享平台，必要信息强制披露，打破信息壁垒，实现共享互通。针对我国流域生态环境治理所面临的困境，在流域生态环境共治体系和治理能力现代化的基础上，提出流域生态环境合作治理模式，结合现有重点流域合作治理经验，从制度建设、治理职能、治理机制和配套措施等维度，构建流域生态环境合作治理的法治保障路径。构筑国土空间开发保护制度，加快构建，以用途管制为主要手段的长江经济带国土空间开发保护制度体系，推广新安江、赤水河流域生态补偿经验，支持生态受益地区与生态保护地区、流域上下游之间，通过资金补偿、产业转移、人才交流等多种方式，建立生态补偿与保护的长效机制。深化生态产品价值实现机制试点工作，积极运用碳汇交易、水权交易等方式，探索生态产品价值实现新路径。以一体化流域管理为基础，构建科学合理的统筹决策机制、管理执行机制、监督考核机制和社会协调机制。

（3）多元化系统保护治理。以水生态过程的有效实现保障流域社会经济可持续发展为理念，以流域水生生物保护、水生生境修复为抓手，以流域水生态系统结构和功能恢复为目标，着力开展流域水生态保护与修复工作，建设生态长江、健康长江。

开展流域水生态保护与修复顶层设计，突出流域综合管理的地位和作用。把握《中华人民共和国长江保护法》立法契机，从流域层面建立管理协调机制和考评指标体系，建立公示制度和奖惩机制。从长江经济带建设和流域综合管理需求出发，从管理体制、机构职责、基础工作等方面补齐水利行业生态短板，加快传统的水利建设管理向更加突出保护的综合管理转变。构建水生态红线框架体系。建立并完善水生态区划体系，研究提出流域主要河、湖水生态红线划定方法，从水生生物、栖息地、水文情势、水质等多个方面实现从结构到功能的全过程水生态保障。

加强先进技术的研发，推进数字化生态治理。推广云计算、大数据、物联网、人工智能在长江生态治理领域的运用，加快长江经济带生态环境治理数字化转型。建设天地一体化生态环境监测网络，对长江山水林田湖草沙等要素进行实时监测，实现全流域数字化、网络化、智能化治理。加强沿江各地区数据互联互通、信息共享，构建跨部门、跨层级、跨地区的数字化生态环境协同治理体系。加强对工业企业排放、农业面源污染、生活废水排放等监测分析，及时通过电子政务服务平台向社会公布重点污染源基本信息，以及污染源检测、总量控制、污染防治、排污费征收、环境监察执法、行政处罚及环境应急等信息。

辨析长江水资源、水环境、水生态"三水"的基本特征及内在关联，水资源偏重于水量特征，需要约束其利用上限，综合考虑生活、生产、生态的用水需求，使其与水资源承载能力相匹配；水环境偏重于水资源质量特征，需要明确其质量底线，使其与水环境功能相匹配，遏制水污染，使长江成为生活、生态的优质水源；水生态则是由两者共同支撑的功能体现，需要警示为保护红线，使其与生态系统质量和稳定性相匹配，使长江水生生物与人类和谐共存。上限不能逾越，底线不能突破，红线不能触碰，是实现长江大保护和高质量发展的必要条件。深刻理解长江面临的突出生态环境问题并寻求解决之策，妥善处理生态环境保护与经济发展、近期攻坚与长期保护的关系。对于尚未掌握的科学问题，应持谨慎、保守的态度，避免不可逆的生态平衡破坏，应让每一条河保留一条支流不开发，每一个特有物种的生态功能区保留一条自然流淌的河流，像赤水河干流那样，保留原有自然状态，但这还远远不够，还应选择一条赤水河典型支流，拆除水坝，恢复原有自然生态；在长江其他支流或小流域，也应选择典型二级、三级支流，恢复河流原有的自然生态，尽量保留一部分长江特有的自然生态系统，尽快研究长江特有物种的生活习性和保护办法，减小长江开发对长江生态的不可逆影响。在人类的共同努力下，通过流域系统性治理，实现生态系统整体性保护，全力打造美丽长江，实现长江连线呈绿、连片成景的生态祥和景象。

下篇　长江大保护标准

第 7 章

长江大保护水生态环境标准现状

长江经济带已经成为国家重要的区域发展战略，长江流域正式进入可持续发展的保护管理阶段。在生态优先的发展新阶段，现有技术标准能否给予长江大保护强有力的技术支撑，已成为广泛关注的问题。本章分析了长江大保护水生态环境标准现状，通过构建支撑度分析评价指标体系，开展现有标准支撑度综合分析评价。

7.1 长江大保护形势及重点

本节就生态文明建设新理念、长江经济带发展新要求和"十六字"治水思路进行梳理，探讨了新要求和新形势下长江大保护的工作重点。

7.1.1 长江大保护新形势

中华人民共和国成立以来特别是改革开放以来，长江流域综合开发利用取得了举世瞩目的成就，为我国经济社会发展和特色社会主义现代化建设作出了突出贡献。当前，中国特色社会主义进入新时代，长江大保护面临新形势、新任务和新要求。

7.1.1.1 生态文明建设新理念

党的十八大以来，党中央、国务院把生态文明建设和环境保护摆上更加重要的战略位置，为破解长江经济带长江大保护难题，促进整体性、系统性保护提供了有利契机。

2012 年 11 月，党的十八大从新的历史起点出发，做出"大力推进生态文明建设"的战略决策，坚持节约资源和保护环境的基本国策，坚持节约优先、保护优先、自然恢复为主的方针，着力推进绿色发展、循环发展、低碳发展，形成节约资源和保护环境的空间格局、产业结构、生产方式及生活方式，从源头上扭转生态环境恶化趋势，为人民创造良好生产生活环境，为全球生态安全做出贡献。

2013 年 11 月，十八届三中全会提出建设生态文明必须建立系统完整的生态文明制度体系，用制度保护生态环境。要健全自然资源资产产权制度和用途管制制度，划定生态保护红线，实行资源有偿使用制度和生态补偿制度，改革生态环境保护管理体制。

2015 年 4 月，国务院颁发的《中共中央国务院关于加快推进生态文明建设的意见》对水资源保护提出了更新、更高的要求，落实最严格水资源管理三条红线、建立江河湖泊生态水量保障机制、严格入河（湖）排污管理和饮用水源保护、推进水源地安全保障、加强重点流域水污染防治和良好湖泊生态环境保护、保护和修复自然生态系统等成为生态文明建设新形势下水资源保护的重点工作方向。2015 年 9 月中共中央、国务院印发《生态文明体制改革总体方案》，明确要求树立山水林田湖是一个生命共同体的理念，按照生态系统的整体性、系统性及其内在规律，统筹考虑陆地海洋以及流域上下游，进行整体保护、系统修复、综合治理。

2017 年 10 月，党的十九大报告强调必须树立和践行绿水青山就是金山银山的理念，坚持节约资源和保护环境的基本国策，像对待生命一样对待生态环境，统筹山水林田湖草沙系统治理，实行最严格的生态环境保护制度。

为保障"维护健康长江，促进人水和谐"的目标，必须坚决服从国家生态文明建设与生态文明体制改革的大局，准确把握经济规律、自然规律、生态规律，统筹水的全过程治理，有效保护水资源，维持水系的完整性和通畅性、水质的良好性、生态的多样性，保障经济社会可持续发展。

7.1.1.2　长江经济带发展新要求

2016 年 9 月，《长江经济带发展规划纲要》（以下简称《规划纲要》）正式印发。《规划纲要》明确提出，把保护和修复长江生态环境摆在首要位置，共抓大保护，不搞大开发。全面落实主体功能区规划，明确生态功能分区，划定生态保护红线、水资源开发利用红线和水功能区限制纳污红线，强化水质跨界断面考核，推动协同治理，严格保护一江清水，努力建成上中下游相协调、人与自然和谐的绿色生态廊道。长江经济带发展的战略要求就是生态优先、绿色发展，这是长江经济带战略区别于其他战略的最重要的要求。

2017 年，为落实《规划纲要》的要求，环境保护部、国家发展改革委、水利部联合印发了《长江经济带生态环境保护规划》（环规财〔2017〕88 号）（以下简称《规划》），《规划》是落实国家重大战略举措的迫切要求，是《规划纲要》在生态环境保护领域的具体安排。《规划》对长江大保护的目标和具体要求都做了明确规定，具体如下。

（1）建设和谐长江。建设和谐长江要求确定水资源利用上线，严格水资源总量指标和强度指标管理，使水资源得到有效保护和合理利用；要求以水定城以水定产，促进区域经济布局与结构优化调整。要求实施长江流域水库群联合调度，优化水资源配置，优先保障生活用水，切实保障基本生态用水需求，合理配置生产用水。统筹防洪、供水、灌溉、生态、航运、发电等调度需求。增加枯水期下泄流量，保障生活和生产用水的同时，使得生态流量得到有效保障，促进长江干流、鄱阳湖及洞庭湖生态系统平稳恢复，江湖关系趋于和谐。

（2）建设健康长江。建设健康长江要求贯彻"山水林田湖草是一个生命共同体"理念，坚持保护优先、自然恢复为主的原则。要求统筹水陆，统筹上中下游，识别水源涵养、生物多样性维护、水土保持、防风固沙等生态功能重要区域和生态环境敏感脆弱区域，划入生态保护红线并严守生态保护红线；要求系统开展森林、天然草林、河湖、湿地等重点区域生态保护和修复，并在水土流失严重的区域和富营养化湖泊等生态退化区开展生态修复；要求加强珍稀特有水生生物保护，使典型水生生物栖息地和物种得到全面的保护，防范外来有害生物入侵。

（3）建设清洁长江。建设清洁长江要求坚守环境质量底线，坚持点源、面源和流动源综合防治策略，持续推进流域水污染统防统治。要求实施质量底线管理，实现长江干流水质稳定保持在优良水平，饮用水水源达到Ⅲ类水质比例持续提升，重要江河湖泊水功能区水质达标率达到 84% 以上。要求强化河流源头保护，减少对河流源头自然生态系统的干扰和破坏，维持源头区自然生态环境现状，确保水质稳中趋好。要求加大饮用水水源保护力度，实施水源专项执法行动，加大集中式饮用水水源保护区内违章建设项目的清拆力度，严肃查处保护区内的违法行为。要求大力整治污染严重水体，采用控源截污、节水减排、内源治理、生态修复、垃圾清理、底泥疏浚等综合性措施，切实解决城市建成区黑臭水体问题。要求全面综合控制磷污染源，特别应加强岷江、沱江、乌江、清水江四大子流域和长江干流宜昌段的总磷污染控制。

（4）建设优美长江。建设优美长江要求以区域、城市群为重点，实施城市空气质量达标计划，推进大气污染联防联控和综合治理，改善城市空气质量。要求以农产品用地和城镇建成区为重点，加强土壤重金属污染源头控制，推进农用地土壤环境保护与安全利用，加强土壤污染防治。要求以加快完善农村环境基础设施为重点，严格控制农业面源污染，开展农村河渠塘坝综合整治，持续改善农村人居和农业生产环境。

（5）建设安全长江。建设安全长江要求坚持预防为主，严格环境风险源头防控，优化沿江产业布局，构建以企业为主体的环境风险防控体系。要求加强跨部门、跨区域、跨流域监管与应急协调联动机制建设，加强环境应急预案编制与备案管理，提升应急救援能力，实施有毒物质全过程管控，确保饮用水水源环境安全，有效应对重点领域重大环境风险。要求科学调度长江梯级水库，在保障防洪安全和供水安全的前提下尽量发挥水库的生态效益。

7.1.1.3 "十六字"治水思路

2014 年，习近平总书记在中央财经领导小组第五次会议上就保障水安全问题作了重要讲话，深刻分析了当前我国水安全新老问题交织，特别是水资源短缺、水生态损害、水环境污染等新问题的严峻形势，明确提出了"节水优先、空间均衡、系统治理、两手发力"的治水思路，赋予了新时期治水的新内涵、新要求、新任务。

节水优先要求坚持和落实节水优先方针。树立节约用水就是保护生态、保护水源就是保护家园的意识，从观念、意识、措施等各方面都要把节水放在优先位置。这就要求从根本上转变治水思路，把节水放在治水工作各环节的首要位置，按照"确有需要、生态安全、可以持续"的原则开展重大水利工程建设，并强化水资源取、用、耗、排的全过程监管。

空间均衡要求面对水安全的严峻形势，发展经济、推进工业化、城镇化，包括推进农业现代化，都必须树立人口经济与资源环境相均衡的原则。把水资源、水生态、水环境承载能力作为刚性约束，贯彻落实到改革发展各项工作中。要求既要从国家区域发展的大战略出发，在充分节水的前提下，开展必要的水资源开发利用和优化配置，满足经济社会发展的合理需求；更要"以水定需"，根据可开发利用的水量来确定合理的经济社会发展结构和规模，发挥水资源的刚性约束作用，倒逼发展规模、发展结构、发展布局优化。

系统治理要求坚持山水林田湖是一个生命共同体的系统思想。生态系统是一个有机生命躯体，是各种自然要素相互依存而实现循环的自然链条，水只是其中的一个要素。治水要统筹自然生态的各要素，不能就水论水，要用系统论的思想方法看问题，统筹治水和治山、治水和治林、治水和治田、治山和治林等。

两手发力要求充分发挥市场和政府的作用，发挥政府"看得见的手"的作用，要求政府通过制定计划、法规或采取命令、指示、规定等行政措施，对水这一公共产品的供给进行干预、调整和管理，以达到保持供需平衡、维护经济稳定的目的。发挥市场"看不见的手"的作用，也要求政府通过完善价格机制、供求机制和竞争机制，促进市场主体作出最理性的选择，实现水资源配置效率的最大化。

7.1.2　长江大保护治水工作重点

长江经济带发展战略是我国治水治江历史上的重大转变，是适应生态文明建设的重要举措，具有跨时代的意义。长江大保护新形势下，针对长江大保护现状与问题，长江大保护治水工作主要包括以下几个方面。

7.1.2.1　水文工作

长江经济带"共抓大保护"已经上升为国家战略，水文作为水量水质监测的技术支撑部门，提供长江大保护重要的基础保障工作，可以为防洪、水资源管理、水生态环境保护、河长制等多方面提供数据支撑服务。长江流域水文工作主要包括水文水资源监测、水文预报、水文分析计算、水文站网建设和水文信息化工作等。

经过多年的发展，长江流域监测站网已逐渐完善，依托 8 个勘测局和 23 个分局，设立了水文站点 347 个、水质站点 763 个，水雨情报汛站点达到 30000 处，其中河道水情站1600 处，水库水情站 800 处，在长江中下游布设河道观测断面 4000 余个，初步建成布局合理、功能完备的站网体系。目前，水文已实现全要素监测，水质认证参数拓展至 129项，河道勘测实现长江干流全覆盖，并向重要支流推进。近年来，在传统水文工作的基础上，还运用信息化技术推动了"互联网＋水文监测"现代化监测体系的构建，水位、雨量、水温、蒸发等观测项目全部实现自动采集、存贮、传输。流量、泥沙测验实现了半自动或全自动测流。

水文是各项水利工作的基础，其在长江经济带"共抓大保护"中的作用显而易见，且大有作为。在新形势下，为实现控制洪水到向洪水管理和单一抗旱到全面抗旱两个转变，解决洪旱灾害问题，对水文监测预警能力提出了新要求。水资源保护则关系到水资源的可持续发展，解决水资源短缺问题要求做好水文水资源监测、分析和预报工作。水环境保护将提升用水质量并改善城市水环境，解决水环境污染需要水文提供详细的监测数据。水生态保护关系着长江的健康可持续发展，开展水生态保护和修复也需要水文提供详细的监测数据。此外，随着信息技术的发展，水文监测手段由初期人工观测，到当前综合应用接触式与非接触式自动化测量，并正在向天基、空基和陆基一体化监测方向发展，水文信息采集、传输、处理的自动化和智能化水平是满足长江大保护智慧水利建设需求的重要途径，关系到智慧水利建设目标能否实现，也是长江大保护中水文的重点工作之一。

7.1.2.2　水资源保护

在新时代下，长江经济带发展和长江大保护，也对长江水资源开发保护提出了新的更高的要求，需从以下几个方面加强工作。

（1）水资源总量和消耗强度双指标控制管理。长江流域水资源利用效率不高，水资源利用方式较为粗放，废污水排放量巨大，水质型缺水成为水资源短缺的新特点。2018 年，长江流域万元工业增加值用水量为全国平均水平的 1.5 倍，灌溉亩均用水量高出全国平均水平的 10％以上，与全国节水先进地区相比，节水管理与节水技术还比较落后。为实现用水和谐，长江经济带发展战略明确提出采用水资源总量和消耗强度双指标控制管理，推行以水定城以水定产，使水资源得到有效保护和合理利用。

通过严控用水总量，将水资源作为长江经济带经济布局、产业发展、结构调整的约束性、控制性和先导性指标，实现以水定城、以水定地、以水定人、以水定产，确保水资源开发利用控制在承载能力范围内。通过严控用水强度，把节约用水贯穿于长江经济带发展和长江大保护全过程，持续提升用水强度标准，实现流域水资源永续、高效利用。通过持续不断地落实双控行动，可实现用水方式和经济发展方式的双重转变，更好地推动长江经济带形成有利于可持续发展的经济结构、生产方式、消费模式，为长江经济带持续发展提供水安全保障。

（2）优化水资源配置。长江经济带发展战略要求实施长江流域水库群联合调度，优化水资源配置，优先保障生活用水，合理配置生产用水，切实保障基本生态用水需求，恢复良好的水生态环境条件。特别需要协调好上下游、干支流关系，深化河湖水系连通运行管理和优化调度，增加枯水期下泄流量，保障生活和生产用水的同时，促进长江干支流、鄱阳湖及洞庭湖生态系统平稳恢复。统筹防洪、供水、灌溉、生态、航运、发电等调度需求，优化水库群蓄泄过程，充分发挥三峡、溪洛渡、向家坝、瀑布沟、二滩、构皮滩、亭子口等大型水电设施的防洪、供水和生态综合效益。

（3）统筹流域水资源开发。长江经济带发展战略要求转变传统的水资源开发模式，统筹全流域水资源开发。重庆、贵州、云南等省市水利基础设施建设要与生态环境保护相协调，落实生态环境保护措施；在用水紧张的长江上中游地区继续建设中小型蓄水水库，稳步推进滇中引水、引江济淮、鄂北水资源配置等大型骨干跨流域水资源配置工程建设，解决部分地区工程型缺水问题。加强城乡饮水工程建设，提高城市供水保障能力，实现农村饮水巩固提升。加强污水深度处理，加大再生水开发利用力度，促进解决长江口、平原河网等局部地区缺水问题。

（4）探索生态补偿。在整个长江流域中，上游地区所承担的水资源保护义务往往多于下游地区，所受到的发展限制也更多。为平衡好保护与发展的关系，在《长江经济带水资源保护带、生态隔离带建设规划》中明确提出建立长江经济带生态补偿机制，推动建立上下游水资源水生态保护补偿与损害赔偿的双向责任机制，界定好上下游的水资源保护责任和义务。

（5）地下水资源保护。地下水资源作为流域水资源的重要组成部分，长江流域地下水开发利用虽总量不大，但沿岸各省份开发利用程度不均，部分地区由于水质性缺水而开采地下水造成超采。长江流域平原区地下水超采区总面积为 4137km²，浅层地下水超采区面积占 44.5％，超采量 4149 万 m³，浅层地下水超采约占 59％，长江三角洲苏锡常漏斗地下水埋深大于 40m 的范围已达 1124km²。长江经济带战略发展要求严格地下水管理和保护，核定地下水禁采和限采范围，并逐步削减超采量，实现地下水采补平衡。

7.1.2.3　水环境保护

水环境保护是水生态修复的前提和基础，也是长江大保护的重要任务之一。针对长江流域水环境状况，需要重点开展以下工作。

（1）流域干流水质保护。近年来，随着长江大保护的实施，流域干流水质开始好转，2018 年全年期评价Ⅲ类及以上河长占比 95.7%。但是因城市段沿江企业布局，排污总量大，干流水质保护依然任务艰巨。长江大保护要求针对长江干流上海、南京、武汉、重庆和攀枝花等重点城市开展干流水质保护工作。

（2）流域支流水质保护。流域干流水质相对好转，但府河、釜溪河、琧河、京山河、南淝河、派河、螳螂川等长江支流有机污染严重，湖南湘江、郴州武水河等重金属污染突出，支流水质保护任务更为艰巨。为建设清洁长江，需采取控源截污、节水减排、内源治理、生态修复、垃圾清理、底泥疏浚等综合性措施，切实解决流域支流水污染问题。基本上实现河面无大面积漂浮物，河岸无垃圾，无违法排污口，逐步改善流域支流水质，特别是需要加强重点支流汉江、湘江、嘉陵江、沱江和岷江的水质保护工作。

（3）流域湖库水质保护。《2018 年长江流域及西南诸河水资源公报》结果显示，2018 年长江流域 61 个湖泊有中营养湖泊 13.1%，富营养湖泊 86.9%，湖泊富营养化问题严重，巢湖、太湖等湖库富营养化趋势明显，水源地水质安全保障不足，需重点开展保护工作。特别是对长江之肾洞庭湖和鄱阳湖需加大生态修复和环境保护力度，加强相关江湖关系研究，提出切实可行的促进江湖水体交换的措施。加大对巢湖、滇池的内源污染治理力度，控制周边的面源污染源，通过对入湖河道开展污染负荷消减、水生生态修复，提高湖泊水生态质量。

（4）流域饮用水源地保护。长江是中国水资源配置的战略水源地，流域饮用水源地保护是长江大保护的重点工作之一。长江大保护要求实施水源专项执法行动，加大集中式饮用水水源保护区内违章建设项目的清拆力度，严肃查处保护区内的违法行为。排查和取缔饮用水水源保护区内的排污口以及影响水源保护的码头，实施水源地及周边区域环境综合整治。定期调查评估集中式地下水型饮用水水源补给区环境状况，开展地下水污染场地修复试点。

（5）流域水功能区管理。流域水功能区管理是建设清洁长江的重要手段，部分区段任务还相对艰巨。2016 年，长江流域现状水质达标率高的省区主要集中在青海、甘肃、广西、江西、上海和湖南等地，全指标与双指标达标率均高于 80.0%，而江苏、云南和河南等地水质相对较差。长江大保护要求根据不同水域的功能定位，实行分类保护和管理，加大水功能区限制纳污制度和水功能区开发强度限制制度实施力度，加强水功能区限制纳污红线管理，严格控制对水功能区水量水质产生重大影响的开发行为，保障水功能区水质达标和水生态安全，维护水域功能和生态服务功能。

（6）流域入河排污控制。根据长江入河排污口核查行动成果初步统计，流域内规模以上入河排污口 6000 余个。流域废污水排放量逐年增加，2018 年，流域内工业建筑业和城镇生活及第三产业废污水排放量为 344 亿 t，占全国的 40% 以上，长江干支流沿江城市江段不同程度受到污染。入河排污控制是水环境污染治理的重要手段，也是建设清洁长江的重要任务。

通过核发排污许可证，合理确定排污单位污染物排放种类、浓度、许可排放量等要求。对汇入富营养化湖库的河流和沿海地级及以上城市实施总氮排放总量控制。严格落实十大重点行业新建、改建、扩建项目主要水污染物排放等量或减量置换要求。加快布局分散的企业向工业园区集中，有序推动工业园区水污染集中治理工作。控制船舶港口污染，提高含油污水、化学品洗舱水等船舶污染物接收处置能力，在重点港口建设船舶污染物接收设施，实现集中处理、达标排放。

7.1.2.4 水生态保护

随着经济社会高速发展，长江流域水生态问题凸显，《长江经济带发展规划纲要》要求把长江水生态环境保护和修复放在压倒性的位置。针对流域水生态突出问题，实施水生态保护主要从以下几方面入手。

（1）流域生物多样性保护。近年来，长江流域生物多样性下降明显，流域水生态系统健康亟需修复，为此需开展针对性的生物多样性保护工作。除了常规的特有物种保护和栖息地生态修复，还需要在流域干流、重要支流和附属水体，调查鱼类、水生哺乳动物、底栖动物、水生植物、浮游生物等物种的组成、分布和种群数量，对水生生物受威胁状况进行全面评估，明确亟需保护的生态系统、物种和重要区域。建立水生生物多样性观测网络，掌握重要水生生物动态变化情况。开发水生生物多样性预测预警模型，建立流域水生生态系统预警技术体系和应急响应机制，并定期发布流域水生生物多样性观测公报。

（2）流域的特有物种保护。随着激流生境破碎化，长江上游特有鱼类的种群数量下降明显，受威胁的鱼类数已占鱼类总数的 27.6％；白暨豚（白鳍豚）、白鲟、鲥鱼已功能性灭绝，长江江豚、中华鲟成为极危物种，2013 年、2015 年和 2017 年未监测到中华鲟自然繁殖行为。针对流域特有物种生物资源量下降甚至濒危的情况，长江大保护需要加强流域特有物种的保护，开展珍稀特有水生生物的就地保护和迁地保护。新建一批水生动物自然保护区和水产种质资源保护区，建设中华鲟、江豚以及其他珍稀特有水生生物保护中心，实现珍稀特有物种人工群体资源的整合，扩大现有人工群体的规模。提升放流个体的野外生存能力，加强人工增殖放流的效果。通过中华鲟半自然驯养基地、海水网箱养殖平台等迁地保护基地的建设，完成中华鲟"陆—海—陆"生活史的养殖模式。

（3）流域栖息地（含湿地）生态修复。随着上游梯级电站开发，中下游江湖物种交流阻隔严重，生物栖息地受到破坏，鱼类产卵场、索饵场、越冬场和洄游通道等生境条件难以得到保障。长江大保护需要重点加强长江干流和支流珍稀濒危及特有鱼类资源产卵场、索饵场、越冬场、洄游通道等重要生境的保护，通过实施水生生物洄游通道恢复、微生境修复等措施，修复珍稀、濒危、特有等重要水生生物栖息地。加大长江干支流河漫滩、洲滩、湖泊、库湾、岸线、河口滩涂、湿地等生物多样性保护与恢复。通过退耕（牧）还湿、河岸带水生态保护与修复、湿地植被恢复、有害生物防控等措施，实施湿地综合治理，提高湿地生态功能，逐步恢复湿地生态系统。

（4）流域生态用水保证。针对梯级电站引起的中下游水文形势变化和生态流量受损的问题，长江大保护需要加强对流域生态用水的保证，通过水库群的综合调度，保障长江干流、主要支流和重要湖泊生态用水需求，逐步改善中下游江湖关系，促进河湖水生态系统的恢复。

（5）流域水域及岸线保护。长江大保护要求严格管控岸线开发利用，实施《长江岸线保护和开发利用总体规划》，统筹规划长江岸线资源，严格分区管理与用途管制。加大保护区和保留区岸线保护力度，有效保护自然岸线生态环境。提升开发利用区岸线使用效率，合理安排沿江工业和港口岸线、过江通道岸线、取排水口岸线。建立健全长江岸线保护和开发利用协调机制，统筹岸线与后方土地的使用和管理。严格管控破坏珍稀、濒危、特有物种栖息地，超标排放污染物，开（围）垦、填埋、排干湿地等对水环境和水生生物造成重大影响的活动。

（6）流域河湖生态修复。受河道渠道化、江湖阻隔和梯级水库的多重影响，长江流域河湖水生态系统受损严重，水体自我净化功能基本丧失。在长江大保护新形势下，需要加强流域河湖生态修复工作。开展长江经济带河湖生态调查和健康评估工作，严禁围垦湖泊，继续实施退田还湖还湿，采取水量调度、湖滨带生态修复、生态补水、河湖水系连通、重要生境修复等措施，修复河湖生态系统。特别需要加强洞庭湖、鄱阳湖、三峡水库等重点湖库生态安全体系建设。

7.1.2.5　水土保持

水土保持关系到流域水源涵养和生态健康，是建设健康长江的重要手段。目前，在长江流域水土保持工作已取得了相当可观的成效，但在新形势要求下，还需要加强以下工作的开展。

（1）加强流域天然林和草原的保护。长江大保护需深入贯彻"山水林田湖是一个生命共同体"理念，要求在长江流域整体推进森林生态系统和草原生态系统的保护，巩固已有退耕还林还草成果。继续实施天然林资源保护二期工程，全面停止天然林商业性采伐。在湖北、重庆、四川、贵州、云南等 5 省（直辖市）市开展公益林建设。加强川西北草原保护和合理利用，推进草原禁牧休牧轮牧，实现草畜平衡，促进草原休养生息。继续实施围栏封育、补播改良等退牧还草措施，加强"三化"草原治理，强化草原火灾、生物灾害和寒潮冰雪灾害防控。

（2）加强流域水土保持监测。目前，流域内初步建成了由 1 个流域水土保持监测中心站、15 个省级水土保持监测总站、54 个地市级水土保持监测分站和 227 个水土保持监测点组成的流域水土保持监测网络，开展流域水土流失重点防治区的水土流失动态监测工作，并定期发布流域水土保持公报。

但是，监测网络在运行中存在专业技术人才缺乏、监测网络体系运行经费得不到保障等问题。在长江大保护新形势下，应进一步完善长江流域水土保持监测体系，充实流域重点支流和重点区域水土保持监测站点建设，更新和升级监测站点的设施和仪器设备，提升监测工作技术水平。同时，把长江流域和长江经济带水土保持监测网络系统纳入国家自然生态监管体系，形成完整的长江流域水土保持与生态建设监测体系，确保规范、标准、配套的监测数据的获取，服务科学研究和政府监管。

（3）加强流域水土保持信息化。水土保持监测与信息化既是水土保持重要的基础工作，也是适应新形势要求加强行业管理，提升管理能力与水平，推进长江大保护和水土保持改革发展的重要任务。长江大保护要求加快补齐水土保持监测与信息化工作的短板，扎实推进水土流失防治工作，为把长江经济带率先建成我国生态文明建设示范带提供水土保持基础支撑。

（4）加强流域水土流失综合治理。《长江经济带生态环境保护规划》明确提出建设沿江、沿河、环湖水资源保护带和生态隔离带,增强水源涵养和水土保持能力。加强云南、贵州、四川、重庆、湖北等省市中上游地区的坡耕地水土流失治理。以金沙江中下游、嘉陵江上游、乌江流域、三峡库区、丹江口库区、洞庭湖、鄱阳湖等区域为重点,实施小流域综合治理和崩岗治理,加快推进丹江口、三峡库区等重要水源保护区生态清洁小流域建设。对长江中上游岩溶地区石漠化集中连片分区实施重点治理,兼顾区域农业生产、草食畜牧业发展及精准脱贫,全面加强林草植被保护与建设。

7.1.2.6　水旱灾害防御

随着长江经济带发展战略的深入推进,沿江城镇化格局不断优化,长江流域的城市化率将不断提高,人口数量和社会财富显著增加使得水旱灾害风险加大,对流域水旱灾害防御提出了更高的要求,需要做好以下几方面的工作。

(1) 流域洪水防御。洪水防御历年来都是长江流域管理工作的重点,也是长江大保护的工作重点之一,可为长江经济带的高速发展降低风险。目前,流域防洪体系建设仍存在薄弱环节,长江流域主要支流和重要湖泊防洪能力亟待提高;蓄滞洪区建设滞后,部分蓄滞洪区围堤仍未达标,安全建设进展缓慢;中小河流防洪标准低,山洪灾害点多面广频繁发生;沿江(河)城市和重点区域排涝能力较低,城市防洪问题突出,山洪灾害严重为此,需继续全面加强防洪减灾体系建设,加强防洪预警平台建设,全面提升抗御洪涝灾害能力。

(2) 流域旱情减灾。因流域水资源时空分布不均匀,旱情时有发生,旱情减灾也是长江大保护的重点工作之一。长江大保护要求继续加强抗旱基础设施建设,加快大中型灌区续建配套和节水改造建设,推进农田水利项目建设,搞好灌溉工程水毁工程修复,提高农业抗旱能力。对于抗旱中暴露出的水源不足问题,继续实施《全国抗旱规划》,加强蓄引提调工程建设,从根本上提升易旱地区抗旱供水保障能力。围绕抗旱工作的实际需求,修订完善江河湖库旱警水位(流量)确定办法,为水文干旱预警、抗旱应急响应的启动以及抗旱调度决策提供重要依据。加快推进全国旱情监测预警综合平台,尽快建成一套服务于国家、省、地、县 4 级一体化全覆盖的旱情监测预警综合平台,实时监测和研判旱情形势。

(3) 流域应急防灾。流域应急防灾可以更好地满足长江流域防汛抗旱工作的需要,长江大保护要求切实做好预防和应急处置长江流域突发性江河洪水、渍涝灾害、山洪灾害、台风暴潮灾害、干旱灾害、供水危机以及由洪水、风暴潮、地震、恐怖活动等引发的水库垮坝、堤防决口、水闸倒塌、供水水质被侵害等次生或衍生灾害,使灾害处于可控状态,保证防汛抢险、抗旱及救灾工作高效有序进行,最大限度地减少人员伤亡和财产损失,支撑长江经济带全面、协调、可持续发展。

(4) 流域防洪整治。因上游水文形势变化,部分河段河势变化较大,特别是长江中下游河道局部河势调整加剧,长江河口河道河势变化复杂,长江中下游崩岸时有发生,崩岸整治和河道系统治理是抵御洪水的重要手段。长江大保护要求全面加固中下游干流河道已有护岸工程,应对上游来沙大幅减小可能导致的河势变化。加强长江中下游重点河段及重要险工段的巡查、监测及研究,加密对长江中下游老险工险段、迎流顶冲等崩岸易发河段的水下地形观测,开展岸坡稳定评价研究。治理已出现的和可能出现的新崩岸险情,维护河势和岸坡稳定，保证堤防安全。积极推动建立长江崩岸应急抢护长效机制、长江中下游河道观测和崩岸监测预警长效机制，推动长江中下游干流河道系统治理。

（5）流域防洪调度。上游梯级水库群联合调度以来，防洪调度作为洪水防御的有效手段得以重视，长江大保护要求不断优化水工程综合调度方式，推进水工程联合调度探索实践，全力保障流域防洪安全。汛前积极做好联合消落调度，指导水库群有序消落，确保汛前腾空库容；汛期全力做好联合防洪调度，优化以三峡为核心的流域水库群联合防洪调度方式，深化各支流梯级水库对本河段防洪调度方式，完善其他干支流控制性水库配合三峡水库对长江中下游防洪调度方式，充分发挥其防洪减灾作用，保障流域防洪安全。

7.2　现行标准支撑度分析

在长江大保护和长江经济带发展战略实施过程中，标准的支撑作用至关重要，是一切工作的重要抓手。本章采用基于层次分析法的综合评价方法对其支撑度进行综合分析，为长江大保护标准体系研究提供参考依据。

7.2.1　长江大保护标准现状

目前，在国家层面上，目前只发布了1个流域相关标准，为《江河流域面雨量等级》（GB/T 20486—2017），属于国家推荐性标准，且不涉及长江大保护。在现行的水利技术标准体系标准中，仅有5个流域相关标准，主要涉及流域规划编制、小流域划分、小流域建设技术、流域规划环境评价和流域规划后评价，均为水利行业标准，部分涉及流域保护，但没有针对长江流域的系统性保护标准。为满足各部门的工作需求，其他相关部门也发布有流域相关标准，其中与长江流域相关的标准主要是国家林业局发布的《长江珠江流域防护林体系工程建设技术规程》（LY/T 1760—2008）、国家能源局发布的《流域梯级水电站集中控制规程》（DL/T 1313—2013）和原农业部发布的《长江流域棉花轻简化栽培技术规程》（NY/T 2633—2014）和《长江流域薯区甘薯生产技术规程》（NY/T 3086—2017）等相关标准，这些标准或规程均为某一专业方向的标准。

为适应不同流域的管理需求，部分省市在国家标准和行业标准的基础上探索制定了一些流域标准，属于长江经济带的仅有5个省，分别为江苏省、安徽省、湖北省、四川省和云南省。地方流域标准大体可以分为污染排放类、作物栽培技术类、流域设计及施工技术、水土流失治理和流域高原湖泊畜禽粪便综合利用等五个方面，其中以污染排放类标准居多。其中，安徽省和江苏省分别为巢湖流域和太湖流域发布了行业水污染排放标准，湖北省和四川省分别为汉江、岷江和沱江发布了综合性水污染排放标准，不涉及行业水污染排放。

综上，从国家层面、行业层面和地方层面上针对长江流域独特的水文条件和保护现状制定的长江大保护标准较少，且多为支流或小流域的水污染排放标准。

7.2.2　现行标准支撑状况

目前，长江大保护主要采用现行统一标准进行监督管理，针对长江大保护的工作重点，现行标准的支撑作用分析如下。

7.2.2.1　对水文工作的支撑

我国水文标准化工作始于 20 世纪 50 年代，早期主要以学习苏联的经验为主，逐渐制定和修订了一批水文技术标准。自改革开放以来，水文标准化工作进入了比较快速发展的时期，特别是 20 世纪 90 年代中期以后，中国特色社会主义建设进入高潮、国民经济和工农业生产的快速发展、人们的需求和生活水平不断提高的同时，我国的水文标准化工作也进入了全面高速发展的大好时期。21 世纪以来，我国在推进水文标准化方面做了大量建设性工作，在促进水文事业的有序、快速、健康发展进程中发挥了重要和巨大的作用。

目前，现行有效的水利标准中，设置了独立的水文专业门类，水文相关标准约 157 个，占水利技术标准的 18%，主要涉及水文站网、水文仪器及设备、水文监测、水文情报与预报、水环境监测与评价、水资源监测与评价、水文综合管理、水利信息化等一系列技术及管理标准和规范。在水文相关标准中，水利国家标准 39 项，水利行业标准 118 项，其中水利国家标准主要包括水文仪器及设备和监测预测相关，水利行业标准则以水环境监测与评价、水资源监测与评价、水文监测和水文信息化为主，已基本形成一套能够满足我国水利事业协调发展和长江大保护需要的水文标准化体系。

在长江大保护过程中，主要用到的水文标准均为水利部标准，其中水文监测、水文预报、水文站网建设和水文分析四个方面的标准相对比较全面完整，能够比较好地支撑到长江大保护中的相关水文工作。随着长江大保护智慧水利的开展，对水文信息化的工作提出了更高的要求，水文信息化相关的标准还不够全面系统，支撑作用稍弱于其他四个方面，还有待进一步发展。

7.2.2.2　对水资源保护的支撑

水资源标准化工作始于 20 世纪 80 年代，多年来我国水资源中心工作主要集中在以人类经济活动为中心的水资源开发、利用。水资源领域技术标准也主要集中在水资源数量与质量监测、水资源开发利用的工程技术规定等领域。截至 2019 年底，现行有效的水利标准体系中，设置了独立的水资源专业门类，水资源相关标准约 52 个，其中水利国家推荐标准 12 个，占比为 23%，涵盖了水资源规划、水功能区划分、水资源论证、用水定额编制、节水型社会评价、水资源公报编制、水域纳污计算和地下水超采区评价等方面。水利行业标准则对不同类型项目的水资源论证、城镇再生水利用规划、水资源水量监测、区域供水规划、城镇供水水源规划、入河排污口管理、水能资源调查、用水指标评价、水资源保护规划、地下水资源勘查、水资源监控管理系统建设和地表水资源质量等方面进行了说明。

在新形势下，长江大保护需加强水资源总量和消耗强度双指标控制管理、优化水资源配置、统筹流域水资源开发、探索生态补偿和地下水资源保护。在长江水资源保护工作中，主要用到的水资源相关标准均为水利部标准，在传统水资源领域包括水资源开发利用和水资源监测等方面支撑相对较好，但是双标控制管理、水资源配置、生态补偿和地下水保护方面支撑相对较弱，特别是生态补偿相关标准基本处于一个缺失状态，无法对长江流域的水资源生态补偿提供支撑，进而影响长江经济带水资源保护总体目标的实现。

7.2.2.3　对水生态环境保护的支撑

水生态环境保护和修复是长江大保护工作的核心目标。我国的水环境标准化工作始于20世纪70年代，是与水环境保护事业同步发展起来的，多年来以水环境质量标准、水污染排放标准和水环境卫生标准为核心，配套有水环境监测分析方法标准、水环境标准样品标准和水环境基础标准，形成了"六类三级"的水环境标准体系。目前，国家现行水环境标准约1353个（地方标准暂未统计），其中水环境质量标准约36个，水污染物排放标准66个，水环境卫生标准50个，水环境基础标准430个，水监测分析方法标准721个，水环境标准样品标准50个。

目前，水利部现行技术标准体系中没有设置专门的水生态环境门类，共发布了98个水生态环境相关的标准，包括水环境质量标准2个，水监测分析方法标准56个，水环境基础标准40个。但是，因与现行国家标准存在较多交叉重合，部分又长年没有更新，甚至出现引用标准失效的情况，在长江大保护实际工作中，多采用国家水环境标准或其他行业水环境标准，较少采用水利部水生态环境相关标准。但是，由于长江流域水文条件、水利工程建设、水生态环境、自然条件和经济发展等方面的特殊性，加上多年来流域开发利用引起的上游梯级化、大规模取水、大量污水外排等，采用统一标准管理并不能很好地反映流域实际情况，污染控制效率有待提高，尤其是对支流和水库湖泊的水质保护支撑相对较弱。另外，由于国家现行标准中水生态标准相对缺失，尚难以对长江大保护中水生态修复工作提供支撑。

7.2.2.4　对水土保持的支撑

水土保持是一项综合性很强的工作，水土保持的国家标准和行业标准的制定与管理归口既有水利行业又有林业及其他行业，国家标准统一由建设部和国家质量监督检验检疫总局联合发布，行业标准由行业主管部门发布。

目前，现行水利行业标准体系中设置了水土保持专业门类，共发布了水土保持相关标准48个，其中国家标准16个，行业标准共32个，内容涵盖了分级、水土保持规划、水土保持信息化、水土保持监测、水土保持技术、水土保持工程设计、监理、验收、运行等多方面的内容，完整性相对较高，但在小型库坝、拦挡、林草工程单项技术标准及设计、调查与勘测、生态工程施工规范、工程质量监测技术和工程特用材料等方面仍缺少标准，支撑度稍显不足。

7.2.2.5　对防汛抗旱的支撑

目前，防汛抗旱均采用水利部发布的相关标准。现行水利行业标准体系中设置了防汛抗旱专业门类，共发布40条相关标准，其中水利国家推荐标准6个，包括旱情等级划分、防洪标准、防洪工程设计、蓄滞洪区设计、河道整治设计和水库调度设计六个方面；其余均为水利行业标准，为防洪治理工程设计、灾害风险评价、灾害监测评估技术、防洪预警设备、预案编制、采砂规划、凌汛计算、洪水调度和灾害调查与评价技术等方面提供了参考依据。

在新形势要求下，特别是上游梯级水库群联合调度以来，防洪调度越发成为防汛抗旱的重要手段，现有防汛抗旱相关标准多侧重于传统的灾害防御手段，对流域洪水防御、流域旱情减灾、流域应急防灾和流域防洪整治几个方面的支撑相对较好；而联合调度尚需要制定针对性标准，以对长江流域联合调度发挥更好的支撑作用。

7.2.3 支撑度模糊综合评价

现行标准的支撑度属于一个模糊数学问题，具有"内涵明确，外延不明确"的特点。人们对支撑度的评价不是简单的好与不好，而是采用模糊语言分为不同程度的评语。由于评价等级之间没有绝对明确的界限，具有模糊性。考虑到支撑度的不确定性、波动性和模糊性，采用层次分析法与模糊综合评价方法相结合对现行标准支撑度开展综合评价。

7.2.3.1 分析评价方法

评价过程中，先利用层次分析法确定各指标体系的权重，再将对不同方面支撑度的评价建立为评价集，计算得到支撑度各等级模糊子集的隶属度，最后根据各指标的隶属度，计算每个评价对象的综合分值，按大小排序，按序择优。用 AHP - FUZZY 进行现行标准支撑度综合评价，可使评价结果更具可靠性。图 7.1 为基于层次分析法的模糊综合评价流程。

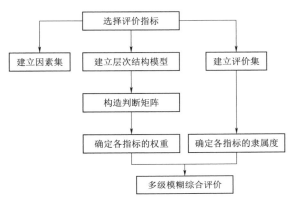

图 7.1 基于层次分析法的模糊综合评价流程图

7.2.3.2 指标体系构建

根据长江流域现状及长江大保护工作重点，选取现行标准对长江大保护重点工作的支撑度作为代表性指标进行评价，构建了现行标准支撑度分析评价指标体系，具体指标体系见表 7.1。

表 7.1　　　现行标准对长江大保护的支撑度分析评价指标体系表

目标层（O）	代码	准则层（U）	代码	指　标　层（u）	代码	作用方向
现行标准对长江大保护的支撑度	O_1	对水文工作的支撑	U_1	对流域水文监测的支撑	u_1	正
				对流域水文预报的支撑	u_2	正
				对流域水文分析的支撑	u_3	正
				对流域水文站网建设的支撑	u_4	正
				对流域水文信息化的支撑	u_5	正
		对水资源保护的支撑	U_2	对流域用水总量控制的支撑	u_6	正
				对流域水资源消耗强度控制的支撑	u_7	正
				对流域水资源配置的支撑	u_8	正
				对流域水资源开发的支撑	u_9	正
				对流域水资源生态补偿的支撑	u_{10}	正
				对流域地下水资源保护的支撑	u_{11}	正
		对水土保持的支撑	U_3	对流域天然林保护的支撑	u_{12}	正
				对流域天然草原资源保护的支撑	u_{13}	正

续表

目标层（O）	代码	准则层（U）	代码	指　标　层（u）	代码	作用方向
现行标准对长江大保护的支撑度	O_1	对水土保持的支撑	U_3	对流域水土保持监测的支撑	u_{14}	正
				对流域水土保持信息化的支撑	u_{15}	正
				对流域水土流失综合治理的支撑	u_{16}	正
		对水环境保护的支撑	U_4	对流域干流水质保护的支撑	u_{17}	正
				对流域支流水质保护的支撑	u_{18}	正
				对流域湖库水质保护的支撑	u_{19}	正
				对流域饮用水源地保护的支撑	u_{20}	正
				对流域水功能区管理的支撑	u_{21}	正
				对流域水污染控制的支撑	u_{22}	正
		对水生态保护的支撑	U_5	对流域生物多样性保护的支撑	u_{23}	正
				对流域的特有物种保护的支撑	u_{24}	正
				对流域栖息地（含湿地）生态修复的支撑	u_{25}	正
				对流域生态用水保证的支撑	u_{26}	正
				对流域水域及岸线保护的支撑	u_{27}	正
				对流域河湖生态修复的支撑	u_{28}	正
		对防汛抗旱的支撑	U_6	对流域洪水防御的支撑	u_{29}	正
				对流域旱情减灾的支撑	u_{30}	正
				对流域应急防灾的支撑	u_{31}	正
				对流域防洪整治的支撑	u_{32}	正
				对流域防洪调度的支撑	u_{33}	正

7.2.3.3　指标赋权

根据层次分析法对现行标准支撑度分析评价指标体系进行赋权计算。层次分析法（Analytic Hierarchy Process，简称 AHP）是由美国运筹学家 T. L. Saaty 在 20 世纪 70 年代提出的一种多方案或多目标决策的方法。

在应用 AHP 分析决策问题时，考虑到评价因素彼此的关系，最终将决策目标、考虑的因素（决策准则）和评价对象构造出 3 个层次的结构图，按它们之间的相互关系分为目标层、准则层和指标层。层次结构模型中的各层元素之间既相互联系又相互制约。

在递阶层次结构构建的基础上，对因子进行两两比较建立判断矩阵。Saaty 将数字 1～9 及其倒数作为标度。先对准则层中的元素进行比较，并用 1～9 标度法构造判断矩阵。每个准则层中元素对应的指标层中的元素也按同样的方法构造判断矩阵。最后计算权重并进行一致性检验。

根据层次分析标度法，分别对支撑度分析评价指标体系的准则层和指标层构建判断矩阵，并运用 MATLAB 计算得到现行标准支撑度分析层次单排序及一致性检验结果，如表 7.2 所示。所有指标 $CR < 0.10$，准则层和指标层判断矩阵的一致性均可接受。

表 7.2   **现行标准支撑度分析评价指标单排序表**

准则层 (U)	单排序权重 (W₀)	一致性检验 (CR₀)	指 标 层（u）	单排序权重 (W₁)	一致性检验 (CR₁)
对水文工作的支撑	0.0517		对流域水文监测的支撑	0.2976	0.0030
			对流域水文预报的支撑	0.2976	
			对流域水文分析的支撑	0.1579	
			对流域水文站网建设的支撑	0.0890	
			对流域水文信息化的支撑	0.1579	
对水资源保护的支撑	0.2327		对流域用水总量控制的支撑	0.2695	0.0030
			对流域水资源消耗强度控制的支撑	0.0819	
			对流域水资源配置的支撑	0.1486	
			对流域水资源开发的支撑	0.2695	
			对流域水资源生态补偿的支撑	0.1486	
			对流域地下水资源保护的支撑	0.0819	
对水土保持的支撑	0.1251		对流域天然林保护的支撑	0.0819	0.0059
			对流域天然草原资源保护的支撑	0.0819	
			对流域水土保持监测的支撑	0.2257	
			对流域水土保持信息化的支撑	0.2257	
			对流域水土流失综合治理的支撑	0.3848	
对水环境保护的支撑	0.2327	0.0045	对流域干流水质保护的支撑	0.2295	0.0022
			对流域支流水质保护的支撑	0.0701	
			对流域湖库水质保护的支撑	0.1207	
			对流域饮用水源地保护的支撑	0.2295	
			对流域水功能区管理的支撑	0.2295	
			对流域水污染控制的支撑	0.1207	
对水生态保护的支撑	0.2327		对流域生物多样性保护的支撑	0.3148	0.0052
			对流域的特有物种保护的支撑	0.1757	
			对流域栖息地（含湿地）生态修复的支撑	0.0976	
			对流域生态用水保证的支撑	0.1757	
			对流域水域及岸线保护的支撑	0.0605	
			对流域河湖生态修复的支撑	0.1757	
对防汛抗旱的支撑	0.1251		对流域洪水防御的支撑	0.3487	0.0022
			对流域旱情减灾的支撑	0.1844	
			对流域应急防灾的支撑	0.1844	
			对流域防洪整治的支撑	0.0981	
			对流域防洪调度的支撑	0.1844	

7.2.3.4　模糊评价

根据现行标准支撑度分析评价指标体系，采用模糊评价法对其进行多级模糊综合评价。

（1）模糊评价法。模糊评价法是一种基于模糊数学的综合评价方法。该方法根据模糊数学的隶属度理论把定性评价转化为定量评价，用模糊数学对受到多种因素制约的事物或对象做出一个总体的评价。

在模糊评价过程中，先确定评价因素集，一般是由事物的评价因素组成的矩阵，假设其评价因素有 n 个，则其因素集可记作 $U=\{u_1,\cdots,u_n\}$。针对因素可能出现的评语组成的矩阵确定评语集，假设所有可能出现的评语有 m 个，则其评价集可记作 $V=\{v_1,\cdots,v_m\}$。根据指标赋权确认各指标的权重矩阵，得到评价因素权重集 A，采用专家打分法得到单因素的评价矩阵，得到模糊关系矩阵 R。将评价因素权重集 A 和模糊关系矩阵 R 通过模糊运算进行合成，最终计算出综合指标对各个评价等级的隶属度矩阵 B，对 B 进行归一化处理，再根据最大隶属度原则做出判断。

（2）建立因素集。根据现行标准支撑度分析评价指标体系，现行标准支撑度分析共有 6 个准则层指标，确定其因素集为 $U=\{U_1,U_2,U_3,U_4,U_5,U_6\}$，其评价子因素集分别为：

①$U_1=\{u_1,u_2,u_3,u_4\}$

②$U_2=\{u_5,u_6,u_7,u_8,u_9,u_{10}\}$

③$U_3=\{u_{11},u_{12},u_{13}\}$

④$U_4=\{u_{14},u_{15},u_{16},u_{17},u_{18},u_{19}\}$

⑤$U_5=\{u_{20},u_{21},u_{22},u_{23},u_{24},u_{25},u_{26},u_{27},u_{28},u_{29}\}$

⑥$U_6=\{u_{30},u_{31},u_{32}\}$

（3）建立评价集。根据现行标准支撑度分析评价的需要，评价集可分为 5 个等级，即 $v_1=$ 很好，$v_2=$ 较好、$v_3=$ 一般、$v_4=$ 较差、$v_5=$ 很差，组成评价集 $V=\{v_1,v_2,v_3,v_4,v_5\}$。采用百分制，按照评价等级不同赋不同的标准分值，具体见表 7.3。

表 7.3　　　　　　　　　　综合评价等级加权值和标准分值

评判因素	v_1	v_2	v_3	v_4	v_5
标准分值（S）	$90{\leqslant}S{<}100$	$75{\leqslant}S{<}90$	$60{\leqslant}S{<}75$	$30{\leqslant}S{<}60$	$S{<}30$
加权值	95	82.5	67.5	45	15
评价等级	Ⅰ级	Ⅱ级	Ⅲ级	Ⅳ级	Ⅴ级
说明	支撑度很好，对相关工作提供全面支撑	支撑度较好，对大部分工作提供支撑	支撑度一般，仅对部分工作提供支撑	支撑度较差，仅对小部分工作提供支撑	支撑度很差，仅对极小部分工作提供支撑

（4）建立单因素评价矩阵。采用专家打分法，根据表 7.3 中已确定的评价等级标准，分别对每一个指标进行评判，得到评价指标隶属度表，具体见表 7.4。

（5）模糊评价结果。根据构建的层次结构模型，模糊评价分两级进行，由指标层依次向目标层进行综合。

表 7.4　　　　　　　　　现行标准支撑度分析评价指标隶属度表

准则层（U）		指标层（u）		R_i	评　价　矩　阵				
代码	单排序权重（W_0）	代码	单排序权重（W_1）		v_1	v_2	v_3	v_4	v_5
U_1	0.0517	u_1	0.2976	R_1	0.7588	0.1190	0.0719	0.0402	0.0101
		u_2	0.2976		0.7369	0.0600	0.0987	0.0278	0.0766
		u_3	0.1579		0.4221	0.1403	0.2272	0.1751	0.0353
		u_4	0.089		0.1610	0.5516	0.1961	0.0481	0.0432
		u_5	0.1579		0.0893	0.5287	0.2359	0.0762	0.0699
U_2	0.2327	u_6	0.2695	R_2	0.1621	0.2237	0.3712	0.2285	0.0145
		u_7	0.0819		0.0910	0.2562	0.4014	0.2169	0.0345
		u_8	0.1486		0.0744	0.1076	0.6450	0.1450	0.0280
		u_9	0.2695		0.1569	0.1614	0.5700	0.1057	0.0060
		u_{10}	0.1486		0.0290	0.0877	0.1796	0.6454	0.0583
		u_{11}	0.0819		0.0629	0.1240	0.2344	0.4491	0.1296
U_3	0.1251	u_{12}	0.0819	R_3	0.0089	0.2026	0.2036	0.5377	0.0472
		u_{13}	0.0819		0.0089	0.2026	0.2036	0.5377	0.0472
		u_{14}	0.2257		0.1245	0.2855	0.2882	0.165	0.1368
		u_{15}	0.2257		0.1245	0.2855	0.2882	0.165	0.1368
		u_{16}	0.3848		0.4178	0.2085	0.1669	0.1107	0.0961
U_4	0.2327	u_{17}	0.2295	R_4	0.1595	0.2122	0.4498	0.1763	0.0022
		u_{18}	0.0701		0.0215	0.1729	0.1970	0.2200	0.3886
		u_{19}	0.1207		0.1361	0.3448	0.2160	0.2148	0.0883
		u_{20}	0.2295		0.1348	0.1960	0.4377	0.1931	0.0384
		u_{21}	0.2295		0.0808	0.1074	0.4731	0.2421	0.0966
		u_{22}	0.1207		0.0204	0.2129	0.2679	0.3696	0.1292
U_5	0.2327	u_{23}	0.3148	R_5	0.0000	0.0061	0.1670	0.2334	0.5935
		u_{24}	0.1757		0.0000	0.0620	0.1357	0.2196	0.5827
		u_{25}	0.0976		0.0000	0.0787	0.1609	0.1781	0.5823
		u_{26}	0.1757		0.0000	0.0859	0.1589	0.1659	0.5893
		u_{27}	0.0605		0.0872	0.1604	0.2430	0.1557	0.3537
		u_{28}	0.1757		0.0000	0.1236	0.1802	0.2371	0.4591
U_6	0.1251	u_{29}	0.3487	R_6	0.5486	0.1739	0.1565	0.0825	0.0385
		u_{30}	0.1844		0.2336	0.3670	0.2796	0.0659	0.0539
		u_{31}	0.1844		0.0760	0.1119	0.6299	0.1777	0.0045
		u_{32}	0.0981		0.2790	0.4049	0.1651	0.0583	0.0927
		u_{33}	0.1844		0.0830	0.2658	0.4254	0.1285	0.0973

1）一级模糊评价。一级模糊评价是指 6 个准则层指标对其包含的 33 个指标层指标的评价，根据综合评价层次结构模型，一级模糊综合评价包括 6 个矩阵相乘的计算，结果为

6个模糊综合评判集，具体见表7.5。

表 7.5　准则层模糊综合评判集

综合评判集	v_1	v_2	v_3	v_4	v_5
B_1	0.5402	0.2080	0.1413	0.0642	0.0463
B_2	0.1139	0.1639	0.4283	0.2621	0.0318
B_3	0.2184	0.2423	0.2277	0.2052	0.1064
B_4	0.1065	0.1978	0.3845	0.2262	0.0850
B_5	0.0053	0.0670	0.1664	0.2097	0.5516
B_6	0.2911	0.2377	0.3169	0.1031	0.0512

2）二级模糊评价。二级模糊综合评价是目标层（O）对其包含的 U_1、U_2、U_3、U_4、U_5 和 U_6，共6个准则层指标的评价，评价结果即为目标层模糊综合评判集，具体见表7.6。

表 7.6　目标层模糊综合评判集

综合评判集	v_1	v_2	v_3	v_4	v_5
B	0.1706	0.1776	0.3033	0.2043	0.1442

（6）评价等级确定。根据表7.3中确定的综合评价等级加权值和标准分值，采用加权计算法计算目标层、准则层以及指标层各指标的得分，并评定各指标的等级，具体见表7.7。

表 7.7　现行标准支撑度综合分析评价表

目标层（O）			准则层（U）			指标层（u）		
指标	得分	等级	指标	得分	等级	指标	得分	等级
现行标准对长江大保护的支撑	71.7	一般	对水文工作的支撑	85.2	较好	对流域水文监测的支撑	90.5	很好
						对流域水文预报的支撑	86.6	较好
						对流域水文分析的支撑	81.5	较好
						对流域水文站网建设的支撑	81.3	较好
						对流域水文信息化的支撑	78.2	一般
			对水资源保护的支撑	74.9	一般	对流域用水总量控制的支撑	77.5	一般
						对流域水资源消耗强度控制的支撑	75.7	一般
						对流域水资源配置的支撑	74.9	一般
						对流域水资源开发的支撑	78.4	一般
						对流域水资源生态补偿的支撑	67.4	较差
						对流域地下水资源保护的支撑	67.2	较差
			对水土保持的支撑	75.0	一般	对流域天然林保护的支撑	69.7	较差
						对流域天然草原资源保护的支撑	69.7	较差
						对流域水土保持监测的支撑	72.5	一般
						对流域水土保持信息化的支撑	72.5	一般
						对流域水土流失综合治理的支撑	80.0	较好

续表

目标层（O）			准则层（U）			指 标 层（u）		
指标	得分	等级	指标	得分	等级	指 标	得分	等级
现行标准对长江大保护的支撑	71.7	一般	对水环境保护的支撑	73.0	一般	对干流水质保护的支撑	78.5	一般
						对支流水质保护的支撑	57.5	很差
						对湖库水质保护的支撑	75.0	一般
						对流域饮用水源地保护的支撑	76.0	一般
						对流域水功能区管理的支撑	70.9	一般
						对流域水污染控制的支撑	68.0	较差
			对水生态保护的支撑	48.9	很差	对流域生物多样性保护的支撑	46.0	很差
						对流域的特有物种保护的支撑	47.2	很差
						对流域栖息地（含湿地）生态修复的支撑	47.8	很差
						对流域生态用水保证的支撑	47.7	很差
						对流域水域及岸线保护的支撑	60.9	较差
						对流域河湖生态修复的支撑	53.2	很差
			对防汛抗旱的支撑	79.9	一般	对流域洪水防御的支撑	85.2	较好
						对流域旱情减灾的支撑	80.3	较好
						对流域应急防灾的支撑	75.7	一般
						对流域防洪整治的支撑	79.9	一般
						对流域防洪调度的支撑	73.7	一般

7.2.4　支撑度评价结果分析

支撑度评价结果显示，现行标准对长江大保护的支撑度综合评价得分为 71.7 分，说明现行标准对长江大保护的支撑度为一般。准则层各指标中得分最高的是对水文工作的支撑，其次为对防汛抗旱工作的支撑，说明现行标准对传统水利工作的支撑度较好；得分最低的是对水生态保护的支撑，其次为对水环境保护的支撑和对水资源保护的支撑，说明现行水生态环境相关标准体系还不够健全，今后应重点加强水生态环境标准的基础研究，加大水生态环境标准体系的构建力度，为长江大保护中水生态环境保护工作提供支撑。

由于长期以来长江流域管理偏向于水资源的开发利用，对水生态保护的考虑相对较少，相关的标准也多为水资源开发工程建设服务，较少针对流域生物多样性保护、流域特有物种保护、流域栖息地生态修复、生态流量保障、水域及岸线保护和河湖生态修复制定相关标准，水生态环境标准发展相对滞后。在对长江水环境保护工作的支撑方面，对支流水质保护和流域水污染控制的支撑作用相对较差，对水功能区管理、湖库水质保护和饮用水水源地保护的支撑作用相对一般。这主要因为长期以来，长江流域采用全国统一的水环境标准进行监管，没有考虑长江特殊的水文条件和水利工程建设状况。对水资源保护的支撑方面，主要是对流域水资源生态补偿和地下水资源保护的支撑相对较弱，生态补偿作为一种新的尝试，还没有对应的标准可以支撑其具体实施，还处于探索阶段。

综上，现行标准对长江大保护支撑的主要考虑了对水文、水资源保护、水土保持、水环境保护、水生态保护和防汛抗旱六个方面，涉及长江大保护的各个工作环节，其中薄弱环节主要集中在水生态环境标准方面。为此，本书将进一步梳理国内外水生态环境标准现状，对比分析国内外水生态环境标准，为长江大保护标准化发展提供参考。

第 8 章

国外水生态环境标准

从世界范围看，环境法规和环境标准的建立都是从污染严重的地区开始。欧美工业发展较早，水污染问题也随之出现。为控制水污染，欧美国家在水环境保护方面的研究领先于其他国家，并最先开展相关立法工作，形成了较为完善的水环境法律法规体系，并构建了一套较为完整科学的水环境标准体系。

19 世纪中期，英国产业革命迅速发展，环境污染日益严重。为此，1847 年英国爱尔兰率先颁布了《河道条令》。20 世纪以来，由于近代工业的发展，环境进一步恶化，污染更加严重，一些工业发达国家先后出现了震惊世界的公害事件，发达国家开始采用立法手段来控制污染，环境标准也随之发展起来。但直到 20 世纪 50 年代以后，各国才开始真正把环境标准作为控制污染的有力手段。

目前，国外的水生态环境标准主要可以分为国际性标准、区域性标准和国家性标准。国际性标准主要指由国际标准组织发布的水生态环境标准；区域性标准指凌驾于国家之上的，在多个国家实施的区域标准，比如欧盟标准；国家性标准则是在本国范围之内实施的标准。本章分别选取国际组织水生态环境标准、欧盟水生态环境标准和美国水生态环境标准进行调研分析。欧美水生态环境标准的发展历程和成功经验具有一定代表性和先进性，在一定程度上也预示了其他国家水生态环境标准的发展方向，能为我国水生态环境标准的发展完善以及长江大保护标准化发展提供一定的参考。

8.1　国际组织水生态环境标准

除了世界卫生组织（WHO）发布的《饮用水水质标准》外，国际水生态环境标准主要指三大国际标准化组织发布的标准，因国际电工委员会（IEC）和国际电信联盟（ITU）所制定的标准基本不涉及水生态环境，本书的国际水生态环境标准特指国际标准化组织（ISO）发布的水生态环境相关标准。

8.1.1　国际标准化组织

国际标准化组织是目前世界上最大、最有权威性的国际标准化专门机构，其前身是国家标准化协会国际联合会和联合国标准协调委员会。其目的和宗旨是"在全世界范围内促进标准化工作的发展，以便于国际物资交流和服务，并扩大在知识、科学、技术和经济方面的合作"。其主要活动是制定国际标准，协调世界范围的标准化工作，组织各成员国和技术委员会进行情报交流，以及与其他国际组织进行合作，共同研究有关标准化的问题。

1946 年 10 月，25 个国家标准化机构的代表在伦敦召开大会，决定成立新的国际标准化机构，定名为 ISO。大会起草了 ISO 的第一个章程和议事规则，并认可通过了该章程草案。1947 年 2 月 23 日，ISO 章程得到 15 个国家标准化机构的认可，国际标准化组织宣告正式成立。

按照 ISO 章程，其成员分为团体成员和通信成员。团体成员是指最有代表性的全国标准化机构，且每一个国家只能有一个机构代表其国家参加 ISO。通信成员是指尚未建立全国标准化机构的发展中国家（或地区）。通信成员不参加 ISO 技术工作，但可了解 ISO 的工作进展情况，经过若干年后，待条件成熟，可转为团体成员。ISO 的工作语言是英语、法语和俄语，总部设在瑞士日内瓦。截至 2020 年 2 月，ISO 有成员 164 个。

ISO 的主要机构有全体大会、理事会、技术管理委员会（TMB）、技术委员会（TC）和中央秘书处（CS），ISO 组织机构见图 8.1。其中，TC 具体负责国际标准的制修订，TC 下可设分技术委员会（SC）和工作组（WG）。截至 2020 年 2 月，ISO 现有技术委员会 248 个，下设分技术委员会 531 个和工作组 2378 个，中国现担任 72 个 TC/SC 秘书处。通过这些工作机构，ISO 已制定了 23043 个国际标准。

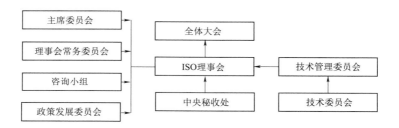

图 8.1　ISO 组织机构图

1978 年 9 月 1 日，我国以中国标准化协会（CAS）的名义重新进入 ISO。1988 年起改为以国家技术监督局的名义参加 ISO 的工作，后以中国国家标准化管理局（SAC）的名义参加 ISO 的工作，现以中华人民共和国标准化管理委员会（SAC）的名义参与 ISO 的工作。

8.1.2　国际水生态环境标准内容

目前，ISO 与水相关的技术委员会（TC）有 4 个，ISO/TC 113 为水文测量相关，ISO/TC 147 为水质相关，ISO/TC 224 与饮用水供应、废水和雨水系统有关的服务活动相关，ISO/TC 282 为水回用相关。其中，ISO/TC 147 发布的均为水环境标准，ISO/TC 224 和 ISO/TC 282 发布的标准多为过程管理文件，涉及水环境标准则直接引用 ISO/TC 147 发布的相关标准。

ISO/TC 147，成立于 1971 年，现下设 6 个分技术委员会（简称分委会，SC）。截至 2020 年 2 月，ISO/TC 147 已发布 325 个水环境标准，在编水环境标准 32 个。不同的分技术委员会负责不同类别的水环境标准，其中术语类 12 个；物理学、化学、生物化学方法 157 个；放射方法 25 个；微生物方法 29 个；生物学方法 78 个；采样（一般方法）24

个。ISO 已发布的水环境标准多为水质分析方法标准，没有水环境质量标准和水污染排放标准。

（1）术语。术语相关标准由 ISO/TC 147/SC 1 分委会负责，均为水质相关词汇，一共分为 9 个部分，其中 3 个部分发布了修正标准，合计 12 个标准。

（2）物理学、化学、生物化学方法。物理学、化学、生物化学方法类标准由 ISO/TC 147/SC 2 分委会负责，为各种有机物、无机物以及物理指标提供了监测方法，其中有机物相关标准有 54 个，无机物相关标准有 86 个，物理指标标准 4 个，其他相关标准 13 个。

（3）放射方法。放射方法类标准由 ISO/TC 147/SC 3 分委会负责，多为各种放射性物质的测定方法标准。该类标准包括了锝 99（Technetium-99）、铁 55（Iron-55）、镭 226（Radium-226）、锶 89（strontium 89）、碳 14（Carbon 14）、铅 210（Lead-210）、氡 222（Radon-222）等共计 25 个放射性物质的监测标准。

（4）微生物方法。微生物学方法类标准由 ISO/TC 147/SC 4 分委会负责，共发布有 29 个。主要包括微生物分析取样、微生物方法的一般要求和各类细菌的监测方法标准。微生物方法类标准涵盖了沙门氏菌、梭菌、隐孢子虫、弯曲杆菌、嗜肺军团菌、噬菌体、大肠杆菌、大肠菌群、肠球菌等。

（5）生物学方法。生物学方法类标准由 ISO/TC 147/SC 5 分委会负责，除物理学、化学、生物化学方法外，生物学方法类标准数量最多，共 78 个。该类标准涵盖了水质对生物的毒性、生物生长的抑制作用，生物降解性，生化指标的监测和生物调查取样相关等方面，其中，水质对生物的毒性又分为急性毒性和慢性毒性，对细胞的毒性和对基因的毒性，对胚胎、幼体和成体的毒性。

（6）采样（一般方法）。采样（一般方法）类标准由 ISO/TC 147/SC 6 分委会负责，共计 24 个。标准涵盖了采样的方案设计指南、样品保存和处理、多类型水质取样指南、监测点位设计、采样和处理质量控制、抽样审核等多个方面。其中多类型水质取样指南包括了湖泊自然水体、管道供水、河流溪流、锅炉厂水和蒸汽、湿沉降、海洋水域、废水、地下水、淡水水域沉积物、污泥、悬浮固体和海洋沉积物，共 12 个不同类型不同场景的取样方法。

8.1.3　国际水生态环境标准制定

ISO 的技术委员会和分技术委员会负责国际标准的制修订，其中水环境标准的制修订由 ISO/TC 147 技术委员会负责。《ISO/IEC 导则　第 1 部分：技术工作程序》中对国际标准制定的形式、程序、批准发布及出版做出了详细的规定，ISO/TC 147 严格按规定对国际水环境标准进行制修订。

ISO/TC 147 及各分委会在制定工作计划的过程中，须考虑行业规划的需求，以及其他技术委员会、技术管理局的咨询组、政策制定委员会、ISO 和 IEC 以外的组织对国际标准的需求。ISO/TC 147 及其分委会负责本 TC 或 SC 工作计划内的全部项目的管理。

根据《ISO/IEC 导则　第 1 部分：技术工作程序》，每个国际水环境标准制定项目的工作过程分为 7 个阶段，详见表 8.1。所有的国际水环境标准在发布三年后由全体 ISO 成员机构进行审查，第一次审查后间隔五年进行再次审查。由多数 TC/SC 的参与成员决定一个国际标准是否应予以确认、修订或撤销。复审需包括该标准在国家一级采用和实际应用程度的评价，如果决定修订某一国际标准，其将成为一个新的项目，须列入 TC 或 SC 的工作计划，国际标准修订的工作过程和制定新标准完全相同。

表 8.1   标准制定项目阶段和有关文件

阶段	项目阶段	有 关 文 件	
		名称	缩写
一	预阶段	预备工作项目	PNI
二	提案阶段	新工作项目提案	NP
三	准备阶段	工作草案	WD
四	委员会阶段	委员会草案	CD
五	询问阶段	国际标准草案	DIS
六	批准阶段	最终国际标准草案	FDIS
七	出版阶段	国际标准	ISO 或 ISO/IEC

（1）预阶段。预备工作项目（PNI）是尚未成熟，不能进入后续阶段的工作项目，或目标日期不能确定的项目，SC 须对所有 PNI 进行定期复审。

（2）提案阶段。提案阶段即为申请阶段，意在通过提案确认国际标准是否是必要的。新工作项目提案（NP）的提案人需提供 1 个供讨论用的最初工作草案，或草案纲要。由相关 TC 或 SC 对该提案进行表决，以决定是否将其列入工作计划中。NP 一旦被接受，它将作为新项目优先纳入有关 TC 或 SC 的工作计划，同时由 ISO/CS 予以登记。

（3）准备阶段。准备阶段包括按照《IEC/ISO 导则　第 3 部分：国际标准的起草与表达规则》的要求，进行工作草案（WD）的准备。根据需要，可以由 TC 或 SC 组建工作组，规定其任务，确定其将草案呈交 TC 或 SC 的目标日期。工作草案不断修改直至工作组满意时，该草案已经针对提出的问题制定了最佳的技术解决方案。当 WD 作为第一个委员会草案（CD）分发给 TC 或 SC 的成员，并经 ISO/CS 登记时，准备阶段即结束。

（4）委员会阶段。委员会阶段是考虑所有国家成员团体意见的阶段，所有国家成员团体须在这个阶段仔细研究 CD 文本，并提交恰当的意见。在此阶段，ISO/CS 对相继提出的草案进行反复研究，并进行分布式的评议，由 TC/SC 的参加成员（P - MEMBER）进行表决，直到 TC 或 SC 的成员达成协商一致，将 CD 作为国际标准草案（DIS）或做出撤销、推迟这个项目的决定。

（5）询问阶段。询问阶段是由所有国家成员团体对 DIS 进行表决的阶段，由 ISO/CS 在五个月内向所有 ISO 成员机构传送 DIS，以进行表决和评议。如果有三分之二的 TC/SC 的 P - MEMBER 以多数赞成，且否定票不超过总投票数的四分之一，即被批准作为最终国际标准草案（FDIS）提交，由 ISO 主席批准进入下一阶段。如果不符合批准要求，文本退还到原 TC/SC 进行进一步研究，经修订的文件将再次接受投票，作为 DIS 再次递交并进行表决和评议。

（6）批准阶段。批准阶段是各成员团体对最终国际标准草案（FDIS）表决，FDIS 由 ISO/CS 在两个月内向所有 ISO 成员机构传送。如果在此期间收到技术类的意见，意见将不再在此阶段进行考虑，但它们会被登记并在将来进行修订时给予考虑。如果有三分之二的 TC/SC 的 P - MEMBER 以多数赞成，且否定票不超过总投票数的四分之一，即被批准作为国际标准（ISO 或 ISO/IEC）通过，通过后进入出版阶段。如果不符合批准要求，文本退还到原 TC/SC，并根据否决票中所提出的技术原因重新进行考虑。

（7）出版阶段。一旦 FDIS 获批通过，则只在必要时对最终文本进行细微修改，最终文本被送至 ISO/CS 进行国际标准发布。

8.2　欧盟水生态环境标准

欧洲联盟（EU，简称欧盟）是由欧洲共同体发展而来的，是一个集政治实体和经济实体于一身、在世界上具有重要影响的区域一体化组织，是水环境标准化程度最高的区域之一。

8.2.1　欧盟水生态环境标准发展历程

20 世纪 70 年代初，欧洲共同体（现为欧盟）系列条约中主要涉及经济和贸易领域，并没有任何环境保护的条款。随着欧洲共同体成员国之间的经济边界逐渐消失，环境问题越发严重，特别是跨国界污染并不能通过各国自身的政策与法规得到有效的预防与控制，各成员国都意识到亟需在欧盟层面上出台共同的环境政策，建立共同的环境标准和污染预防控制政策。

1972 年在巴黎召开的欧洲共同体成员国国家或政府首脑的高峰会议上，首次提出了在共同体内部建立共同环境保护政策的框架，接着制定了一个拥有标准规则和禁令的《欧洲共同体环境法》，为共同体共同环境政策的形成和发展揭开了序幕。1986 年对《罗马条约》修改后的《单一欧洲文件》首次将环境保护纳入共同体基本法中，它规定了共同体环境保护的原则、目标、决策程序等内容，最早在共同体基本法中确立了共同体环境与发展综合决策的法律地位。1992 年正式签署的《欧洲联盟条约》提出了欧盟可持续发展的目标，并规定"环境保护要求必须纳入其他共同体政策的界定和执行之中"。1997 年新修订的《阿姆斯特丹条约》正式将可持续发展作为欧盟的优先目标，并把环境与发展综合决策纳入欧盟的基本立法中，为欧盟环境与发展综合决策的执行奠定了法律基础。

1973 年，欧盟发布第一个与环境有关的欧盟环境行动计划，目前已发布的有七个。环境行动计划规定了周期内环境保护政策的原则和目标，提出周期内的任务优先顺序，针对性地制定措施，并确定了详细的时间表。根据不同周期的环境目标，欧盟通过欧盟理事会立法，以指令的形式颁布环境标准，成为环境法的一个重要组成部分。

1975 年，欧盟发布了第一条有关饮用水水源地的第 75/1440/EEC（欧洲经济共同体）号指令，之后欧盟先后发布了其他水环境质量标准、水污染物排放标准和监测分析标准。在 1970—1980 年间，欧盟多根据水体的不同用途制定不同的水质标准，主要有《游泳水质量标准指令》（761 160/EEC）、《饮用水质量标准指令》（80/778/EEC）、《特殊危险物排放限值指令》（86/280/EEC）等。20 世纪 90 年代至 2000 年前后则将关注点放在从源头控制市政污水、农业退水和大型工业污染排放对水体的污染上，分别制定了《污废水处理指令》（91/271/EEC）、《农业面源硝酸盐污染控制指令》（91/676/EEC）等。这两个阶段，欧盟水环境指令以单项指令为主，缺乏整体性和综合性的指令。1996 年 9 月，欧盟执委会发布了《综合污染预防与控制（IPPC）指令》（96/61/EC），简称《IPPC 指令》，该指令要求成员国为指令中涉及的特定工业（能源工业、化学工业等）和特定污染物（有机卤化物、生物累积性有机毒物、氰化物、金属、砷等）提出基于最佳可行技术（BAT）的污染物排放限值。2000 年 12 月，欧洲议会和欧盟委员会（EC）共同颁布了《建立共同体水环境政策行动框架的指令》（2000/60/EC），简称《水框架指令》。该指令提出了将环境质量管理和排放管理相结合对污染进行预防和控制，建立一套完整的水环境质量标准和排放标准的"结合方法"。《水框架指令》是欧盟国家在水环境管理方面最为重要的立法，其颁布与实施真正标志着欧盟水环境进入了综合和全方位管理的新阶段。以《IPPC 指令》和《水框架指令》为代表的环境政策指令对欧盟水环境标准制定起到了发展和促进作用。

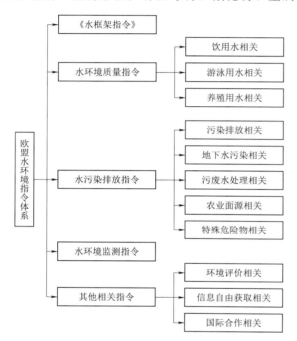

图 8.2　欧盟水环境指令体系图

截至 2019 年底，欧盟共制定了近 30 条水环境指令，主要包括《水框架指令》、水环境质量指令、水污染排放指令、水环境监测指令和其他相关指令，欧盟水环境指令体系图见图 8.2。水环境质量指令以人类健康为主，根据不同的水域功能而制定，涉及饮用水、养殖用水、游泳用水。水污染排放指令则主要针对具有毒性、持久性和生物蓄积性的危险物质而制定，其他污染物排放指令由成员国根据本国的实际情况制定，国内标准应以保证其水质不会继续恶化并将得到持续改善为目标。监测及分析方法多采用 ISO 和 CEN（欧洲标准化委员会）标准。欧盟还在进一步制定涉水指令，其中包括《水框架指令》的配套指令、饮用水指令修订的建议方案、海洋环境保护的主题战略等。

近年来，欧盟在水环境质量标准的制定和修订方面取得了新的进展，首先各种参数不断增加，不仅包括各种传统污染物，还涉及多溴联苯醚（PBDEs）等一些新型污染物，甚至包括物理性和生物性污染物；其次确定的阈值浓度建立在更广泛的生物受体上，使之数值更加准确；最后，标准考虑了更多的环境因素和实际污染情况，使其更具针对性和操作性。

8.2.2　欧盟水生态环境标准体系

　　欧盟的水环境标准体系包括水环境质量指令、水污染排放指令以及水环境监测方法指令和其他相关指令等，其中其他相关指令中包括成员国间法律协调、跨流域的国际合作等，欧盟主要水环境指令具体见表8.2。

表 8.2　　　　　　　　　　　　　　　欧盟主要水环境指令表

类别	序号	名　称	发布编号	修订编号
水框架指令	1	水框架指令	2000/60/EC	
水环境质量指令	1	饮用水源地地表水指令	75/440/EEC	79/869/EEC 90/656/EEC 91/692/EEC
	2	饮用水质量标准指令	80/778/EEC	98/83/EC （EU）2015/1787
	3	游泳水质量标准指令	76/160/EEC	
	4	渔业用水指令	78/659/EEC	91/692/EEC
	5	贝类养殖用水水质标准指令	79/923/EEC	91/692/EEC
水污染排放控制指令	1	综合污染预防与控制（IPPC）指令	96/61/EC	2003/35/EC 2003/87/EC 2008/1/EC 2010/75/EC
	2	降低和消除污染物排放的指令	76/464/EEC	90/656/EEC 91/692/EEC
	3	关于保护地下水免受污染和防止状况恶化的指令	2006/118/EC	
	4	污废水处理指令	91/271/EEC	93/841/EEC 98/15/EEC
	5	农业面源硝酸盐污染控制指令	91/676/EEC	
	6	氯碱电解工业汞排放限值指令	82/176/EEC	
	7	镉排放限值指令	83/513/EEC	90/656/EEC 91/692/EEC
	8	汞排放限值指令	82/176/EEC 84/156/EEC	90/656/EEC 91/692/EEC
	9	六六六（HCH）排放限值指令	84/491/EEC	90/656/EEC 91/692/EEC
	10	特殊危险物排放限值指令	86/280/EEC	88/347/EEC 90/415/EEC
	11	杀虫剂控制指令	91/414/EEC	

类别	序号	名　　称	发布编号	修订编号
水环境监测指令	1	地表淡水测量方法、采样频率与分析指令	79/869/EEC	81/855/EEC 90/656/EEC 91/692/EEC
	2	地表淡水资源质量信息交流的通用程序	77/795/EEC	
其他相关指令	1	关于环境影响评价的指令	85/337/EEC	97/11/EC
	2	关于特定规划和计划的环境影响评价指令	2001/42/EC	
	3	某些工业活动的主要事故风险指令	82/501/EEC	96/82/EC 2003/105/EC 2010/0377/COD
	4	自由获取环境信息指令	90/313/EEC	2003/04/EEC
	5	建立防止碳氢化合物泄漏信息制度指令	86/85/EEC	
	6	保护海洋不受地表物质污染的指令	75/437/EEC	87/57/EEC
	7	保护地中海不受船舶和航空器污染的指令	77/585/EEC	
	8	保护莱茵河不受化学污染的指令	77/586/EEC	
	9	保护地中海不受油料或者其他有害物质污染的指令	81/420/EEC	

8.2.2.1 《水框架指令》

2000 年 12 月，欧洲议会和欧盟执委会共同颁布了《建立共同体水环境政策行动框架的指令》（2000/60/EC），简称为《水框架指令》（WFD）。WFD 建立了一个保护欧洲内陆地表水、过渡性水域、沿海水域和地下水的综合管理框架，并对已有的水环境指令作了补充，要求各成员国对江、河、湖泊、海洋和地下水等水体制定流域管理计划，尤其对跨行政区的流域要协调流域管理，以保证水环境持续改善为最终目的。

WFD 非常重视流域管理，取消了以行政边界为单元的管理体制，改为按地貌和水文单元进行水资源管理，要求成员国为每个流域制定管理规划。对于国际流域，流域内相关国家需共同确定流域边界并分配管理任务，必须为国际流域管理规划共同努力。如果共同管理难以实现，各国可以分别采取措施，但彼此间的规划与实施必须相互协调且不冲突。

WFD 还强调水环境质量标准（EQSs）和水污染排放标准（ELVs）的结合使用，建立了一套完整的水环境质量标准和排放标准的"结合方法"，以实现对水污染的预防和控制，要求在任一特定情况下，采取这两个标准中更严厉的一个，以提高对水生环境的保护。在污染源的控制中，指令强调将水域保护与重金属等相关污染控制紧密结合。指令通过采取综合性措施对重金属污染进行控制，要求各成员国在其措施方案中列出点源重金属控制排放指标、所采取的涉重污染源控制措施，并针对用于饮用或将来会用于饮用的水体，制定出相应的包括重金属相关标准的环境质量标准。针对水体的重金属污染防治，WFD 提出将包括 Cd、Pd、Hg、Ni 及其化合物在内的几种重金属或重金属化合物作为优先控制物质，将包括 Zn、Se、Sn、V、Cu、As、Ba、Co、Ni、Sb、Be、Tl、Cr、Mo、Pb、Ag 在内的 16 种金属类（含 15 种重金属）物质作为危险物质；WFD 在水质目标和统一的排放标准中，还对重金属及其化合物的浓度进行了专门的限定。

欧盟《水框架指令》执行以来，在保持良好的生态环境、保证饮用水和其他用水安全等方面起到了积极作用，推进了水资源的可持续管理，同时还引入经济分析以确保其环境目标在经济上的高效性和可行性，并确保了公众对相关问题的参与和知情权。

8.2.2.2　水环境质量标准

欧盟的水环境质量标准以指令的形式颁布，具有强制性和法律约束力。水环境质量标准是指为满足不同的用途和功能而必须达到的构成要素的指标。水环境质量标准因水的不同用途而异，用途主要涉及饮用水、游泳用水和养殖用水。

（1）关于饮用水源地地表水的指令。《饮用水源地地表水指令》（75/440/EEC）是欧盟颁布的第一个与水环境保护有关的指令，最开始为 1975 年发布的《饮用水源地地表水指令》（75/440/EEC），后经《饮用水源地地表水指令》（79/869/EEC）和《饮用水源地地表水指令》（91/692/EEC）修订，其集中规范了饮用水源的水质标准与管理目标，通过确保饮用水源的水体质量符合规定的最低标准，以保护公众的健康。

该指令规定了 46 种监测指标，并对每一指标制定了 A1、A2、A3 三级标准，每一级标准分别包含了非约束性的指导控制值和约束性的强制控制值两档；制定了在特殊极端条件下（如发生自然灾害时）的应急标准，针对某些指标在特殊条件下可以免除强制控制。三级两档的多尺度标准和直接针对各指标的多因素豁免制度适应多区域、非均衡复杂水体的管理需求。

该指令还针对不同规模水源、不同水质水源、不同类型指标，建立了立体的监测频率标准（对某些参数规定多种监测方法，对不同水质条件与服务规模的水源、对每一指标分别制定独立的监测频率标准），充分利用了有限的监测资源，保证了监测的可执行性与经济性。

（2）有关饮用水质量标准的指令。《饮用水质量标准指令》（98/83/EC）于 1998 年 11 月发布，其前身为 1980 年发布的《饮用水质量标准指令》（80/778/EEC）。

该指令原先规定了微生物学参数、化学物质参数、指示参数等污染物的最大允许浓度，包含至少 67 种污染物，其中有 11 种重金属；同时还规定了取样次数、监测方法和达到这些质量标准的措施和条件。修订后控制指标减少为 48 项（瓶装或桶装饮用水为 50 项），其中微生物学指标 2 项（瓶装或桶装饮用水为 4 项），化学指标 26 项，感官性状等指标 18 项，放射性指标 2 项。欧盟在 2003 年和 2009 年分别对该指令进行了修订，这些修订主要针对配套的法规和措施，使其更加完善。

（3）游泳用水标准。与游泳用水有关的质量标准为《游泳水质量标准指令》（76/160/EEC），于 1975 年 12 月颁布，后经过 4 次修订。

该指令规定了海岸和淡水游泳区的水质要求，其中包括大肠杆菌、粪大肠杆菌、矿物油、表面活性剂、酚等共计 19 种污染物的浓度标准，同时也规定了取样次数、监测方法和达到这些质量标准的措施和条件。修订后的监测指标仅有细菌指标参数（肠道球菌素和大肠杆菌）、肉眼观察（藻类生长和矿物油情况）指标和淡水中的 pH 指标。

（4）有关渔业淡水的指令。《渔业用水指令》（78/659/EEC）于 1978 年 7 月 18 日制定，1980 年 7 月 20 日生效，以后经过 4 次修订。

该指令的目的在于使淡水的水质适合于某些鱼类的养殖，其规定了淡水渔业养殖水的质量标准（包括温度，DO，pH，BOD$_5$，不同形态的氮、磷、酚类化合物，Zn，Cu，总余氯等 14 项限值和指导值）、抽样次数、监测方法、达标措施和条件。

（5）有关贝类养殖水质标准的指令。《贝类养殖用水水质标准指令》（79/923/EEC）于 1979 年 10 月 30 日制定，1981 年 10 月 30 日生效，法律依据是共同体条约第 100 条和第 235 条，指令经 4 次修改。

该指令目的在于保护和提高贝类养殖区海水的质量，进而提高贝类产品的可食用性。指令规定了壳鱼类用水的质量标准，抽样次数、检测和分析的方法，以及达标的措施和条件。

8.2.2.3 污染物排放标准

欧盟的污染物排放标准同样以指令的形式颁布，具有强制性和法律约束力，这些指令主要规定了污染物的可排放水平。

（1）《工业排放（综合污染防治）指令》。欧盟工业污染排放指令最早从钛白粉行业开始。截至 2019 年年底，共颁布了钛白粉、有机溶剂、废物焚烧等 6 个工业行业污染排放指令。1996 年 9 月，《综合污染预防与控制（IPPC）指令》（96/61/EC）获批，并在之后进行了 4 次修订，修订要点见表 8.3。2008 年 1 月 15 日，欧盟将 96/61/EC 指令及其 4 个修订指令编纂成一个完整版的《关于综合污染防治指令》（2008/1/EC）。2010 年 11 月 24 日，该指令升级为《工业排放（综合污染防治）指令》（2010/75/EU），简称《IE 指令》，将现有的关于工业排放的 7 个指令，即《IPPC 指令》、《大型燃烧装置大气污染物排放限制指令》（2001/80/EC）、《废物焚烧指令》（2000/76/EC）、《溶剂排放指令》（1999/13/EC）和 3 个钛白粉指令，整合为一个指令。

表 8.3 《IPPC 指令》（96/61/EC）的修订情况

通过时间	序 列 号	修 订 要 点
2003-05-26	2003/35/EC 指令	根据《奥胡斯公约》的规定，加强公众参与
2003-10-13	2003/87/EC 指令	澄清了根据《IPPC 指令》建立的许可证条件和根据欧盟温室气体排放交易计划之间的关系
2003-09-29	法规（EC）No1882/2003	有关指令实施的辅助规范
2006-01-18	法规（EC）No166/2006	有关建立欧洲污染物释放和转移登记制度

该指令要求成员国建立包括制定排放限值、推广最佳可得技术（BAT）的许可制度，明确要求成员国内六大类、三十三小类需要优先控制的行业必须获得许可证后才能运营，发放许可证的标准是基于企业是否达到了 BAT。指令还要求以 BAT 为依据，为上述行业中的 13 种（类）大气污染物和 12 种（类）水污染物制定排放限值，保证技术和经济上的可行性。该指令的颁布，促进了欧盟按行业制定污染排放标准的进程。该指令中还规定，之前制定的关于汞、镉、六六六等危险物质排放限值指令中的相关条款，应依照《IPPC 指令》修订。

（2）降低和消除污染物排放的指令。1976 年发布的《降低和消除污染物排放的指令》（76/464/EEC）只是共同体立法的框架，其他配套指令在此基础上进一步明确了特定危险物质的排放量限值，该指令后经过两次修改。

该指令规定了降低和最终消除向内陆、海岸和领水排放的危险物质，将排入内陆、海岸和领水的 132 种具有毒性、持久性和生物蓄积性的危险物质（List Ⅰ）和其他污染物（List Ⅱ，主要包括重金属、生物杀虫剂、含硅化合物、氰化物、氟化物、氨、亚硝酸盐等）作为危险物的候选名单。

根据指令要求，其他配套指令对 List Ⅰ 中的 18 种污染物明确了排放限值，包括《氯碱电解工业汞排放限值指令》（82/176/EEC）、《镉排放限值指令》（83/513/EEC）、有关除氯碱电解工业外的《汞排放限值指令》（84/156/EEC）、《六六六（HCH）排放限值指令》（84/491/EEC）和《特殊危险物排放限值指令》（90/415/EEC）。

（3）关于保护地下水免受污染和防止状况恶化的指令。2006 年 12 月 12 日通过《关于保护地下水免受污染和防止状况恶化的指令》（2006/118/EC）对保护欧盟地下水作了专门规定。该指令包括 4 个附件：附件 1 针对剧毒或持久性物质，其目的是阻止诸如有机磷化合物、汞、铅等物质、已知的致癌物质和若干杀虫剂进入地下水；附件 2 针对其他重金属、氰化物、氨和其他物质，这些物质的使用都受许可制度的限制；附件 3 是对地下水体中污染物的影响、盐水入侵和入侵的程度等化学状况的评价；附件 4 主要是对处于风险之中的所有水体的显著且持续上升趋势的识别。

（4）有关城镇污水处理厂废水处理的指令。1991 年发布的《污废水处理指令》（91/271/EEC），后修订为《污废水处理指令》（98/15/EC）。

该指令涉及城市污水的收集、处理、排放和某些工业部门可生物降解废水的处理和排放，要求成员国必须在 2000 年和 2005 年底前分别对居住人口数量在 2000～15000 人和 15000 人以上的城市设置污水收集、处理系统。成员国必须保证污水在经过收集、处理后达标排放。为达到规定的排放标准，污水必须进行二级处理；排入水动力不足的湖泊、水库或封闭海湾的湖泊和溪流，还需进行除氮的三级处理，除非能够证明污水排入不会引起富营养化。

（5）有关农业面源硝酸盐污染控制的指令。《农业面源硝酸盐污染控制指令》（91/676/EEC）于 1991 年 12 月 12 日制定，是第一个控制农业面源污染的指令，其目的是减少和防治来自农业源的硝酸盐污染。

指令要求成员国必须按指令中规定的标准识别出脆弱区（水中硝酸盐超过 50mg/L 或者水体为富营养化），并根据指令规定的措施制定行动计划。

8.2.2.4 监测分析方法标准

目前，欧盟水环境监测方法标准化工作大都由欧洲标准化委员会（CEN）负责，CEN 制定的监测方法标准，即欧盟标准（EN），将在成员国内部无条件转化为国家标准，如果国家标准与欧盟标准有冲突，则撤销国家标准。这使得欧盟制定的水环境监测方法标准取代成员国内部原有标准，在欧盟区建立统一的水环境监测方法标准体系。

CEN 在制定标准的过程中，非常注重全球化，与 ISO 等国际标准组织紧密联系。如果国际标准能够满足欧盟需要，欧盟标准就会以国际标准为基础进行修改或将其直接转化为欧盟标准，同时根据欧盟与 ISO 的协议，欧盟标准也可能被 ISO 采用作为国际标准。欧盟大约有 50 项水质分析方法采用 ISO 颁布的方法，即用双编号（ISO 和 EN）的办法来发布。

现在的欧盟水环境指令和规范中大都直接引用标准化组织的监测标准和规范。指令规定了选用监测方法标准的原则为：首先选用 CEN 标准，当没有 CEN 标准可用时，再选用 ISO、成员国国家标准或其他国际化标准组织（如德国标准化协会，DIN）的标准；对于替换标准要向监管部门提交方法验证报告，并得到认可，以保证所采用的监测方法能够提供同等质量的数据，目前欧盟 130 多个水质参数基本上都有相对应的欧盟监测标准方法或 ISO 监测标准方法。

（1）有关地表水质量取样、检测方法的指令。欧盟水环境保护初期，水环境监测方法标准化程度较低。为了保证各成员国饮用水源地水质监测数据的一致性，欧盟于 1979 年制订了《饮用水源地地表水指令》（79/869/EEC），法律依据是共同体条约第 100 条和第 235 条，指令后经 4 次修改。

该指令规定了 46 类水质参数测定方法基本原则，以及检测分析程序的简单描述和方法验证指标，检出限、精密度和准确度的计算方法；该指令还规定了水质参数的年最低采样和分析频率。同时，针对洪水、自然灾害和反常天气等情况作了特殊规定。

（2）有关共同体建立交换地表水质量信息程序的指令。《地表淡水资源质量信息交流的通用程序》（77/795/EEC）于 1977 年 12 月 12 日颁布，目的是在共同体内部建立河流水质检测和信息交换制度，法律依据是共同体条约第 235 条。决定后经 7 次修改，主要涉及批准希腊、西班牙、葡萄牙加入，建立监测站名单，要求执委会每年向成员国递送信息简报且每三年公布该项目的信息结果报告等。

8.2.2.5　其他相关指令

除以上指令外，欧盟还发布了《关于环境影响评价的指令》（85/337/EEC）、《某些工业活动的主要事故风险指令》（82/50/EEC）、《自由获取环境信息指令》（90/313/EEC），以及以共同体形式参加欧洲范围内的海洋、湖泊保护而制定的一些国际条约和有关协调成员国法律的专门指令等。

8.2.2.6　标准体系特点

欧盟的水生态环境标准属于国际法性质，具有很强的约束性，适用于各成员国，推进了欧盟各国水环境治理，具有以下特点：

（1）欧盟水生态环境标准体系最大的特点在于自由性和约束力的平衡，水环境指令只规定了欧盟总体上所要达到的污染防控目标，并未给出具体的实施方案，而各成员国可以自由选择达到指令目标的各种环保措施。

（2）水环境质量标准尤其注重对人类健康和水产养殖的保护，充分体现了以人为本，实现《欧洲联盟条约》中的"保护人类健康"的目标。

（3）水污染物排放标准主要针对具有毒性、持久性和生物蓄积性强的危险物质，其中重金属被列为优先控制物质和危险物质，并设定了相应的限制，而对其他污染物的排放控制则由各成员国自行制定。

（4）水体水质的保护以综合保护为核心，重视流域管理，要求制定流域管理计划，而点源的污染物控制则以 BAT 为依据，实施全面、综合的污染预防与控制。

（5）与一般意义的国际法不同，欧盟水环境标准具有直接的法律效力。水环境标准指令在实施之前，成员国需将指令的所有内容转化为国内法律，转化期一般为5年。如果成员国超过规定期限仍未将环境指令转化为国内环境法律，环境指令将直接在成员国内强制执行。

（6）欧盟水环境标准指令作为法律，它还对各成员国具有优先的法律适应效力。在成员国内欧盟法与国内法两种法律并存，如发生效力冲突，则遵循欧盟法优先于成员国国内法的原则。具体来说，欧盟法的优先适用原则包括两方面的含义：一是在欧盟法公布之前业已公布的成员国国内法律中，凡和欧盟法发生冲突者立即失效；二是在欧盟法公布之后公布的成员国国内法律中，如果有和欧盟法相冲突的内容，那么该内容无效。

8.2.3　欧盟水生态环境标准制定

欧盟环境法体系可分为三个层级，即基本立法、国际条约和二次立法，水生态环境标准大多以指令形式发布，属于二次立法范畴，是欧盟环境法的重要组成部分，与环境法同属区域性国际法。下面从制定主体、制定流程和制定基础三方面分述欧盟的水环境标准制定。

8.2.3.1　制定主体

（1）参与机构。欧盟内水环境标准的制定机构包括欧洲议会、欧盟环境部长理事会、欧洲环境委员会、欧洲标准化委员会、经济和社会委员会、地区委员会、欧洲法院和欧洲环保局。

欧洲议会和欧盟环境部长理事会共同分享欧洲水环境标准的立法权。欧洲环境委员会负责组织起草欧盟水环境标准并确保标准的执行。欧洲标准化委员会负责起草欧盟水环境标准。经济和社会委员会以及地区委员会向议会、理事会和委员会提供咨询性意见。欧洲法院负责解释欧盟的水环境标准条款并受理有关环境问题的纠纷，在一些特殊情况下，也可以对欧盟决策机构是否将环境纳入其政策领域的问题进行司法审查。欧洲环保局的任务是向各成员国提供欧洲整体的环境现状报告，收集有关环境质量、环境优先和环境易损性的信息，其本身并不具备环境调查能力，只能依赖各成员国提供的信息开展工作。

（2）标准化机构。欧洲标准化委员会（CEN）是欧盟指定的制定欧洲标准的组织，负责除电工技术和电信领域以外的标准化工作，欧盟的水环境标准基本由CEN制定。CEN于1961年成立于法国巴黎，总部设在比利时布鲁塞尔，是以西欧国家为主体、由成员国标准化机构组成的非营利性国际标准化科学技术机构。CEN的标准是ISO制定国际标准的重要基础，根据《国际标准化组织（ISO）与欧洲标准化委员会（CEN）技术合作协议》（简称《维也纳协议》），一旦ISO的文件被欧盟批准，则所有有关的成员国标准将被取代。

8.2.3.2　制定流程

欧盟标准的制定程序如下，首先欧盟委托或指定标准化机构制定相应的协调标准，即欧盟标准。其次，各成员国的标准化机构将欧盟标准转换为各自的国家标准。欧洲标准以及转换成的各成员国标准都是自愿性的，允许企业自由选用。

在欧盟，任何人或组织都可以向欧盟委员会提出制定水生态环境标准的需求。然后，根据制定标准的要求，欧盟委员会将起草的委托书正式交给欧洲标准化委员会。欧洲标准化委员会在仔细考虑要求之后，如果认为有必要就会组织专家着手起草标准，并就具体内容取得一致意见；但如果认为没有必要，会重新研究标准制定的需求。标准被起草之后，就会启动公共咨询和投票程序来决定标准是否能获得批准。最后，被批准的标准将被正式公布。图 8.3 为欧盟标准制定流程图。

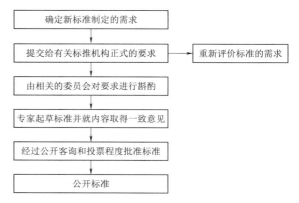

图 8.3 欧盟标准制定流程图

8.2.3.3 制定基础

欧盟及其所属成员国的环境保护在世界上起步较早，在环境科学、环保技术、环境管理等方面都积累了比较丰富的经验，已形成了一个独具特色的水生态环境标准体系，其制定与以下因素密切相关。

（1）欧盟作为一体化的区域性组织，成员国为了实现共同利益，在环境问题上能够并且已经取得共识，并通过制定和实施共同环境政策、采取协调行动，以改善欧盟域内的环境状况、实现可持续发展，这是欧盟水环境标准顺利制定并实施的关键。

（2）欧盟的水环境标准的制定离不开各成员国政府环境保护机构的努力，以及各成员国多层次的合作。除了欧盟内部处理环境事务的机构，欧盟各国相继建立了国家环境保护机构，形成了全区域多层次完备的环保机构体系。比如，法国早在 1971 年就设立了自然和生态环境部；德国设立了以联邦环境部为核心的三级环保机构；20 世纪 60 年代末英国就已基本形成了全国性的环境组织网，并组建了世界上历史最悠久生命力最强，组织最好，支持极其广泛的环境 NGO（非政府组织）。制定共同的水环境标准需要欧盟、成员国和地方间的合作，需要政府机构、商界、游说集团和非政府组织间的协调，需要深入到广大的欧盟公民中间。

（3）经过 40 多年的发展，欧盟法律已经形成了一整套相当严谨且完备的体系，包括欧盟基础条约、欧盟签署或参加的国际环境条约、欧盟机构制定的欧盟法规（包括条例、指令和决定）、其他具有法律规范性的文件、其他相关法律渊源等。其中，《欧洲共同体环境法》《单一欧洲文件》《欧洲联盟条约》和《阿姆斯特丹条约》均对环境保护做出了明确的要求，为欧盟水环境标准的制定奠定了法律基础。

（4）此外，严谨的科学研究也是欧盟水环境标准制定的基础之一。水生态环境质量标准的设定以科学合理的环境基准为基础，欧盟的水质基准研究的主要机构为欧洲委员会化学品毒性和生态毒性科学咨询委员会（CSTE），其经过长期的毒理性试验，制定了科学水质基准（WQOs）推导方法，指导水质基准的确定，从而转化为水质标准。排放标准的制定则建立在特定技术在实际运用中的数据统计分析的基础上，经过了严格的推导。根据《IPPC 指令》要求，污染物排放限值基于 BAT 进行计算。为此，欧洲污染综合防治局（EIPPCB）为造纸、钢铁、纺织、氯碱、石油精炼、有机化学等工业制定了最佳可得技术参考文件（BREFs）。

8.3 美国水生态环境标准

经过多年的发展，美国构建了一套完整的水污染控制法律系统，并据此形成一套完善的、科学的水生态环境标准体系，其实施极具可操作性，对于我国的水生态环境标准化工作具有很强的借鉴意义。

8.3.1 美国水生态环境标准发展历程

美国水生态环境标准与其他法规一样同属联邦法规，其制定完全按照《联邦水污染控制法》的要求进行。根据控制水污染的管理方法的不同，可以将美国的水环境标准发展划分为水质标准管理阶段和水质排污双重标准管理阶段。

1972 年以前，美国基本是通过州颁布和实施"水质标准"来控制水污染的，属于水质标准管理阶段。美国水环境保护立法起始于 1899 年的《河流与港口法》（又称《垃圾法》），禁止对通航水道排放任何妨碍航运的废物。鉴于美国水污染日益严重，美国国会于 1948 年颁布了《联邦水污染控制法》，1965 年，通过了《联邦水污染控制法》的修正案——《水质法》，首次采用州水质标准进行管理。

1972 年以来，美国的水环境标准进入水质排污双重标准管理阶段。1972 年，美国国会再次对《联邦水污染控制法》进行了大幅度修正，通过了修正案，即《清洁水法》。《清洁水法》大大加强了联邦政府在控制水污染方面的权力，建立了由联邦制定基本政策和排放标准、由州政府实施的强制性管理体制。并且采用了以污染控制技术为基础的排放限值和与水质标准相结合的管理方法，改变了过去纯粹以水质标准为依据的管理方法。这种改变使执法更有针对性、可行性和科学性，大大提高了该法在水污染控制方面的作用。1977 年和 1990 年《清洁水法》又作过两次重要的修改，修改后强调根据工业点源类型规定处理技术和排放标准。经过多年的发展，《清洁水法》基本上确定了当代美国水污染防治的基本策略。

除了《清洁水法》，美国还在 1974 年通过了《安全饮用水法》，主要目的是保护地表和地下饮用水水源地的饮水安全，完善了《清洁水法》在地下水污染防治上的漏洞和缺陷，并在 1977—1996 年期间进行了多次修订，建立了地方、州、联邦的合作框架，要求所有饮用水标准、法规的建立必须保证用户的饮水安全。

8.3.2 美国水生态环境标准体系

在相关法律法规的要求下，美国构建了一个科学完善的水环境标准体系，主要包括水环境质量标准、水污染排放标准和水环境监测标准，级别主要分为国家级、州政府级和行业级，体系结构详见图 8.4。

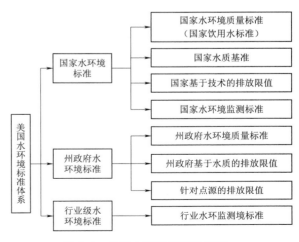

图 8.4　美国水环境标准体系图

8.3.2.1 水环境质量标准

纵观美国的水环境质量标准，其效力层级和性质可以分为两级，第一级是由美国环境保护局（EPA）制定并颁布的国家水环境质量标准，其效力等同于联邦法规。美国只针对饮用水制定了国家饮用水水质标准。EPA 主要负责建立各类水质基准，在全国统一执行。第二级是根据国家规定的水质基准，由各州根据各自的水环境状况制定的水环境质量标准，仅在本州内执行，具有法律强制性。美国水环境质量标准体系见图 8.5。

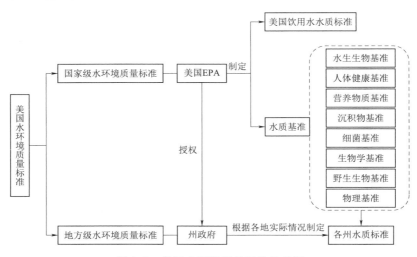

图 8.5 美国水环境质量标准体系图

（1）美国饮用水水质标准。现行美国饮用水水质标准是在《1996 年安全饮用水法修正案》的框架内指定的。现行美国饮用水水质标准分为国家一级饮用水水质标准和二级饮用水水质标准。

1）国家一级饮用水水质标准（NPDWRs），是法定强制性的标准，它适用于公用给水系统。一级标准限制了那些有害公众健康的及已知的或在公用给水系统中出现的有害污染物浓度，从而保护饮用水水质。

国家一级饮用水水质标准中有最大污染物浓度（MCLs）和最大污染物浓度目标（MCLGs）两个指标，MCLs 为强制性的标准，MCLGs 是非强制性的更高目标值。美国一级饮用水指标共有 78 个，分为无机物、有机物、放射性物质、微生物学指标，其中无机物指标共有 15 个，有机物指标 54 个，放射性指标 3 个，微生物学指标有 6 个。

2）国家二级饮用水水质标准（NSDWRs），为非强制性准则，用于控制水中对美容（皮肤、牙齿变色），或对感官（如嗅、味、色度）有影响的污染物浓度。EPA 对给水系统推荐二级标准但没有规定其必须遵守，各州可选择性采纳作为强制性标准，并可根据实际情况进行修订。国家二级饮用水水质标准中，污染物指标共有 15 个，没有进行进一步细分。

（2）水质基准。水质基准纯自然科学概念，是通过综合生物基准、卫生基准和物理基准，进行多次实践和调查研究所获取的科学参考值，它能体现污染物对人体、生物以及物质财富造成危害的剂量与效应之间的相关性，是制订水环境质量标准的重要科学依据。

20 世纪 50 年代以来，美国陆续发表了《绿皮书》（1968）、《蓝皮书》（1972 年）、《红皮书》（1976 年）、《金皮书》（1986 年）等水质基准文献，后续又分别在 1999 年、2002 年、2006 年和 2009 年分别对美国国家水质基准进行了修订。除了统一发布水质基准，美国还对制定水质基准的方法学进行深入研究，建立了完善的基准推导方法学体系，EPA 于 1980 年初步制定了获取水质基准的技术指南，并于 1985 年发布了《推导保护水生生物及其使用功能的定量国家水质基准指南》（*Guidelines for Deriving Numerical National Water Quality Criteria for the Protection of Aquatic Organisms and Their Uses*）；2000 年，相继发布《营养标准技术指导手册》（*Nutrient Criteria Technical Guidance Manual*）和《推导保护人类健康的环境水质基准的方法学》（*Methodology for Deriving Ambient Water Quality Criteria for the Protection of Human Health*）。经过多年的发展，美国形成了涵盖基准推导方法在内的水质基准体系，包括水生生物基准、人体健康水质基准、营养物基准、沉积物基准、细菌基准、生物学基准、野生生物基准和物理基准等八大类的基准。这些基准一般用数值或描述方式来表达，为美国各州和部落建立水质标准提供了科学依据。

美国最新的水质基准共有 167 项污染物的淡水急性、淡水慢性、海水急性、海水慢性和人体健康基准值以及 23 项污染物的感官影响水质基准。167 项污染物中包括合成有机化合物 107 种、农药 31 种、金属 17 种、无机化合物 7 种、基本的物化指标 4 种、细菌 1 种，其中有 120 种是优先控制有毒污染物。在最新的水质基准中，并非给出了所有污染物的所有基准值，部分污染物的基准值还需要进一步的科学研究才能确认。EPA 会根据污染物已证实的最新科学研究成果，以及毒理学、化学、生物学等学科的发展和分析测试方法的进步来实时更新水质基准，不断修订已有的水质基准及其技术指南以保证水质基准的时效性。

1）水生生物基准。美国最早制定的水环境基准是保护水生生物的水质基准（简称水生生物基准），起初该基准只用一个值来表示，一般是将水生生物的急性毒性值乘上相应的应用系数所得到的浓度，作为不允许超过的基准值。在综合考虑了急性、慢性不同毒性效应的基础上，1985 年的《推导保护水生生物及其使用功能的定量国家水质基准指南》提出了双值的水质基准，规定为每个化合物制定的水生生物基准值分别用基准最大浓度（CMC）和基准连续浓度（CCC）表示，这两个浓度是为了防止高浓度污染物短期和长期作用对水生生物造成的急性和慢性毒性效应而设，其值分别为水生生物短期或长期暴露在有毒物质中，没有产生不可接受的影响时，有毒物质在环境水体中的最大浓度。

除了制定全国的水生生物基准，EPA 还推荐了重新计算法、水效应比值法和本地物种法 3 种修正方法，以便各州根据各自特点对国家基准进行修正。另外，为了克服推导水质基准方法中的持续时间和频率的限制，EPA 还在开发新的风险评价方法，将毒性动力学模型与种群反应模型相结合，以更好地评价水中污染物浓度的变化。

2）人体健康基准。人体健康基准主要用来保护人体健康免受致癌物和非致癌物的毒性作用，它考虑了人群摄入水生生物以及饮水带来的健康影响。2000 年发布的《推导保护人类健康的环境水质基准的方法学》，规定了推导人体健康基准的 4 个步骤，即暴露分析、污染物动态分析、毒性效应分析和基准推导方法。对于可疑的或已证实的致癌物，需估算各种浓度下人群致癌风险概率的增量；对于非致癌物，则估算不对人体健康产生有害影响的水环境浓度。

人体健康基准推导主要基于致癌性、毒性或感官性质（味觉和嗅觉），不同性质污染物的基准推导方法不同，基准值的意义和用途也不同。致癌物水质基准推导基于暴露、致癌潜力以及风险水平。暴露需考虑多种影响因素，包括鱼类和饮水消费量、暴露个体体质量以及化学物质在鱼类组织中生物富集的估算。非致癌物基准的推导是估算其不对人体健康产生有害影响的水环境浓度。该基准推导主要基于污染物的毒性效应，根据参考剂量（指每天每 kg 体重能耐受的污染物质量，mg，简写为 RfD）和标准暴露条件计算。

3）营养物基准。1994 年《国家水质清单报告》发布，提出营养物（氮和磷）是河流、湖泊和河口水质污染的主要因素。1998 年，为了评价和控制水体中的营养物，EPA 发布了《制定区域营养物质标准的国家战略》（*National Strategy for the Development of Regional Nutrient Criteria*），认为营养物基准应建立在生态区的基础上，并提出了制定湖库、河流、湿地和河口近海水域营养物基准指南的计划。2000 年，EPA 发布了这 4 类水体的《营养标准技术指导手册》，建立了评价水体营养状态和制定生态区营养物基准的技术方法，以指导各生态区建立营养物基准。

根据各种影响营养物负荷因素（如日照、气候、物理扰动、沉积物负荷、基岩类型和海拔高度等），EPA 将全国划分为 14 个生态区，并为每个生态区制定营养物基准值。以湖库为例，根据《营养标准技术指导手册：湖泊和水库》（*Nutrient Criteria Technical Guidance Manual：Lakes and Reservoirs*），每个生态区可筛选一系列参照湖泊，将 25％分布概率的对应值设为贫营养与中营养级别间的标准值，50％分布概率的对应值作为中营养与富营养级别间的标准值，75％分布概率的对应值作为中富营养与重富营养级别间的标准值。EPA 陆续颁布了控制湖库、河流、湿地和河口近海水域富营养化的营养物基准，主要控制总磷、总氮、叶绿素 a 和透明度等指标；同时，要求各州或部落在制定水质标准的过程中采纳营养物基准。

4）沉积物基准。沉积物是水生生态系统中不可忽视的理化环境组成部分，是许多污染物的最终归宿，同时也是各种水生生物的生存基质。化学品直接从沉积物传递给生物是生物接触污染物的主要途径，因此，保护沉积物质量已成为水质保护的必要延伸，而沉积物质量基准的制定正是为了保护底栖生物免受沉积物中污染物所造成的慢性影响。EPA 建立了平衡分配法，已为二氢苊、狄氏剂、异狄氏剂、荧蒽和菲等 5 种非离子性有机化合物制定了沉积物质量基准。

5）细菌基准。1986 年 EPA 发布了《环境水质细菌基准》（*Ambient Water Quality Criteria for Bacteria*），提供了指示生物、采样频率和基准风险的信息，主要用于州和部落制定娱乐性水体的水质标准。该基准采用的指示生物为肠道球菌和大肠杆菌，并建立了这 2 种菌的测定方法。EPA 正考虑建立非肠道病原体的指示方法，这类病原体能引起皮肤、呼吸道、眼睛、耳朵和喉咙感染，且该类感染是现有指示方法所不能检测的。EPA 计划改进细菌监测方案，以便各州和部落采用该方案评价多雨天气情况下细菌污染的真实影响；测试可预测流域和娱乐区由暴雨引起的细菌污染模型，并通过细菌监测数据进行验证。

6）生物学基准。《清洁水法》规定 EPA 与州和部落共同致力于恢复和维持地表水体的生物完整性。为了更充分地保护水生资源，EPA 规定，州和部落应明确水体的水生生物用途，并建立生物学基准进行保护。生物学基准可定性或定量表述，其基于参照水生群落组成、生物多样性等指标，描述水生生物理想状态。生物学基准主要关注污染物对水生动植物群落的种类和丰度等的影响。俄亥俄州为底栖大型无脊椎动物（底栖昆虫等）和鱼类制定了数值型生物学基准。生物学基准可满足美国国家污染物排放削减系统（NPDES）的评价功能，将生物学评价与污染物浓度及毒性数据相结合，可评价污染控制效果。生物学基准在评价变化极大的或扩散性污染源（如暴雨径流）的过程中非常有用。

7）野生生物基准。野生生物基准可保护哺乳动物和鸟类免受由饮水或摄食而引起的有害影响。美国野生生物基准主要适用于五大湖流域，《五大湖水质指南》中发布了 4 种化合物［即 DDT（滴滴涕）及其代谢物、汞、多氯联苯和二噁英（TCDD）］的野生生物基准。但目前 EPA 还没有建立野生生物基准的制订方法指南。

8）物理基准。物理基准主要考虑水环境物理参数的影响。《清洁水法》的目的之一是保护和恢复水体的物理完整性。EPA 认为，物理参数（包括流量）虽很重要但经常被忽视，可直接影响水环境功能是否达标，其对于制订水质标准是十分必要的。但到目前为止，美国还没有建立国家物理基准指南。

（3）水质标准。美国的水质标准是一个广义的水环境质量标准，它由水体化学物质标准、营养物标准、底泥标准以及水生生物标准组成，反映了水生态系统所有组成的质量状况。

除现行美国饮用水水质标准外，美国没有全国统一的水质标准。根据《清洁水法》的规定，由州和授权的部落自己制定水环境质量标准，并要求每三年对其进行评估或修改一次，根据最新的基准或科研成果，确定是否需要修订标准。各州和授权部落在确定水质标准值时，可以有四种选择：一是直接采用 EPA 推荐的基准值；二是根据特定地域对基准值进行修订；三是采用其他科学预防方法确定的基准值；四是当不能确定数据基准时，可建立描述性基准。因此，美国各州和授权的部落可在直接采用、调整和修改水质基准的基础上制定水环境质量标准。州政府制修订水环境质量标准时需要接受听证，最后提交联邦环保署审批，获批后才能生效。

各个州所制定的水环境质量标准由水体功能识别、保护水体功能的水质标准值、防止降级政策及综合措施等组成。

1）水体功能识别。《清洁水法》规定各州负责对本区域的水体指定用途，明确地表水及地下水的功能类型，包括水生生物保护功能、接触性景观娱乐功能、渔业功能、公众饮用水水源功能等。一个水体可有多项的指定用途，最好指定 5～6 个主要的使用功能，并考虑下游水体的使用。重新划定水体制定用途需要进行用途可行性分析，通过公众评议，并得到 EPA 的批准。渔业和游泳用途是最低的水质标准要求，美国《清洁水法》明确提出，"达到鱼类、贝类和水生生物的保护和繁殖的水质要求，并能为人们提供水中和水上休闲活动需要的水质"，其标准制定的核心思想是所有的水体都能用于养鱼和游泳，除非无法实施目标，才可以按照降级的程序将水体养鱼和游泳的用途去掉。

2）保护水体功能的水质标准值。各州在制定水环境质量标准时，限值的制定要严格按照《清洁水法》要求进行，叙述性标准的制定，要以定性标准或生物监测为依据，二者均应采用。

3）防止降级政策。1975 年美国联邦保护署将防止降级政策写入水质标准之中，成为联邦环境法规的一部分，是美国水质标准体系中非常重要的一部分。美国水质标准规章中规定的反降级计划分为三级，并制定了详细的实施框架。第一级要保护"现有用途"，禁止可能使水质降低至低于保持现有用途所需水质要求的活动；第二级要求维护高品质水，应避免任何超过标准的水质降低或者将其最小化，允许高质量的水体存在有限的降级，但不能超过现有用途所需的水平。第三级要求严格保护最高品质的水域，如国家公园，对于这些水体，禁止任何能导致永久性降低这类地表水水质的活动和所有新增污染物排放。

4）综合措施。各个州的水质标准中还需要针对水体用途和水质标准，制定达到水质标准的计划，包括预防措施、建设计划、监督和监测计划等，以保证水质达到标准要求。

8.3.2.2 水污染排放标准

美国水污染物排放标准体系，是美国国家污染物排放削减系统（NPDES）的核心内容。美国水污染物排放标准可分为三个层面：国家层次的基于技术的点源水污染物排放限值、地方层次的基于水质的排放限值、每个点源排污许可证中规定的 TBELs 和 WQBELs，具体排放标准体系见图 8.6。

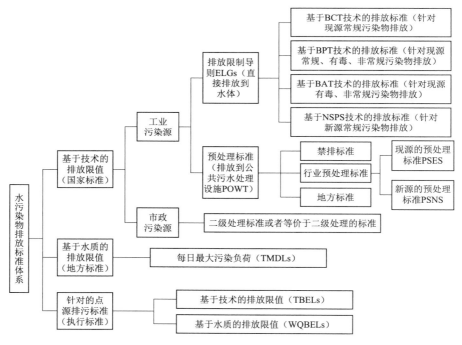

图 8.6　美国水污染物排放标准体系图

EPA 制定基于技术的排放限值后，由各州政府执行，如果执行后仍然不能满足当地水体的水质标准，州政府必须制定基于水质的排放标准，确定水体的每日最大负荷量。在执行过程中，采用许可证制度，根据 EPA 给每个点源确定的基于技术的排放限值（即 TBELs），如污染不能满足受纳水体的水质目标，根据州政府制定的基于水质的排放限值确定每个点源基于水质的排放限值（WQBELs），详细流程见图 8.7。

（1）基于技术的水污染排放限值。《清洁水法》第 301 部分明确要求 EPA 按照不同污染物类型、行业特点和技术等制定水污染物的排放标准，即国家层次的水污染排放限值导则。

《清洁水法》将水污染物分成三类，对不同的污染物类别采取不同的控制对策，制定不同的排放标准。第一类为有毒污染物，根据《清洁水法》的第 307（a）（1）部分的要求，美国 EPA 在联邦法规 40 CFR Part 401.15 中列出了 65 种（类）有毒污染物。并在 65 种（类）有毒污染物的基础上在 40 CFR Part 423 的附件 A 中列

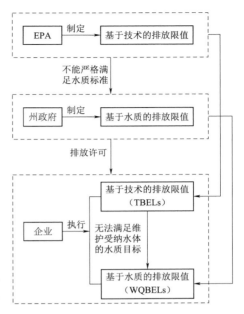

图 8.7　排污许可证限值确定流程图

出了 126 种具体的水中优先污染物。第二类是常规污染物，包括五日生态需氧量（BOD_5）、总悬浮固体（TSS）、粪大肠菌群、油脂类和 pH，以及其他 EPA 认定的常规污染物。第三类为非常规污染物，除常规污染物和有毒污染物外的污染物均为非常规污染物，如化学需氧量（COD）、总有机碳（TOC）等。

目前，美国的水污染排放标准总体上可分为三大类：排放限值导则；工业源预处理标准；市政污水处理设施执行的排放标准。

1）排放限值导则。1972 年《联邦水污染控制法修正案》要求为 NPDES 制定排放限制导则（ELGs，Effluent Limitation Guidelines），主要是为不同工业行业规定各种污染物排放限值和标准。按照各类污染物的特性、行业工艺技术和不同的控制技术，对工业污染源分别确定排放标准，属于基于技术的排放限值，多为不同行业不同污染物在四种特定技术下所能够达到的对应排放限值。对于常规污染物，《清洁水法》以常规污染物最佳可行控制技术（BPT，Best Practicable Control Technology Currently Available）和最佳控制技术（BCT，Best Conventional Pollutant Control Technology）为基础制定的排放标准。对有毒污染物和非常规污染物的控制较严，采用基于最佳可行技术（BAT，Best Available Technology Economically Achievable）的排放标准。新污染源的排放标准依据最佳可行示范技术（BADT，Best Available Demonstration Technology），称新源实施标准（NSPS，New Source Performance Standards）。BADT 对常规污染物的控制比又进一步。在可能的情况下可包括禁止排放任何污染物的规定。美国的水污染物排放标准以行业标准为主体，除考虑污染物类型外，还针对特定行业制定相关排放标准，截至目前，美国的水污染物排放标准有包括制浆造纸、纺织业、屠宰业等行业在内的 125 项水污染物排放标准。表 8.4 为美国直接排放标准技术依据表。

表 8.4　　　　　　　　　　　**美国直接排放标准技术依据表**

污染物类型	排　水　标　准
常规污染物	基于 BPT 的排水标准（1977 年 7 月 1 日前达到）
	基于 BCT 的排水标准（1989 年 3 月 21 日前达到）
有毒污染物	现源：基于 BAT 的排水标准
	新源：基于 BADT 的新源排水标准（NSPS）
非常规污染物	现源：基于 BAT 的排水标准
	新源：基于 BADT 的新源排水标准（NSPS）

2）工业源预处理标准。美国环保法规 40 CFR 的第 403 部分要求对排放污水进入公共污水处理系统（POWT，Public Owned Water Treatment）的企业制定间接排放标准，该标准适用于行业工业用户。与直排排放标准类似，美国的水污染物排放预处理标准也是针对不同的行业分别制定各自的标准。

预处理标准有针对现有污染源的预处理标准（PSES）、针对新污染源的预处理标准（PSNS），以及一个特殊的禁排标准。禁排标准主要针对某些特殊的污染物规定排放限制，目的是为了给予公共污水处理设施最基本的保护，防止这些污染物可能对公共污水处理设施产生致命的危害或者产生其他一些不可挽回的重大后果。

3）市政污水处理设施执行的排放标准。EPA 制定了适用于所有市政污水处理厂的二级处理标准，以 BOD_5、TSS 和 pH 三项指标识别排放质量，标准具体值见表 8.5。该排放标准在《清洁水法》提出后，要求已经运行的公共处理设施必须在 5 年内达到 EPA 制定的二级处理水平的排放限值，新开工建设的则必须达标后才能运行，少量特例在联邦法规 40 CFR Part 133 作了详细说明。

表 8.5　　　　　　　　　　　**二 级 处 理 标 准 表**

污染物	30 日平均值	7 日平均值	30 日平均去除率
BOD_5	30mg/L	45mg/L	85%
TSS	30mg/L	45mg/L	85%
pH	6～9		

（2）基于水质的水污染排放限值。单纯基于技术的排放限值不能严格满足水质目标，仍有部分水体没有达到水质标准，EPA 要求州政府制定更为严格的基于水质的水污染排放限值，即每日最大负荷总量（TMDLs）。TMDLs 是水体达到水质标准的条件下能承受的污染物的最大排放量，以及将总体排放量分配到各个污染源的数量，属于地方排放标准。

各州在明确水体水质标准目标的基础上，量化各种污染物的目标。通过对水体污染源分析、负荷容量分析、非点源的污染负荷分配和点源的污染负荷分配，得到污染源的污染负荷总量，即 TMDLs。

（3）每个点源排污许可证中规定的 TBELs 和 WQBELs。企业实际执行的是许可证中规定的限值，在排污许可证制定过程中，许可证撰写者根据排放限值导则中规定的限值和其他要求撰写基于技术的排放限值（TBELs）。若 TBELs 无法满足维护受纳水体的水质标准要求，则制定基于水质的排放限值（WQBELs），以满足水质目标，双限值的制定在美国水污染控制过程中起到了重要作用，具有很强的可操作性。

8.3.2.3 水环境监测标准

美国没有专门负责环境监测的系统，美国的水环境监测工作是由 EPA 牵头，各州具体实施，外部门配合下多重协作共同完成的。美国的水环境监测标准主要涉及分析方法、样品采集保存和质量管理规定。

（1）监测方法标准。经过 100 多年的发展，美国形成了完善的水环境监测方法标准体系，具体结构见图 8.8。美国水环境监测方法分为联邦监测方法和非联邦监测方法，联邦监测方法主要来源于 EPA、美国地质勘探局（USGS）等政府部门开发的监测方法，美国公共卫生协会（APHA）、美国材料与试验协会（ASTM）等组织开发的统一分析方法，以及高校、仪器公司或水质实验室研发的分析方法等。为了保证联邦方法体系的适用性、时效性和标准化，EPA 建立了一套联邦方法替代检验规程（ATP），规定了原有联邦方法的修改、替换以及新方法纳入的标准程序。这些方法必须通过 EPA 制定的方法替代检验规程（ATP）才能成为联邦分析方法。这使水环境监测分析方法体系始终处于动态变化中，保证了其生命力。

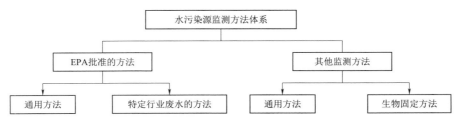

图 8.8　美国水污染源监测方法组成图

在 EPA 批准的方法中，有关水环境监测的主要有 EPA 100－600 系列、SW－846 系列和 CLP 系列。其中，EPA 100 系列为物理项目检验法，EPA 200 系列为金属测定方法，EPA 300 为非金属无机物测定方法，EPA 400 为总有机物测定方法，EPA 500 方法系列主要是针对饮用水、地表水和地下水中有机污染物的分析测定，EPA 600 系列方法主要用于废水中有机污染物测定，SW－846 系列为固定废弃物监测，CLP 为合同实验室方法系列。此外，美国地质勘探局（USGS）、美国材料与试验协会（ASTM）及官方分析化学家协会（AOAC International）也发布了一些分析方法。这些组织或部门开发的部分水质监测分析标准也被纳入到联邦法规环保法规 40 CFR，成为 EPA 方法系列的有力补充。下面主要介绍 EPA 200、EPA 500、EPA 600 和 SW－846 系列。

1）EPA 200。1979 年，EPA 200（金属测定方法）正式颁发，于 1984 年纳入 PB（Publication Board）报告。EPA 200 是 EPA《水和废水化学分析方法》的一个子系列，是美国水质固体废弃物实验室应用的一套重要标准方法，隶属于《安全饮用水法》和《联邦水污染控制法》。

EPA 200 系列共有分析方法 52 个，可分析的金属达 35 种，不仅适用于废水中，也可应用于饮用水中，甚至适用于固体废弃物中金属的分析。该系列采用电感耦合等离子体原子发射光谱等先进手段，能连续或同时进行多种金属测定，且前处理简单实用，在美国应用广泛，是唯——套纳入 PB 报告的金属分析方法系列。

2）EPA500。EPA500 系列是隶属于安全饮用水法（SDWA）（1974）和安全饮用水补充法一级饮用水法规（1986），目的是保护饮用水及饮用水源的安全。该系列的开发起源于 1979 年，首先推出的是 3 个测定三卤甲烷方法，1987 年 6 月有 5 个测定挥发性有机物和 1 个测定消毒副产物的分析方法纳入联邦法规（40 CFR parts 141，142，143），1989 年 5 月又有 7 个测定各种合成有机物和农药的分析方法也纳入联邦法规（40 CFR parts 141，142，143）。20 世纪 80 年代末，根据安全饮用水补充法，又开发了 7 个测定非挥发物和 2 个消毒副产物的方法，共测定 54 种有机物，绝大多数是非挥发物。这最新的 9 个方法于 1990 年 7 月由 EPA 正式提出，1991 年已纳入 PB 报告。

发展至今，EPA500 系列共有分析方法近 60 个，分析有机物 250 余种。如 EPA524.3 采用吹扫捕集–气相色谱/质谱联用检测饮用水中 VOCs。测定主要化合物的名单是按照这两个安全饮用水法和一级饮用水法规确定的，重点挥发性有机物（60 种），含氯农药及多氯联苯（24 种）、消毒副产物（32 种），含氯除草剂（16 种），含磷氮农药（46 种），多环芳烃（16 种）。该系列 QA/QC 要求严格，各类标样配备齐全，一步到位；具有很强的灵活性和实用性，为每个化合物提供多种测定方法；并应用了许多新技术，如填充柱与毛细管柱并行、液–固提取技术等；前处理简单，一般不需净化处理。

3）EPA 600。EPA 600 为《城市和工业废水中有机化合物的分析方法指南》，该方法系列最早出现在 1973 年 6 月 12 日的《废水中污染物的分析方法》提案中（40 CFR Part 130），同年 10 月 16 日被批准为法规（40 CFR Part 136）。后经两次修订和 20 多位专家的公开评论及实验室间的方法验证，1984 年 10 月正式颁布为联邦法规（40 CFR Part 136）。

该系列主要有分析方法 17 个，分析 15 类有机物共 217 种，其中分析挥发性有机物的方法 5 个，半挥发性有机物的方法 12 个，如 EPA 624 采用气相色谱—质谱联用检测工业废水中 VOCs（挥发性有机物）。该系列分析方法性能良好，方法检测限（MDL）都在 $\mu g/L$ 级，甚至 ng/L 级；准确度、精密度稳定；前处理方法简便易行，净化与分离方法又很灵活；全部使用填充柱，经济耐用，分析速度快，柱容量大。

4）SW–846 系列。根据美国资源保护与回收法（RCRA），EPA 于 1986 年 9 月颁布了 SW–846 方法系列，它收集了实施 RCRA 法规的全部采样方法和试验方法，是在 EPA 100–600 系列的基础上发展起来的。SW–846 系列的分析对象是固体废弃物，其物理形态多种多样，有水体、淤泥、固体（包括土壤）、油、有机液体、多相混合物、EP（浸出试验毒性提取液）、TCLP（毒性浸出试验提取液）和气体九大类。分析项目包括有机物、金属和常规项目，被分析化合物的质量浓度从 $\mu g/L$ 级到 10000mg/L 级。该系列自发布以来已修订 3 版。

SW–846 系列考虑到固废采集现场复杂，样品形态多样化，首次将采样方法放在与分析方法等同重要的地位；吸收了前期各方法系列的净化方法，借鉴各类化合物及各种物理形态进行提取、净化与分离、仪器分析等方面的最新成果；选用了各种先进的分析手段，如气相色谱（GC），气相色谱/质谱（GC–MS），液相色谱（HPLC），气相色谱/红外线光谱（GC-FTIR），等离子发射光谱（LCP），原子吸收光谱（AA），紫外（UV），高效液相色谱/质谱联用（HPLC-TSP-MS）；采用了许多先进技术，如吹扫捕集仪，超声波提取技术，微波技术，GC的高选择性检测器：光离子化检测器（PID），电导检测器（ELCD），电子捕获检测器（ECD）等；该方法系列还要求严格执行质量保证/质量控制（QA/QC）程序，要求现场采样过程质量与分析过程质量控制并重，定期向EPA提交QA/QC报告。

（2）样品采集保存。除了明确监测方法标准，美国还对样品采集和保存做出了详细规定，包括采样频次及不同项目采样要求、样品保存时间、保存方法等。比如，美国国家污染物排放削减系统（NPDES）分别对污水处理设施和工厂废水预处理设施的采样做出了规定。40 CFR Part 122对采样作出了规定，要求pH、温度、氰化物、总酚、余氯、矿物油及植物油、粪大肠菌群、粪链球菌、大肠杆菌、肠道球菌和挥发性有机物单次采样，其余污染物在24小时内采集不少于4次样品，混合后分析。40 CFR Part 40预处理设施的排放要求对痕量金属、挥发性有机物、单次和混合样采集做了详细规定。40 CFR Part 136（EPA 600）对样品的保存和保留时间作出了明确规定。此外，分析方法中也有相关采样规定。

（3）质量管理规定。为指导环境监测的质量管理和控制，EPA制定了一系列的通用质量管理规定，对EPA管理人员、实验室工作人员工作的各个环节，如计划方案的设计、数据的审核评估等做出了详细的质量管理要求。

8.3.2.4　标准体系特点

美国水环境标准体系在制定时不是力求完美，而是着重其实用性，考虑其在职能上互为补充。美国水环境标准体系特点如下：

（1）EPA发布的水质基准是美国水环境质量标准的基础，建立在长期的毒理性试验、生态学试验以及统计学模型的基础上，并根据最新科研成果实时更新，为各地水环境质量标准制定提供强有力的科技支撑。

（2）美国各州在EPA发布的水质基准的基础上，根据各州水体的实际情况，制定当地的水质标准。在美国的整个水环境质量标准中，地方标准占绝对地位，地方政府在标准制定和实施中发挥灵活性作用，这使得美国水质标准更加具有针对性和可操作性，也使得标准灵活性强，系统性不明显。

（3）在美国的水污染排放标准中，遵循技术强制原则，根据污染物类型的不同，新源和现源不同，生产工艺和污染控制技术的不同，规定了宽严程度不同的排放标准，更具有针对性和合理性。

（4）美国的水污染排放标准针对不同行业的特点制定相对应的排放标准，使得常规污染物和行业特征污染物之间存在巨大差异，从制定原则、方法依据、监督监测的要求等方面均体现不同，更好地突出对行业污染物的控制，控制要求更明确，使标准更易操作可行。

（5）美国的水污染排放标准包括基于技术的排放限值和基于水质的排放限值，当基于技术的排放限值不能达到水质标准时，必须采用基于水质的排放限值，将技术控制与水质控制相结合，水质标准通过排放标准起作用，提高了水质达标率，水质污染控制效果佳。

（6）美国的水质监测标准通过法定程序被纳入联邦法规，具有强制性；由专门的研究实验室负责监测分析技术的研发，开发速度快，针对性强；其标准化程度高、指控措施严密，每个方法都对每个环节贯穿了 QA/QA 的原理、思路和方法，为每个方法开发了一套可操作的标准程度，实用性强，是美国水环境标准实施的有力支撑。

8.3.3　美国水生态环境标准制定

在详细阐述了美国水生态环境标准体系的基础上，以下主要介绍美国水生态环境标准制定的主体、流程和基础。

8.3.3.1　制定主体

美国建立了以民间标准化机构为主体、分散灵活的自愿性标准体系，是国际上最具代表性的体制之一。现行的美国标准化机构由以美国国家标准学会（ANSI）为协调中心的国家标准体系、联邦政府的标准化机构和非政府机构（民间团体）三大类组成。从美国水环境标准的发展历程来看，EPA 和州政府是美国水环境标准的制定主体。

（1）EPA。美国大多数的环境法都授权 EPA 为水环境制定标准，只有满足这些标准的方案才有效。当某个州的标准严于国家标准时，EPA 就批准该标准，若其没能获得批准，EPA 就将国家标准直接在该州实施，直到州标准获准为止。国家层级的水环境标准一般都由 EPA 制定，比如国家饮用水水质标准和水污染物排放标准等。

（2）州政府。对于水环境标准，多为 EPA 发布水质基准，然后由州政府根据水环境基准结合各州实际情况制定各州的水环境标准，使得标准更具针对性和操作性，有效地缓解了水污染问题。

（3）科学顾问委员会。科学顾问委员会主要为水环境标准的制定提供技术指导。除了在水环境标准文件的制定中提供相关科学研究参数外，还对制定水环境标准的科学性进行审查。EPA 有四个常设科学顾问委员会，为水环境标准的科学性和合理性提供有强力的支撑。

（4）非政府组织。非政府组织在水环境标准制定中的作用主要是通过参与执法政策和法律的制定与执行来对制定中的环境立法或方案施加影响，一般不主动制定水环境标准。非政府组织中仅有个别专业技术协会能够制定独立的水环境标准，其制定的工业标准只在他们行业内使用，不具有法律约束性，属于行业内各企业约定遵守的条件。这种自发制定的工业标准为 EPA 制定国家标准提供很好的实践经验，所以有时 EPA 也在守法战略中采纳它们的标准，被采纳后的标准才具有法律强制性。

8.3.3.2　制定流程

（1）水环境质量标准的制定程序。美国由各州根据各水体实际情况制定水质标准，各地程序存在一定的差异，但是《清洁水法》对水质标准的制定和修订的重要环节进行了规定。在标准制定阶段，首先需要明确水域功能，在此基础上，根据水域特点，选择或制定合适的水质限值，编写工作报告。其次，针对水质标准进行相关经济技术分析，根据经济技术分析提出建议标准与颁布最终标准。安排公众听证会，最后建议水环境质量标准的参考数值，并提交 EPA 审批，获批后生效。

《清洁水法》还规定各州必须每 2～3 年对水环境质量标准进行评估，根据评估结果确定是否需要进行水质修订工作。水环境质量标准的评估和修改主要有以下步骤。首先，各州需要列举不符合水质标准的水体，选择水质限制河段进行详细的水环境质量标准评价。在水体调查评价的基础上，找到功能未达到的原因，确定可达到的水体功能。其次，根据可达到的水体功能，制定适当的水质基准，并对不达标水体进行水质分析，计算基于水质的排放限值。然后，对达到目标所需的技术控制进行经济影响分析评价，根据分析修改水环境质量标准。最后，各州必须召开公开听证会，并报 EPA 批准后生效。

（2）排放标准的制定程序。《清洁水法》详细规定了制定水污染物排放标准的流程。首先，《清洁水法》的第 308 部分规定，EPA 有权要求污染排放源提供有关污水排放的信息。据此，EPA 在全国范围内开展污染源废水排放情况调查，收集和分析与行业污染排放相关的调研数据，对符合指定技术的排放数据进行筛选。然后，根据设备或工厂的运行时间、生产工艺、污染控制措施、原辅材料、工厂规模、地理位置等，采用多元回归分析，考察各因素与常规污染物排放浓度的相关情况，以判断各因素的影响程度进而确定基于技术的长期平均值的推导模型。最后根据模型推导其长期平均值，并采用变异系数确定月平均最大值和任意一天最大值，形成标准草案。草案依次由相关污染控制咨询委员会的公开会议、环境环保局、管理与预算办公室分别进行审查并修改，最后由 EPA 提出，并在联邦公报上发表。

8.3.3.3 制定基础

美国水环境标准制定的基础是完善的法律法规和严谨的科学研究，所有标准的制定都遵循严格的法律程序和科学的技术方法。

（1）法律法规。《清洁水法》实现了对美国水环境标准制定修订的全过程指导和管理，第三分章的标准与实施中，规定了排水限度、与排水限度有关的水质、水质标准与实施计划、信息与原则、各州关于水源的报告向国会的移送、实施的国家标准和有毒物质与预处理标准等，对环境标准的制定、实施、法律责任及相关的制度都作了详尽的规定。

（2）科学研究。定量化是美国水环境标准最大的特点之一，该标准是建立在长期的实地调研、丰富的污染源数据、科学的数据分析、严谨的排放规律研究和毒理性试验等科学研究的基础上。

《清洁水法》授权 EPA 负责美国水环境标准的科学研究工作，经过多年的发展，EPA 提出了完善的标准制定方法体系，为美国水环境标准的制定提供了强有力的科技支撑。方法体系涉及标准制定的各个方面，包括各类水质基准的推导方法、不同污染物排放限值和不同行业的排放限值的确定方法等，使得其标准限值具有很强的科学性。同时，EPA 会根据最新的科学研究成果不断更新方法指南、基准和标准，使得美国的水环境标准有很强的时效性，使美国的水环境标准体系成为全球最为先进的水环境标准体系之一。

第 9 章

我国水生态环境标准

经过多年的发展，我国的水生态环境标准体系已基本建立，在生态环境保护中发挥了极其重要的作用，但随着社会经济的发展，水生态环境标准也需要不断发展，与经济发展相适应。

9.1 我国水生态环境标准发展历程

我国的水生态环境标准是与水环境保护事业同步发展起来的，经历了起步探索、曲折发展和改革提升三个阶段。

从 1973 年 8 月全国第一次环境保护会议到 20 世纪 80 年代末为起步探索阶段，颁布了多个法律法规，制定了多个水生态环境标准，为我国早期的水环境保护事业做出重大贡献。1973 年，为解决工业三废带来的环境污染问题，制定了我国第一个环境标准《工业"三废"排放试行标准》（GBJ 4—73），奠定了我国水生态环境标准的基础。1978 年修订的《中华人民共和国宪法》（1978 年）第一次对环境保护作了规定，为我国的环境保护工作和以后的环境立法提供了宪法依据。1979 年，全国第二次环境保护会议将环境保护确立为基本国策，要求进一步加强环境标准工作。同年，国家颁布了《中华人民共和国环境保护法（试行）》，明确规定了环境标准的制定修订、审批和实施权限，使环境标准化工作有了法律依据和保证。80 年代，我国相继颁布了《中华人民共和国海洋环境保护法》、《中华人民共和国水污染防治法》和《中华人民共和国水法》，进一步推进了我国的水生态环境标准化工作。国家环保局成立以后，形成了各级政府和有关机构协同参与的环境保护管理体制，更是有组织、有系统地开展环境标准的研究、制定和颁布工作，制定了水环境质量标准及钢铁、化工、轻工等多个工业污染物排放标准，初步形成了我国的水生态环境标准体系。80 年代中期，为配合环境质量标准和污染物排放标准的实施，制定了相应的方法标准、标准样品标准。1988 年，《中华人民共和国标准化法》颁布，确定了我国的标准体系、标准化管理体制和运行机制的框架，标准化工作开始纳入法制管理的范畴，它的施行有力地助推了水生态环境标准化工作高质量发展。

1990 年到党的十八大为曲折发展阶段，经过多轮的清理整顿，形成了相对完整的水生态环境标准体系。1990 年，国家环保局对已颁布的标准进行清理整顿。1991 年 12 月在广州召开的环境标准工作座谈会上，提出了新的水生态环境标准体系。此后，针对排放标准的时限问题和重点污染源控制问题，明确了排放标准的时间段的确定依据，理顺了综合排放标准及行业排放标准的关系，并着手修订综合排放标准和重点行业的排放标准，进一步理顺和解决了在实施中的一些问题。到 1996 年，在国家水生态环境标准清理整顿中，制定和颁布了一系列水污染物排放标准。之后，国家相继颁布或更新了一系列的水生态环境标准，形成了相对完整的水生态环境标准体系。

　　党的十八大以来，我国进入中国特色社会主义建设时期，也迎来了标准化事业的改革提升阶段。习近平总书记指出，"中国将积极实施标准化战略，以标准助推创新发展、协调发展、绿色发展、开放发展、共享发展"，要求必须加快形成推动高质量发展的标准体系。国务院相继出台了《深化标准化工作改革方案》和国家标准化体系建设的发展规划。第十二届全国人大常委会审议通过新修订的《中华人民共和国标准化法》，确立了新型标准体系的法律地位，形成了政府主导制定标准与市场自主制定标准协同发展、协调配套的机制。根据改革要求，我国对现行水生态环境标准进行了全面清理，并优化标准立项和审批流程，集中开展了滞后老化标准的复审和修订，整合精简了部分水生态环境标准，更新发布了大量的水生态环境标准，使得我国水生态环境标准体系逐步优化。

9.2　我国水生态环境标准体系

　　目前，我国的水生态环境标准的体系为"六类三级"，包括水环境质量标准、水污染物排放标准、水环境卫生标准、水环境基础标准、水环境监测分析方法标准和水生态环境标准样品标准等六类，以及国家级、行业级和地方级三级。其中，水环境质量标准、水污染物排放标准和水环境卫生标准为核心标准，水环境监测分析方法标准、水生态环境标准样品标准和水环境基础标准作为配套辅助标准，进一步详细阐述了核心标准中对应的标准分析方法、标准样品、术语、分类和技术要求等。图 9.1 为我国水生态环境标准体系图。

　　从级别上来说，有国家标准、行业标准和地方标准三级。现行水生态环境标准约 1353 个（地方级标准暂未统计），其中水环境质量标准约 36 个，水污染物排放标准 66 个，水环境卫生标准 50 个，水环境基础标准 430 个，水环境监测分析方法标准 721 个，水环境标准样品标准 50 个。从发布部门来看，生态环境部颁布约 690 个，水利部颁布约 98 个、住房和城乡建设部约 119 个；其他行业如农业、林业、海洋、卫生、核工业、电力、化工等系统也颁布了相关的水环境行业标准。此外，各地方有权根据当地实际情况和保护需要，制定严于国家标准的标准，即地方标准。地方

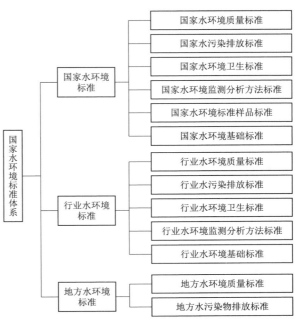

图 9.1　我国水生态环境标准体系图

标准以地方环境质量标准和地方污染物排放标准（或控制标准）两种为主，如《上海市污水综合排放标准》（DB31/199—2018），部分省（直辖市、自治区）也颁布了水环境监测分析方法标准和水环境基础标准等。

9.2.1　水生态环境质量标准

目前，我国水生态环境质量标准以水环境质量标准为主，基本没有水生态质量相关标准。水环境质量标准是根据不同水域及其使用功能分别制定不同的水环境质量标准。按水体类型划分有地表水环境质量标准、海水水质标准和地下水质量标准；按水资源用途划分有城市供水水质标准、渔业水质标准、农田灌溉水质标准、生活杂用水水质标准、无公害食品畜禽饮用水质、各种工业用水水质标准等，共计 30 多个。

（1）国家水环境质量标准。由卫生部（现为卫生健康委）主管颁布的水环境卫生标准也包括了水质部分，除此以外，其他部门颁布的国家水环境质量标准约 12 个，具体见表9.1，主要涉及地表水、地下水、城市污水回用水、农田灌溉用水、海水和渔业用水六个方面的内容。

表 9.1　　　　　　　　　　　　国家水环境质量标准表

序号	标　　准	部　　门
1	《地表水环境质量标准》（GB 3838）	生态环境部
2	《农田灌溉水质标准》（GB 5084）	
3	《海水水质标准》（GB 3097）	
4	《渔业水质标准》（GB 11607）	
5	《地下水质量标准》（GB/T 14848）	自然资源部
6	《污水排入城镇下水道水质标准》（CJ 343）	住房城乡建设部
7	《城市污水再生利用 农田灌溉用水水质》（GB 20922）	
8	《城市污水再生利用 地下回灌水质》（GB/T 19772）	
9	《城市污水再生利用 工业用水水质》（GB/T 19923）	
10	《城市污水再生利用 城市杂用水水质》（GB/T 18920）	
11	《城市污水再生利用 绿地灌溉水质》（GB/T 25499）	
12	《城市污水再生利用 景观用水水质》（GB/T 18921）	

其中，《地表水环境质量标准》（GB 3838）是我国水环境质量标准中最为重要的标准，是评价和考核我国地表水环境质量、管理我国地表水环境的基本依据。该标准依据地表水环境功能和保护目标将地表水体分为 5 类，并规定了水环境质量应控制的项目、限值和分析方法等，适用于我国江河、湖泊、运河、渠道、水库等所有具有使用功能的地表水水域。自发布后，经过了多轮修改，以适应经济社会的发展和环境保护形式的变化，具体见表 9.2。总的来说，与发达国家相比，控制项目数量相当，基本项目 24 项，包括基础环境参数、营养盐、耗氧物质以及重金属和氰化物、挥发酚等部分有毒有害污染物等，限值以参考国外成果为主，总体具有科学性、客观性，在实施水污染防治、保护水生态环境、保证水环境功能等方面发挥着至关重要的作用。

表 9.2 《地表水环境质量标准》（GB 3838）历次修改表

版次	制定（修订）年份	质量分类	指标情况	主要变化	备 注
第一版	1983 年	三类	综合性指标 20 项		
第二版	1988 年	五类	综合性指标 30 项	首次增加水质测试标准	缺少对有机化学物质的控制标准
第三版	1999 年	五类	指标总数 75 项，其中基本项目 31 项，控制湖库富营养化项目 4 项，控制前三类水的有机物项目 40 项	采样分类指标体系，并增加了富营养化和有机物项目的指标	
第四版	2002 年	五类	指标总数 109 项，其中基本项目 24 项，集中式饮用水地表水源地补充项目 5 项，特定项目 80 项	删减了部分基本项目，针对集中式饮用水提出了补充项目和特定项目	标准限值以参考国外成果为主，强化了集中式饮用水源地水质的保护，但没有放射性核素指标

（2）行业水环境质量标准。目前，我国行业水环境质量标准约 24 个，具体见表 9.3。其中，水利部发布的水环境质量标准多体现水资源开发利用与保护，住房城乡建设部则主要

表 9.3 我国现行有效的行业水环境质量标准表

序号	标 准	部门（行业）
1	《再生水水质标准》（SL 368）	水利部
2	《城市供水水质标准》（CJ/T 206）	住房城乡建设部
3	《生活饮用水水源水质标准》（CJ 3020）	
4	《生活热水水质标准》（CJ/T 521）	
5	《城镇污水热泵热能利用水质》（CJ/T 337）	
6	《游泳池水质标准》（CJ/T 244）	
7	《公共浴池水质标准》（CJ/T 325）	
8	《饮用净水水质标准》（CJ 94—2005）	
9	《无公害食品畜禽饮用水水质》（NY 5027）	农业部
10	《无公害食品禽畜产品加工用水水质》（NY 5028）	
11	《无公害食品淡水养殖用水水质》（NY 5051）	
12	《无公害食品海水养殖用水水质》（NY 5052）	
13	《盐碱地水产养殖用水水质》（SC/T 9406）	
14	《石油化工给水排水水质标准》（SH 3099）	石油化工行业
15	《循环冷却水用再生水水质标准》（HG/T 3923）	
16	《纺织染整工业回用水水质》（FZ/T 01107）	纺织行业
17	《公路服务区污水再生利用 第 1 部分：水质》（JT/T 645.1）	交通运输部
18	《铁路回用水水质标准》（TB/T 3007）	
19	《地下水水质标准》（DZ/T 0290）	自然资源部

考虑城市用水，农业部（现为农业农村部）则主要为无公害食品用水，石油化工业为循环水和工业给排水相关，纺织行业则为回用水标准等，基本都体现了各部门的实际工作需求。

9.2.2　水污染物排放标准

水污染物排放标准是为满足水环境质量标准的要求，根据国家水环境质量标准和国家经济、技术条件制定的，遵循浓度控制与总量控制相结合的原则，是国家环境法规的重要组成部分，也是执行环保法律、法规的重要技术依据，在环境保护执法和管理工作中发挥着不可替代的重要作用。

迄今为止，我国已经颁布了一系列的水污染物排放标准，形成了包括国家水污染物排放标准、行业水污染排放标准和地方污染物排放标准在内的比较完整的水污染物排放标准体系。

（1）国家水污染物排放标准。我国国家水污染物排放标准包括综合性的水污染排放标准和行业的水污染排放标准。因水污染物排放标准的制定思路的变动，我国水污染物排放标准体系经历了由综合到以行业为重点，再到综合，初步形成综合与行业并行的结构体系。

1）国家《污水综合排放标准》（GB 8978）。国家现行《污水综合排放标准》（GB 8978），于 1996 年修订发布，由中国第一个污染物排放标准《工业"三废"排放试行标准》（GBJ 4—73）演变而来，具体变化见表 9.4。

表 9.4　　　　　　　　《污水综合排放标准》（GB 8978）历次修改变化表

版次	年份	控 制 污 染 物		主要变化	适用范围
第一版	1973 年	第一类（5 种）	汞、镉、六价铬、砷、铅及其无机化合物	采用统一浓度限值	工业污染源
		第二类（14 种）	pH 值、悬浮物、生化需氧量、化学耗氧量、硫化物、挥发酚、氰化物、有机磷、石油类、铜及其化合物、锌及其化合物、氟化物、硝基苯类、苯胺类		
第二版	1988 年	第一类（9 种）	修改为总汞、烷基汞、总铬、六价铬、总铅、总砷、总镉、总镍、苯并 [a] 芘	①排放分级控制；②增加了难生物降解的有机污染物；③综合使用浓度控制指标和排水量指标；④提出依环境质量基准和最佳实用技术制定标准限值；⑤将统一排放限值与行业排放限值相结合；⑥对排污单位分类管理，新建企业、大中型企业从严，现有企业、小型企业从宽；⑦首次配套了标准分析方法	除五个行业外，其他一切排污单位
		第二类（20 种）	减少了有机磷，增加了色度、动植物油、氨氮、磷酸盐、甲醛、阴离子表面活性剂、锰		

版次	年份	控　制　污　染　物		主要变化	适用范围
第三版	1996年	第一类 （13种）	增加了总镍、苯并（a）芘、总铍、总银、总α放射性、总β放射性	①进一步明确了综合排放标准与行业排放标准不交叉执行的原则； ②新建企业和现有企业分别管控，新建企业增加了大量难降解有机污染物； ③限值进一步加严，现有企业限值与上版本新建企业相当，新建企业部分指标要求更高	除有行业标准的行业外，其他一切排污单位，部分项目仅针对特定行业
		第二类 （26种） 1998年前建设的单位	pH值、色度、悬浮物、生化需氧量、化学需氧量、石油类、动植物油、挥发酚、总氰化合物、硫化物、氨氮、氟化物、磷酸盐、甲醛、苯胺类、硝基苯类、阴离子表面活性剂、总铜、总锌、总锰、彩色显影剂、显影剂及氧化物总量、元素磷、有机磷农药、类大肠菌群数、总余氯		
		第二类 （56种） 1998年后新建单位	增加了乐果、对硫磷、甲基对硫磷、马拉硫磷、五氯酚及五氯酚钠、可吸附有机卤化物、三氯甲烷、四氯化碳、三氯乙烯、四氯乙烯、苯、甲苯、乙苯、邻-二甲苯、对-二甲苯、间-二甲苯、氯苯、邻-二氯苯、对-二氯苯、对-硝基氯苯、2,4-二硝基氯苯、苯酚、间-甲酚、2,4-二氯酚、2,4,6-三氯酚、邻苯二甲酸二丁酯、邻苯二甲酸二辛酯、丙烯腈、总硒、总有机碳		

从历次修改来看，污染物的控制思路在早期就已初步呈现，各版本均对不同的污染物进行分类管理，将污染物分成两类，即第一类物质和第二类物质，优先考虑容易体内蓄积，对人体健康产生长远影响的有害物质。

其次，在第一次修订时，整体框架及制定思路已基本形成，均在现行版中得以延续。其提出了排放分级控制、排入不同功能水域执行不同排放标准，加强了与水环境质量标准的联系；明确了综合排放标准与行业排放标准不交叉执行的原则，理清了与行业标准的关系；综合运用浓度控制值与排水量控制值控制污染，有效防止了稀释排放，强调对污染源的总量控制；将综合排放标准与行业标准相结合，对26个行业的部分指标提出了特定的限值，多有放宽；对排污单位进行分类管理，新建企业、大中型企业从严，现有企业、小型企业从宽；提出依据环境质量基准和最佳实用技术制定标准限值；并配套了标准分析方法，确保分析数据可靠、统一。

另外，逐步加大了相关基础研究，控制指标逐步增加。现行版在"中国水环境优先监测研究"成果的基础上，选择其中量大、面广、危害大，且具备控制条件的污染物确定为该标准的控制项目，多为难降解的有机污染物。

最后，随着环保形势的日益严峻，现行版标准限值多从严要求，现有企业限值与上版本新建企业相当，新建企业部分指标要求更高。总的来说，该标准的制定修订朝着更加科学和合理的方向发展。

2）国家行业水污染物排放标准。国家行业水污染排放标准随着不同阶段的环保形势和污染控制思路的变化而出现较大的变动，在反复中探索前进发展。不同阶段行业水污染排放标准发展历程见表9.5。

表 9.5　　　　　　　　国家行业水污染物排放标准发展历程表

时间/年	标准发布情况	制定修订数量/个	有效标准数量/个
1983—1985	造纸、甜菜制糖、甘蔗制糖、合成脂肪酸、合成洗涤剂、制革；石油化工、石油炼制、石油开发、海洋石油开发、沥青、硫酸、黄磷、铬盐、普钙；钢铁、轻金属、重有色金属、梯恩梯、黑索金、火炸药、雷汞、二硝基重氮酚、叠氮化铅；医院污水、电影洗片水、铁路货车洗刷、船舶、船舶工业	30	30
1988	《污水综合排放标准》（GB 8978）修订时废除大部分行业标准，保留了医院污水、船舶、船舶工业、海洋石油开发、军工业（6项）	0	10
1990—1995	钢铁、肉类加工、纺织染整、合成氨、造纸、航天推进剂、兵器（3项）、磷肥、烧碱及聚氯乙烯	11	15
1996	污水综合标准修订时将医院污水标准纳入，废除了相应的行业标准	0	14
2000—2006	污水海洋处置工程、畜禽养殖业、城镇污水处理厂、柠檬酸、味精、医疗机构、啤酒、皂素、煤炭、兵器（修订3项）、造纸（修订）、合成氨（修订）	14	22
2008—2014	杂环农药、羽绒、制药（6项）、制糖、电镀、合成革与人造革、淀粉、酵母、油墨、陶瓷、有色金属（5项）、硝酸、硫酸、稀土、汽车维修、发酵酒精和白酒、橡胶制品、炼焦、电池、制革、锡锑汞、合成氨（修订）、钢铁（3项，其中修订1项）、纺织（4项，其中修订1项）、弹药装药（修订）、磷肥（修订）、制浆造纸（修订）、柠檬酸（修订）、海洋石油开发（修订）	43	57
2015—2019	石油炼制、石油化工、合成树脂、无机化工、再生铜铝铅锌、烧碱及聚氯乙烯（修订）、船舶（修订）	7	62

20 世纪 80 年代，城市污水等生活污染问题愈加突出，工业有机污染也日趋严重。随着《中华人民共和国水污染防治法》的颁布实施，中国对轻工、冶金、石油开发等 30 个主要行业逐步制定了行业水污染物排放标准，初步形成了中国行业水污染物排放标准体系。这一时期的行业型排放标准较多地强调了行业发展特点和需求，排放控制水平宽严不一。

1988 年，随着排污收费制度的出台，水污染物排放标准的制定思路由以行业水污染物排放标准为主转变为综合排放标准与行业水污染物排放标准并行。《污水综合排放标准》修订颁布后，只保留了 10 个行业标准，其余行业均执行综合标准。1992—1995 年间，我国陆续制定修订发布了一系列重点行业的污染物排放标准，包括钢铁、肉类加工、纺织染整、合成氨、军工业、航天推进器等行业，共 11 个标准，使得行业标准达 15 个。在污染物项目选择上进一步突出行业特征，在延续之前行业标准和综合标准的污染物项目的基础上，进一步筛选增加了行业特征污染物。如纺织染整行业增加二氧化氯指标，造纸行业增加了 AOX（Absorbable Organic Halogens，可吸收有机卤化物）指标，烧碱、聚氯乙烯行业增加了石棉、活性氯、氯乙烯等指标。从总体上来看，水污染物排放标准的污染物控制项目增加到 49 项。

21 世纪后，针对综合水污染物排放标准不能反映行业污染物的特点，为了解决标准适用范围的重叠和空缺问题，增强排放标准的适用性和科学性，加快和完善了我国行业水污染物排放标准的制定。在2000—2006年间，再次修订了造纸、合成氨工业水污染物排放标准，制定了畜禽养殖、城镇污水处理厂、柠檬酸、味精、啤酒等重点行业的水污染物排放标准。2008年以来40多个标准的出台，大幅提高了污染物排放的控制要求，进一步增加了行业水污染物排放标准覆盖面，逐步缩小污水综合排放标准的适用范围，逐步形成行业水污染物排放标准为主，综合排放标准为辅的体系。

截至2019年，国家已经发布的行业水污染物排放标准达到62个，控制项目达到158项。从覆盖面来看，行业水污染物排放标准涉及包括造纸、农副食品加工、纺织、钢铁、制药、化学原料及化学品制造、畜禽养殖、城镇污水处理厂等水污染物排放管理重点行业，覆盖工业、农业、生活等主要水污染物排放源，与主要发达国家和地区控制水平相当。

（2）部门行业水污染排放标准。除了国家级别的水污染排放标准，其他部门也发布了一些相关的水污染物排放标准，为行业水污染排放标准，数量较少，总共仅3项，包括农业部发布了《天然橡胶加工废水污染物排放标准》（NY/T 687—2003），渔业的《淡水池塘养殖水排放要求》（SC/T 9101—2007）和《海水养殖尾水排放要求》（SC/T 9103—2007）。

（3）地方水污染物排放标准。为适应不同地区水环境保护需求，在国家水污染物排放标准的基础上，可制定适用于某一特定区域的地方水污染物排放标准，还可进一步对每个污染源制定排放限值，实施比国家排放标准更严格的控制。目前，我国制定了地方水污染物排放标准的有四川、陕西、重庆、海南、广东、湖北、河南、山东、江西、江苏、上海、山西、天津、北京、辽宁、福建和浙江等多个省（直辖市）。地方水污染物排放标准大体分为三种类型：一是综合型；二是行业型＋综合型；三是行业型＋流域型＋综合型。

9.2.3　水生态环境监测标准

水生态环境监测标准是为满足水环境质量标准和污染物排放标准实施的需要和满足环保执法、管理工作的需要而制定的，是实现水环境保护科学管理的技术支撑。我国水生态环境监测方法标准从无到有，其标准体系已基本建立。

目前，我国水环境监测标准分为三个不同层次：国家标准分析方法、行业标准分析方法和等效方法，其中等效方法主要有《水和废水监测分析方法（第四版）》、《水和废水标准检验法》、《生活饮用水标准检验方法》，以及ISO和其他EPA相关方法等，是国家标准的补充。实际监测工作中，根据不同的监测需求，采用不同的监测标准方法。①常规监测多执行《地表水环境质量标准》（GB 3838—2002）中规定的分析方法；②自动监测执行国家环保局、欧盟及EPA认可的仪器分析方法，同时执行国家生态环境部批准的水质自动监测技术规范；③应急监测，凡有国家认可标准方法的项目必须采用标准方法，没有的项目采用等效方法进行测定。

（1）国家水环境监测方法标准。经过多年的发展，我国的水环境监测方法标准还不够完善，很多的监测项目只有一种国家标准方法，甚至部分监测项目还没有对应的国家标准方法。

截至 2019 年底，各部门发布的国家级水环境监测分析方法标准约 171 个。由生态环境部主管颁布共计 88 个，其中水监测规范与水质采样方面有 5 个，水物理性质测定有 5 个，水中生物及其毒性方面有 3 个，有机污染物测定方法有 21 个，无机污染物的测定方法有 48 个，放射性物质测定方法 6 个。住房城乡建设部发布的国家级水环境监测标准 2 个，为《地下水监测工程技术规范》（GB/T 51040—2014）和《生活垃圾卫生填埋场环境监测技术要求》（GB/T 18772—2017）。由国家质量监督检验检疫总局和国家标准化管理委员会联合颁布的水质分析方法标准有 81 个，尤以工业用水方面的水质国标较多，主要涉及工业用水、工业废水和循环水水质的监测。如《工业废水的试验方法　鱼类急性毒性试验》（GB/T 21814—2008）、《工业循环冷却水中余氯的测定》（GB/T 14424—2008）等。

（2）行业水环境监测方法标准。发布行业水环境监测方法标准的部门有水利部、生态环境部、住房城乡建设部、卫生部、自然资源部、林业部（现为国家林草局）等，各部门发布的行业水环境监测标准约 550 个。其中，水利部有约 56 个水质监测标准，主要用于天然水体如河流、水库湖泊等；住房城乡建设部有约 9 个，主要用于污水、供水和生活垃圾渗滤液的水质测定；生态环境部有 246 个，主要为水质的人工监测，还包括自动监测相关标准；自然资源部有约 81 个地下水水质检验方法和 6 个天然水和地表径流水监测相关标准；农业部发布了 8 个有关渔业的监测标准；海洋局有 26 个海洋环境相关的监测标准；电力行业发布了 44 个有关发电厂水汽水质监测标准；工业和信息化部有 30 个有关工业用水相关的水质监测标准，包括循环水、锅炉废水和冷却水等；煤炭行业有 43 个有关煤炭水的水质监测标准；原铁道部发布了一个水质分析规程。

9.2.4　水环境卫生标准

环境卫生标准是从保护人群身体健康和人类生活质量出发，对生活环境中与人群健康有关的各种物理、化学和生物因素以法律形式作出的统一规定。它是国家的一项重要建设法规，是卫生执法监督和疾病防治的法定依据，对我国疾病预防控制和卫生监督起着重要的作用。

我国水环境卫生标准化事业起步于 20 世纪 50 年代，为有效遏制肠道传染病的流行而发布的自来水水质暂行标准（修订稿），是我国第一部水环境卫生标准，后经多次修改。60 年代到 80 年代初，为加强对工业"三废"污染的控制，国家发布了一系列水环境卫生标准，如《地面水中有害物质最高容许浓度（资料汇编）》、《生活饮用水卫生标准（试行）》（TJ 20—1976）和《工业"三废"排放试行标准》（GBJ 4—73）等，这些标准对保护我国水环境，促进工农业生产发展，保障人体健康起到了重要作用。80 年代初，卫生部颁发了《卫生标准管理办法》，成立了全国卫生标准技术委员会，下设若干技术委员会，先后又制定了卫生标准五年规划和卫生标准体系。80 年代中期，我国水环境卫生工作重点由防治工业"三废"污染的水环境的研究与监督监测转向内环境的研究与监测，环境卫生标准内容也随之转移，特别是 1995 年后卫生部成立了卫生标准办公室，使我国水环境卫生标准的研制和管理工作进入一个新阶段，推进了我国水环境卫生标准体系的完善。

我国水环境卫生标准体系，可概括为"三类"，即水环境卫生标准、水环境卫生基础标准、水环境卫生分析方法标准，也分为强制性标准和推荐性标准。其中，水环境卫生标准包括有工业企业设计水源卫生标准、生活饮用水卫生标准、游泳场所卫生标准、饮用天然矿泉水卫生规范、瓶装饮用纯净水卫生标准以及水源水中百菌清、苯系物等卫生标准；水环境卫生基础标准包括二次供水设施卫生水环境卫生标准、饮用水化学处理剂卫生安全性评价、生活饮用水输配水设备及防护材料的安全性评价标准等；监测分析方法标准包括生活饮用水标准检验法（共 35 项指标），水源水中乙醛、丙烯醛、苯系物等卫生检验标准方法，大型水蚤测试标准方法，游泳池水微生物、尿素等检验方法。目前，我国已颁布了水环境卫生国家标准 45 个，其中水环境卫生标准 6 个，水环境卫生基础标准 11 个、监测分析方法标准 28 个。

其他部门也根据工作需要颁布了相关水环境卫生标准，共 5 个，如住房城乡建设部发布了市容环境卫生方面相关的标准，如《市容环境卫生术语标准》（CJJ/T 65—2004）中含有水环境卫生方面的内容。地方政府也根据地方需要颁布了水环境卫生的规章等，如《北京市生活饮用水卫生监督管理条例》、《广州市饮用水水源污染防治规定（2018 年修正）》。

9.2.5　水生态环境标准样品标准

水生态环境标准样品主要是水质分析测试中用到的各种元素、污染物的标准样品。目前，国家水生态环境标准样品多由原国家质量监督检验检疫总局发布，共计 49 个，包括水质指标样品、分析校准用样品、质量控制用样品和海水无机成分样品等。为了加强对环境标准样品的管理，规范环境标准样品研复制工作，提高环境标准样品研复制工作质量，确保环境标准样品量值准确可靠，生态环境部于 2017 年发布了《环境标准样品研复制技术规范》（HJ 173—2017）。

9.2.6　水生态环境基础标准

水生态环境基础标准是水生态环境标准中对有关词汇、术语、图式、标志、原则、导则、量纲、采样、仪器设备、校验等所做的统一规定。水生态环境基础标准是为水生态环境质量标准、水污染物排放标准以及水环境卫生标准服务和配套的，它们的绝大部分为推荐性标准，只有其被强制性标准引用后才具有强制性特点。目前，我国水生态环境基础标准约 430 个。

水生态环境基础标准也可分为国家和行业两类，地方一般不制定基础标准。制定水环境基础标准的部门主要有生态环境部、水利部、卫健委、住房城乡建设部、自然资源部等。

9.2.7　标准体系特点

经过四十余年的发展，我国水生态环境标准体系已相对完善，主要呈现以下特点：

（1）我国的水生态环境标准虽然有强制性和推荐性之分，但其界限不明确，执行过程中，仅有优先级的区别，没有强制和推荐的区别，有强制性标准的优先执行强制性标准，无强制性标准的执行推荐性标准。

（2）我国水生态环境标准限值的制定多吸收国外标准，借鉴相关科研成果，以美国居多，系统性、针对性研究不足，中国特色"加工"不够，本土化研究有待进一步深入。

（3）我国国家标准占主导地位，地方水生态环境标准占比较少，截至 2019 年底，仅北京、山东等少数省（直辖市）制定了地方水生态环境标准，且多数地方制定的标准内容简单。国家标准主导下，我国的水生态环境标准区域差异化和产业差异化并不明显。

（4）我国水生态环境标准体系结构发展不平衡，水环境质量标准和水污染排放标准发展最为完善，水环境监测标准相对落后，国家监测方法体系还不够完善，有的控制指标还没有相对应的国家监测方法标准。

（5）部分水生态环境标准制定修订更新速度缓慢，老化滞后，"标龄"较高，标准的"超期服役"现象严重，导致现行水生态环境标准与不断变化的水环境保护需求现实脱节，不能满足当前水环境质量管理和保护的需求。

（6）我国的水生态环境标准侧重于水污染防治，沿用早期框架，以指标限定为主，属于指标型标准。随着经济社会迅速发展，环境问题越来越严峻，早期指标型标准略显不适应，对水污染的控制力度不足。

9.3　我国水生态环境标准制定

与欧美法规化的水生态环境标准不同，我国的水生态环境标准采用行政管理模式，本节就其制定主体、流程和基础进行介绍。

9.3.1　制定主体

我国的标准化工作实行"统一管理"与"分工负责"相结合的管理体制，标准制定修订工作主要由政府主导，由相应的公益性科研机构承担。

2018 年国家机构改革后，成立国家市场监督管理总局，原国家标准化管理委员会职责划入国家市场监督管理总局，对外保留牌子。根据国务院授权，国家市场监督管理总局负责统一管理标准化工作，下设标准技术管理司和标准创新管理司。其中，标准技术管理司依法承担强制性国家标准的立项、编号、对外通报和授权批准发布工作，制定推荐性国家标准；标准创新管理司依法协调指导和监督行业标准、地方标准、团体标准制定工作，组织开展标准化国际合作和参与制定、采用国际标准工作。

国务院有关行政主管部门和国务院授权的有关行业协会分工管理本部门、本行业的标准化工作。我国技术委员会体系由全国专业标准化技术委员会（TC）、分技术委员会（SC）和直属工作组（SWG）构成，从事国家标准组织的起草和技术审查等标准化工作，一般由来自企业、科研机构、检测机构、高等院校、政府部门、行业协会、消费者组织等各方面的委员组成。截至 2019 年 6 月底，我国共有全国专业标准化技术委员会、分技术委员会 1307 个，涵盖了国民经济和社会发展的方方面面，成为国家标准化体系的重要支撑力量。图 9.2 为我国标准化管理结构图。

根据我国标准化工作的管理体制，我国水生态环境标准的制定主体主要有国务院相关行政管理部门和国务院标准化行政主管部门。

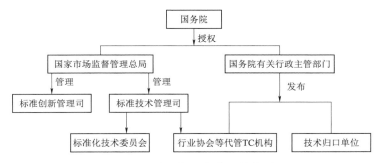

图 9.2　我国标准化管理结构图

（1）国务院相关行政主管部门。我国《中华人民共和国环境保护法》明确表示，国家环境质量标准由国务院环境保护行政主管部门制定，并根据我国环境质量标准和当前国内经济、技术条件，综合制定出国家污染物排放标准。环境监测方法标准、环境基础标准和环境标准样品标准也都由国务院环境保护行政主管部门提出计划并组织制定。另外，环境监测方法标准可以由国务院行政主管部门委托具有拟订环境监测方法标准所需的分析实验手段的其他组织拟订。

环境保护行业标准由国务院环境保护行政主管部门负责组织制定、审批、编号、发布，并向国务院标准化行政主管相关部门备案存档。除了环境主管部门，还有其他相关行政部门也制定了水生态环境标准，包括水利部、生态环境部、住房城乡建设部、国家计划发展委员会、国家电力公司和交通部等，以行业标准为主。

（2）国务院标准化行政主管部门。《中华人民共和国标准化法》规定，由国务院标准化行政主管部门进行国家标准的制定，在标准制定过程中，它主要承担标准的计划下达、审批、编号、发布等工作。环境保护行业标准是由国务院环境保护行政主管部门制定，然后向国务院标准化行政主管部门备案。

通过审批的国家环境质量标准和污染物排放标准，由国务院标准化行政主管部门进行编号，并联合国务院环境保护行政主管部门，共同发布。

环境基础标准和环境标准样品标准被提出计划并组织制定后，由国务院标准化行政主管部门下达计划、审批、编号、发布。

环境监测方法标准则是由国务院标准化行政主管部门下达计划、审批、编号后，与国务院环境保护相关行政主管部门联合发布、实施。

（3）省、自治区、直辖市等地方人民政府。《中华人民共和国环境保护法》中规定：对于国家环境标准中没有做出规定的项目，省、自治区、直辖市的人民政府可以制定相关的地方环境质量标准和地方污染物排放标准；对已有的项目可以制定严于国家标准的地方排放标准，各地方政府制定的环境标准都须报国务院环境保护行政主管部门备案。

9.3.2　制定流程

我国的环境标准属于行政规章的范畴，严格按照环境行政规章的制定程序制定实施。

（1）国家环境标准的制定程序。我国国家环境标准的制定主要有以下几个程序：首先，由国务院行政主管部门提出编制标准制定项目计划；其次，由国务院标准化行政主管部门将计划纳入全国各类标准编制计划；然后，国务院行政主管部门向编制单位下达制定标准计划任务书，并由编制单位根据任务书的内容和要求，组织制定环境标准；最后，将标准草案报国务院环境保护行政主管部门审查批准，并在批准后将标准送国务院标准化行政主管部门统一编号、发布。

（2）地方环境标准的制定程序。我国地方环境标准由省级生态环境部门组织草拟，然后由同级人民政府批准、发布，并报国务院环境保护行政主管部门备案。地方环境保护标准的制订范围包括：对国家环境质量标准中未作规定的项目，可以制订地方环境质量标准；国家污染物排放标准中未作规定的项目，可以制订地方污染物排放标准，已规定的项目，可以制订严于国家污染物排放标准的地方污染物排放标准。

9.3.3　制定基础

我国水生态环境标准是依法制定和实施的规范性技术文件，是为满足水环境保护技术法规的需要和满足水环境执法、管理工作的需要而制定的，它制定的主要基础是法律法规和科学研究成果。

（1）法律法规。从我国水生态环境标准化历程来看，法律法规起到了强有力的推进和加速作用。1978 年修订的《中华人民共和国宪法》第一次对环境保护作了规定，为我国的环境保护工作和以后的环境立法提供了宪法依据。1979 年颁布的《中华人民共和国环境保护法（试行）》授权国务院环境保护机构会同有关部门拟定环境保护标准，并要求排放单位遵守国家制定的环境标准，从而使环境标准的制定和实施有了法律依据。为了有效控制水污染，1984 年 5 月，我国颁布了《中华人民共和国水污染防治法》，明确规定了水环境质量标准和污染物排放标准的制定（修订）、实施、管理监督，使水生态环境标准制度有了法律保障。随着 1988 年《中华人民共和国标准化法》的颁布，进一步确定了我国的标准体系、标准化管理体制和运行机制的框架，它的施行有力的助推水生态环境标准化工作高质量发展。1989 年 12 月通过的《中华人民共和国环境保护法》（2014 年 4 月首次修订）明确规定了环境标准制度，为我国环境标准体系的建立奠定了法律基础。

（2）科学研究成果。我国水生态环境标准多参考国外基准与标准研究成果制定，为提高我国水生态环境标准的科学性和合理性，我国一直持续开展相关基础研究，其中水质基准和污染物监测是我国基础研究的重要方向。

我国早期主要对欧美发达国家特别是美国环境水质基准方法体系进行概述和尝试性研究，之后，中国环境科学研究院（简称"中国环科院"）等多家单位开始探索构建我国水环境基准技术体系。中国环科院联合多家单位基于流域水生物区系分布特征，针对重点污染物开展了流域水质基准研究，建立具有分区特性的水生生物基准、水生态学基准及沉积物基准方法，构建了具有我国特色的流域水环境基准技术方法框架体系；开展本土基准受试生物驯养与测试，构建了水质基准研究平台和水质基准数据库平台；识别污染物水生态毒理学效应指标与表征方法，建立流域特征污染物筛选技术方法，提出重点示范流域水环境特征污染物清单；建立了"环境基准与风险评估国家重点实验室"。研究人员还编写出版了《中国水环境质量基准绿皮书（2014）》，提出的氨氮等污染物基准阈值及基准理念支持了我国《地表水环境质量标准》（GB 3838—2002）的修订，研究成果被《中华人民共和国环境保护法修正案（草案）》列为参阅资料，为《中华人民共和国环境保护法》的修订提供了科学建议。

面对我国水环境污染依然较重的事实，原国家环境保护局（现为生态环境部）从"七五"开始，开展"中国环境优先监测研究"，加强水污染控制与监测，改善环境质量。根据筛选标准，从工业污染源调查和环境监测着手，汇总了约 10 万个数据，并且从全国有毒化学品登记库中检索出 2347 种污染物的初始名单，最后从中筛选出了 68 种作为水中优先控制物"黑名单"。《污水综合排放标准》（GB 8978—1996）现行版的修订也参考该"黑名单"，增加了多个难降解的有机污染物。其次，水环境质量反映了污染控制程度，而污染源排放又势必影响及至决定水环境质量，因此，按照分步实施的原则，"黑名单"也运用到了《地表水环境质量标准》（GB 3838—2002）的修订，改善了原有版本不能很好地反映有机物污染问题。同时，"黑名单"的建立为我国生活饮用水卫生标准的修订提供了科学依据。"中国环境优先监测研究"也立足于建立配套"黑名单"的监测技术。如采样技术、监测方法、有机标准物质、全过程质量保证技术等，它的推广、应用促进了我国水环境监测技术的发展。

第 10 章

国内外水生态环境标准对比分析

本章在上述国内外水生态环境标准发展及现状的基础上，对国内主要部门的水生态环境标准现状进行梳理和对照，并将国内外水生态环境标准进行了对比分析，为我国水生态环境标准的完善及长江大保护水生态环境标准化发展提供参考。

10.1 国内水生态环境标准对比分析

我国涉水部门众多，水环境管理长期处于"多龙治水"状态，其中又以水利部、生态环境部和住房城乡建设部为主。本节重点对三大部门水生态环境标准进行对比分析。

10.1.1 主要部门水生态环境标准

在我国，按照水的类型和用途，可以分为地表水、地下水、污废水、城市供水，分属水利部、生态环境部和住房城乡建设部管理。因三个部门职能有交叉，各部门的水生态环境标准相应有所侧重。其中，水利部主要侧重水资源的合理开发利用，生态环境部侧重水环境污染防治的监督管理，住房城乡建设部主要侧重城市给排水。

10.1.1.1 水利部水生态环境标准

（1）标准化历程。水利标准化工作正式起步于中华人民共和国建国初期，围绕不同时期社会经济发展中心任务对技术标准的需要，不断发展壮大。

目前，水利部由国际合作与科技司组织拟订水利行业标准、规程规范并监督实施。水利标准化工作开展以来，水利技术标准体系的构建工作一直是重中之重，至今水利部已先后制定发布了五版体系表，标准体系逐步完善。

1988年，原能源部、水利部联合发布了《水利水电勘测设计技术标准体系》，共有标准项目127个，其中和水环境相关的标准主要涉及水利工程规划过程中的环评工作，有3个标准。这是水利部第一次正式发布标准体系表，水利技术标准体系建设迈开了整体化、系统化的步伐。1994年，水利部刊印了第一个覆盖整个领域的水利水电技术标准体系表，该体系表分为工程建设标准和产品标准两大类，共有标准项目473个。其中，水环境相关的标准属于工程建设标准门类中专用标准下的水文、水资源及环境保护类。虽该版体系未正式发布，但它标志着我国水利技术标准的基本分类和管理体制初步形成。2001年，水利部提出了由专业序列、专业门类和层次构成的标准体系，共有标准项目615个。其中，水生态环境标准被列入水文水资源专业门类下。2003年，补充了水利信息化标准，进一步完善了水利技术标准体系。为适应新时期水利工作的需求，充分吸收水利科技新成果，

2008 年修订发布了新版《水利技术标准体系表》，在 2001 版的基础上进一步的调整和完善，共包含标准项目 942 个，水文水生态环境标准共 159 个。2014 年，修订发布了新版《水利技术标准体系表》，体系得到进一步完善，基本覆盖了水利工作的所有领域。目前，现行水利技术标准体系的专业门类分为十大类，水生态环境标准没有单独设立门类，水文、水资源、水土保持和农村水利等门类中都有水生态环境相关标准。

（2）水生态环境标准现状。水利行业水生态环境标准体系可概括为"三类"，包括水环境质量标准、水监测分析方法标准和水环境基础类标准，其标准也分为强制性标准和推荐性标准。

按现行版《水利技术标准体系表》结构框架，水生态环境标准没有单独设立门类，分散于水文、水资源、水土保持、农村水利等专业门类下。截至 2019 年底，水利部已颁布水生态环境相关标准 98 个（含 3 个国标报批），在编 9 个，拟编 7 个，共计 114 个。其中现行有效的水生态环境质量标准 2 个，水监测分析方法标准 56 个，水生态环境基础标准 40 个。

1）水生态环境质量标准。水利部共颁布了两个水生态环境质量标准，分别为《地表水资源质量标准》（SL 63—94）（2020 年 5 月已废止）和《再生水水质标准》（SL 368—2006）。

2）水监测分析方法标准。水利部水生态环境标准中水监测分析方法标准占比较大，其中水质采样方面有 4 个，水物理性质测定有 6 个，水中生物及其毒性方面有 1 个，有机污染物测定方法有 19 个，无机污染物的测定方法有 19 个，水监测技术规范有 7 个。

3）水生态环境基础标准。水利部的水生态环境基础标准中主要是对有关词汇、代码、术语、图式、标志、原则、导则、规程规范、量纲、采样、仪器设备、校验方法等所做的统一规定。目前，现行基础标准 40 个，主要涉及水体监测、划分标准、评价技术、管理技术、规划设计、设备校验、安全技术等方面。

10.1.1.2　生态环境部水生态环境标准

（1）标准化历程。我国的环境保护标准是与环境保护事业同时起步的。1974 年国务院环境保护领导小组成立，下设办公室，负责日常工作。在 1982 年的机构改革中，国务院设立城乡建设生态环境部，将环境保护领导小组撤销，领导小组办公室并入城乡建设生态环境部，成为该部的环境保护局。1984 年，经国务院批准，城乡建设生态环境部环境保护局改组为国家环境保护局，成为独立的政府职能部门。从国务院环境保护领导小组办公室到国家环境保护局时期，国家环境保护标准工作健康发展，取得了较大的进展，标准种类得到丰富、标准数量快速增长。

1998 年，国家环境保护总局成立后，环境保护标准进入新的发展时期，标准数量增长速度进一步加快。2006 年以来，"十一五"期间，共发布国家环境保护标准 502 个，增长幅度在 30 多年环境保护标准工作历史上前所未有。环境保护标准体系日臻成熟，总体水平迅速提高，标准作用更加突出，影响显著加强。2008 年，环境保护部成立，其后大力推进生态文明建设，以改善环境质量为核心，"十二五"期间共发布 493 个环保标准，充实完善了原有标准体系、推动了环境管理战略转型、支撑了环境管理重点工作、在优化工作机制和加强能力建设等方面取得明显进展。

2018 年，生态环境部正式揭牌，标志着环境标准化工作进入新的阶段。经机构改革后，进一步明确生态环境部负责组织拟订生态环境标准，制定生态环境基准和技术规范。生态环境部下设法规与标准司具体负责环境标准相关工作，包括建立健全生态环境法律法规标准等基本制度，承担国家生态环境标准、基准和技术规范管理工作，拟订标准制定技术规则，承担标准立项、协调和审核报批等工作，制定基础类标准和生态环境基准，组织标准实施评估工作，承担地方标准备案等。

（2）水生态环境标准现状。生态环境部已初步形成"五类两级"水生态环境标准体系，类别包括水生态环境质量类标准、水污染排放类标准、水环境监测类标准、水生态环境管理规范类标准和水环境基础类标准，主要有国家级和行业级两级。截至 2019 年底，由生态环境部主管颁布的标准中，与水生态环境相关的标准共有 689 个，其中水生态环境质量类标准 4 个，且均为国家标准；水污染物排放类标准 62 个；水生态环境监测类标准 334 个；水生态环境基础类标准 103 个；水生态环境管理规范类标准 186 个。

1）水生态环境质量类标准。生态环境部主管颁布的水生态环境质量类标准有《地表水环境质量标准》（GB 3838—2002）、《农田灌溉水质标准》（GB 5084—2021）、《海水水质标准》（GB 3097—1997）和《渔业水质标准》（GB 11607—89）4 个。

2）水污染物排放类标准。生态环境部主管的水污染排放类标准有 1 个污水综合排放标准和 61 个行业污水排放标准，涉及钢铁、煤炭、化工业、纺织类、冶炼业、制药类等多个重点污染行业，涵盖面广。

3）水生态环境监测类标准。在生态环境部主管的水生态环境标准中，水生态环境监测类标准占比最大，其中水质分析方法有 245 个，涉及水中无机物、有机物、放射性物质、毒性、物理指标等多个方面；采样及前处理相关有 12 个，包括了湖泊、水库、河流、地下水、降水多种场景的采样规定以及样品保存管理规定；水监测技术规范或指南有 28 个，除了常规人工监测规范外，还包括了 2 个自动监测技术规范和 17 个排污单位自行监测技术指南；pH 值、总氮、总磷等水质分析仪技术要求 19 个；自动监测系统相关规范 11 个，涉及系统的安装、验收、运行考核、数据传输标准及数据有效性判别技术规范。

4）水生态环境基础类标准。生态环境部的水生态环境基础标准主要包括类别代码、术语、分类、词汇、编码、指南、规范和技术要求等，共 103 个，涉及基础概念、基准制定、污染源统计及核算、标准制定、产品技术要求等方面。

5）水生态环境管理规范类标准。生态环境部的水生态环境管理规范类主要包括污染防治技术 54 个、排污管理 45 个，环境评价导则 24 个，环保验收规范 21 个、环保信息化 17 个、环保档案管理 11 个，编制及划分技术 6 个，安全技术 2 个，质量管理 2 个，评估技术 2 个，还包括建设技术和调查技术各 1 个，共计 186 个。

10.1.1.3 住房城乡建设部水生态环境标准

（1）标准化历程。1979 年中国工程建设标准化委员会成立，标志着我国工程建设标准化工作开创新局面。国家计委下达了计标〔1986〕1649 号文《关于请中国工程建设标准化委员会负责组织推荐性工程建设标准试点工作的通知》，中国建设标准步入了推荐性建设标准编制期，推荐性工程建设标准试行后，其技术要点、精华部分纳入国家标准。20世纪 90 年代，工程建设标准化委员会组织编制了一系列推荐性工程建设标准，促进了这些新颖管材、环保设备、卫生设备在工程项目中的推广应用。2000 年 1 月 30 日国务院令第 279 号发布施行《建设工程质量管理条例》，为了贯彻落实该条例，建设部会同国务院有关部门共同编制了《工程建设标准强制性条文》，条文包括 15 个部分，按行业由行业主管部门编辑出版，建设部统一负责批准发布。住房城乡建设部既是工程建设国家标准的行政主管部门，同时也发布城镇建设（CJ）和建筑工业（JG）行业标准。城镇建设行业标准分城乡规划、城镇建设和房屋建筑三部分体系共 17 个专业，与水生态环境标准相关的主要分属城镇给水排水专业。

（2）水生态环境标准现状。住房城乡建设部行业已形成"四类两级"水生态环境标准体系，类别包括水生态环境质量类标准、水生态环境卫生类、水生态环境监测类标准（水环境监测方法标准、水环境监测技术规范）和水环境基础类标准四类，分别为国家级和地方级标准。截至目前，由住房城乡建设部主管颁布的标准中，与水环境相关的标准共有 118 个。其中，水环境质量类标准 15 个，水环境卫生标准 5 个，水环境监测类标准 9 个，水环境基础标准 89 个。

1）水生态环境质量类标准。住房城乡建设部主管颁布的水生态环境质量标准共计 15 个，其中有 7 个国家标准。根据控制对象分类制定了包括城市污水、城市污水再生水、饮用净水、城市供水、游泳池水、公共浴池水、生活热水、生活饮用水水源、生活杂用水等九个方面水生态环境质量标准。

2）水生态环境卫生类标准。住房城乡建设部主管颁布的水生态环境卫生行业标准 5 个，均为水环境卫生基础标准。

3）水生态环境监测类标准。在住房城乡建设部主管颁布的水生态环境监测类标准共计 9 个，其中水质分析方法有 3 个，分别为《城镇污水水质标准检验方法》（CJ/T 51—2018）、《城镇供水水质标准检验方法》（CJ/T 141—2018）和《生活垃圾渗沥液检测方法》（CJ/T 428—2013）；水监测技术规范有 6 个，分别为《城镇排水水质水量在线监测系统技术要求》（CJ/T 252—2011）、《生活垃圾填埋场环境监测技术标准》（CJ/T 3037—1995）、《城市地下水动态观测规程》（CJJ/T 76—98）、《地下水监测工程技术规范》（GB/T 51040—2014）、《生活垃圾卫生填埋场环境监测技术要求》（GB/T 18772—2017）和《城镇供水水质在线监测技术标准》（CJJ/T 271—2017）。

4）水生态环境基础类标准。住房城乡建设部的水生态环境基础标准共 89 个，主要涉及基础概念、分类标准、专用仪器设备、专用材料、产品、规划设计等方面。

10.1.2　主要部门水生态环境标准对比分析

10.1.2.1　体系结构对比分析

从标准体系的分类来看，生态环境部水生态环境标准体系为"五类"、住房城乡建设部水生态环境标准体系的"四类"，水利部水生态环境标准体系概括为"三类"。

从标准的层级来看，水利部颁布的水生态环境标准国家层级标准比例最低，多为行业标准，仅 3 个为国家标准，分别为《水功能区划分标准》（GB/T 50594—2010）、《地下水监测工程技术规范》（GB/T 51040—2014）和《水域纳污能力计算规程》（GB/T 25173—2010），占比仅 2%。生态环境部主管的水生态环境标准中有 157 个为国家层级标准，占比 24%。住房城乡建设部的水生态环境标准中约 9%为国家层级的标准，共 11 个。

从强制性和推荐性方面看，水利部颁布的水生态环境标准多为行业强制性标准，仅 6 个为推荐性标准，国家推荐性和行业推荐性分别为 3 个。生态环境部主管颁布的水生态环境标准的强制性标准占比较大，74%的都为强制性标准；有 26%的为推荐性标准（共 174 个），其中国家推荐性标准 45 个，行业推荐性标准 129 个。住房城乡建设部主管颁布的水生态环境标准中仅 18%的为强制性标准，共 22 个，其中国家强制性标准仅 1 个。

10.1.2.2　体系内容对比分析

根据水利部、生态环境部和住房城乡建设部的水生态环境标准体系现状，分别针对水生态环境质量类标准和水生态环境监测类标准进行对比分析。

（1）水生态环境质量类标准。

1）标准数量及层级。从数量上来看，由水利部主管颁布的水生态环境质量类标准最少，只有 1 个，均为行业强制性标准，没有国家层级标准；由生态环境部主管颁布的水生态环境质量类标准有 4 个，均为国家强制性标准；由住房城乡建设部主管颁布的水生态环境质量类标准共 14 个，其中国家强制性标准 1 个，国家推荐性标准 6 个，行业强制性标准 1 个，行业推荐性标准 6 个，具体见表 10.1。

表 10.1　　　　　　　　　三大部门水环境质量类标准汇总表

序号	标　　准	类　型	主管部门
1	《再生水质标准》（SL 368）	行业强制性标准	水利部
2	《地表水环境质量标准》（GB 3838）	国家强制性标准	生态环境部
3	《海水水质标准》（GB 3097）	国家强制性标准	
4	《农田灌溉水质标准》（GB 5084）	国家强制性标准	
5	《渔业水质标准》（GB 11607）	国家强制性标准	
6	《城市污水再生利用 农田灌溉用水水质》（GB 20922）	国家强制性标准	住房城乡建设部
7	《污水排入城镇下水道水质标准》（GB/T 31962）	国家推荐性标准	
8	《城市污水再生利用 地下回灌水质》（GB/T 19772）	国家推荐性标准	
9	《城市污水再生利用 工业用水水质》（GB/T 19923）	国家推荐性标准	
10	《城市污水再生利用 城市杂用水水质》（GB/T 18920）	国家推荐性标准	
11	《城市污水再生利用 绿地灌溉水质》（GB/T 25499）	国家推荐性标准	
12	《城市污水再生利用 景观环境用水水质》（GB/T 18921）	国家推荐性标准	
13	《城镇污水热泵热能利用水质》（CJ/T 337）	行业推荐性标准	
14	《城市供水水质标准》（CJ/T 206）	行业推荐性标准	
15	《游泳池水质标准》（CJ/T 244）	行业推荐性标准	
16	《公共浴池水质标准》（CJ/T 325）	行业推荐性标准	
17	《生活热水水质标准》（CJ/T 521）	行业推荐性标准	
18	《生活饮用水水源水质标准》（CJ 3020）	行业强制性标准	
19	《饮用净水水质标准》（CJ 94）	行业强制性标准	

　　2）标准内容。从内容上来看，各部门主管的水生态环境质量类标准与各自管理职责密切相关。其中，水利部负责水资源合理利用与保护、防洪、水土保持等。水利部从水资源开发利用的角度颁布了《地表水资源质量标准》（SL 63—94）（2020 年 5 月已废止）和《再生水水质标准》（SL 368—2006）两项水环境质量标准。生态环境部跟水相关的职责为水污染防治，侧重于水环境保护，除了颁布综合性的《地表水环境质量标准》（GB 3838—2002），还根据不同使用功能和保护目标颁布了《海水水质标准》（GB 3097—1997）、《农田灌溉水质标准》（GB 5084—2021）和《渔业水质标准》（GB 11607—89）。住房城乡建设部则主管城市给排水，主管颁布的水环境质量类标准多涉及城市污水再生利用、饮用净水、城市供水、游泳池供水、生活杂用水、公共浴室供水等。

　　（2）水生态环境监测类标准。水生态环境监测类标准一般包括监测规范、导则、指南，水质采样及前处理，水质分析技术等三类，下面主要对监测规范、导则、指南以及水质分析技术进行对比分析。

　　1）水生态环境监测规范、导则、指南。三大部门分别制定了本行业的水环境监测规范、导则、指南，水利部多为常规监测规范，生态环境部除常规监测规范外，还颁布了排污单位自行监测系列技术指南和自动监测规范，住房城乡建设部仅针对地下水监测发布了相关标准规范。各部门主管发布的监测规范具体见表 10.2，仅针对监测规范进行对比分析。

表 10.2　　　　　　　　　　　三大部门水环境监测规范汇总表

序号	标　准	类　型	主管部门
1	《水环境监测规范》（SL 219）	行业强制性标准	水利部
2	《地下水监测规范》（SL 183）	行业强制性标准	
3	《内陆水域浮游植物监测技术规程》（SL 733）	行业强制性标准	
4	《近岸海域环境监测规范》（HJ 442）	行业强制性标准	生态环境部
5	《突发环境事件应急监测技术规范》（HJ 589）	行业强制性标准	
6	《近岸海域水质自动监测技术规范》（HJ 731）	行业强制性标准	
7	《恶臭污染环境监测技术规范》（HJ 905）	行业强制性标准	
8	《地表水自动监测技术规范（试行）》（HJ 915）	行业强制性标准	
9	《环境二噁英类监测技术规范》（HJ 916）	行业强制性标准	
10	《地下水环境监测技术规范》（HJ 164）	行业推荐性标准	
11	《污水监测技术规范》（HJ 91.1）	行业推荐性标准	
12	《水污染物排放总量监测技术规范》（HJ/T 92）	行业推荐性标准	
13	《城市地下水动态观测规程》（CJJ/T 76）	行业强制性标准	住房城乡建设部
14	《地下水监测工程技术规范》（GB/T 51040）	国家推荐性标准	住房城乡建设部和水利部

　　在监测规范中，仅一个国家级标准，是由住房城乡建设部发布由水利主编并参与日常管理的《地下水监测工程技术规范》（GB/T 51040—2014），其余均为行业标准。其中，水利部共发布 3 个标准，均为行业强制性标准；生态环境部有 9 个标准，大部分为行业强制性标准；住房城乡建设部发布 2 个标准，其中一个为行业强制性标准，一个为国家推荐

性标准，国家推荐性标准由水利部主编并参与日常管理。

从内容上看，水利部发布的监测规范涉及水环境、水生态和地下水，其中，《水环境监测规范》（SL 219—2013）的综合性非常强。生态环境部针对不同的管理需求，不同的水体环境发布了多个监测规范，多为单行本监测规范，相对而言更有针对性，涉及水体包括海域、地表水、地下水、污水、恶臭水域、突发污染水体等，并提出了自动监测规范，包括近岸海域的自动监测和地表水的自动监测。住房城乡建设部的监测规范则主要针对地下水进行了规定，涵盖面相对较窄。除水利部发布的《内陆水域浮游植物监测技术规程》（SL 733—2016）外，其余两个部门均没有针对水生态监测做出规定。

2）水质分析技术。水利部主管颁布的水质分析技术共计 45 项，都是单行本标准，其中水物理性质测定有 6 项，水中生物及其毒性方面有 1 项，有机污染物测定方法有 19 项，无机污染物的测定方法有 19 项；生态环境部主管颁布共计 240 项，都是单行本标准，涉及水中无机物、有机物、放射性物质、毒性、物理指标等多个方面；住房城乡建设部主管颁布共计 3 项，即《城镇污水水质标准检验方法》（CJ/T 51—2018）、《城镇供水水质标准检验方法》（CJ/T 141—2018）和《生活垃圾渗沥液检测方法》（CJ/T 428—2013），这三项标准是水质分析技术合订本标准，《城镇污水水质标准检验方法》（CJ/T 51—2018）规定了城镇污水水质分析技术共 62 个项目，《城镇供水水质标准检验方法》（CJ/T 141—2018）规定了城镇供水水质分析技术共 80 个项目，其中无机和感官性状指标 6 项、有机物指标 35 项、农药指标 15 项、致嗅物质指标 2 项、消毒剂与消毒副产物指标 17 项、微生物指标 4 项和综合指标 1 项。《生活垃圾渗沥液检测方法》（CJ/T 428—2013）规定生活垃圾渗沥液 21 个项目的分析技术。

从水质检测项目上来说，生态环境部项目数最多，其次是住房城乡建设部，水利部最少。其次，经对照发现，三大部门的水质分析技术存在一定程度的重复，水利部现有的43 个水质分析技术中，33 个监测项目在生态环境部或住房城乡建设部标准中也有对应分析技术。

10.1.2.3　标准时效性对比分析

根据各部门标准的制定修订年限对标准的时效性进行对比分析，三大部门水生态环境标准不同时间段的制定修订占比见表 10.3。

表 10.3　　　　　　　各部门制定修订的水生态环境标准对比分析表

项　　目	2010 年之前			2010—2015 年间			2015 年之后		
	水利部	生态环境部	住房城乡建设部	水利部	生态环境部	住房城乡建设部	水利部	生态环境部	住房城乡建设部
总体情况	74%	51%	40%	15%	21%	29%	11%	28%	30%
水环境质量标准	100%	100%	73%	0%	0%	7%	0%	0%	20%
水环境监测分析方法标准	80%	56%	11%	10%	18%	44%	10%	26%	44%
水环境基础标准	66%	62%	43%	24%	5%	36%	10%	33%	21%

从各部门制定修订水生态环境标准总体情况来看，水利部有 74% 的水生态环境标准都是在 2010 年之前制定修订，2010 年以来仅制定修订了 25 项水生态环境标准，占总数

的 26％；2015 年后制定修订水生态环境标准 11 项，占比仅为 11％。生态环境部和住房城乡建设部 2010 年后的水生态环境标准都在 50％左右；2015 年后制定修订的水生态环境标准均在 30％左右。

从各部门制定修订的水生态环境标准各类别情况来看，在水环境质量标准方面，水利部和生态环境部制定修订的都是在 2010 年之前，住房城乡建设部 2010 年前制定修订的占比为 73％，2015 年后制修订的占比 20％。在水环境监测分析方法标准方面，水利部在 2010 年之前制定修订的标准占比 80％，住房城乡建设部 2010 年前制定修订的占比 11％，生态环境部 2010 年前制定修订的占比 56％；在 2015 年后制定修订的标准中，水利部占比约 10％，住房城乡建设部占比 44％，生态环境部占比 26％。在水环境基础标准方面，在 2010 年之前制定修订的标准中，水利部占比高达 66％，住房城乡建设部占比 43％，生态环境部占比 62％，在 2015 年后制定修订的标准中，水利部占比 10％，住房城乡建设部占比 21％，生态环境部占比 33％。

此外，很多重要的水生态环境标准已发布十年以上，一直没有更新，时效性明显不足，已经不能满足当前水环境质量管理和保护的需求。

10.2　我国与国外水生态环境标准对比分析

我国水生态环境标准研究起步较晚，经过四十余年的发展，已形成相对完整的"六类三级"的水生态环境标准体系。通过多维度对比我国与美国和欧盟的水生态环境标准，可发现我国水生态环境标准的优势与不足。

10.2.1　体系对比分析

10.2.1.1　我国与美国水生态环境标准体系对比分析

目前，我国的水生态环境标准体系与美国水生态环境标准体系有较大差异，主要体现在以下几个方面：

（1）水生态环境标准体系完整性的差异。尽管我国水生态环境标准数量可观，涉及行业众多，但是更倾向于保护环境和污染防治的目的，对于关于人类身体健康和生态系统完善的环境问题，缺少相对应的水生态环境标准，且许多水生态环境标准中缺少针对人类身体健康和生态系统的可持续而专门制定的指标。我国有关生态系统健康的标准集中在生态建设方面，对资源开发中的生态保护则比较缺乏。

美国的《清洁水法》明确规定美国的水生态环境标准是以保障人类健康为核心的，必须针对可能的危险，优先考虑公众健康和公共福利，使得美国的水生态环境标准涉及人类生产生活和自然资源的方方面面，标准体系相对更为完善。

（2）水生态环境标准体系层次结构上的差异。尽管我国的水生态环境标准可以分为国家级、行业级和地方级三级，但是因历史现实条件的限制，我国国家标准一直占主导地位。这有以下几方面的原因，一是，我国水生态环境标准化早期，全国经济社会发展落后，各地技术能力薄弱，为降低水生态环境标准制定和实施的难度，由国家直接制定全国统一的标准，各地只需参照执行，大力推进了水生态环境标准化进程，但这也决定了我国国家标准的绝对领导地位。二是，我国相关法律法规虽然明确了地方可以制定地方标准但没有硬性要求，并且地方标准需要严于国家标准，这也导致地方制定标准的积极性不高。三是，由于地方标准制定的技术能力薄弱，我国只有少数地区制定了地方标准，且经常出现地方标准更新缓慢，与国家标准不协调的现象。行业标准作为国家标准的补充，仅对国家标准没有涉及的内容进行规定。在执行层面上，我国也多执行国家标准，地方标准和行业标准容易被弱化，很多行业标准更是形同虚设。从水生态环境标准应用实施的角度来说，我国的水生态环境标准体系层次结构不明显，偏向于扁平化，一套国家标准被直接应用于各地方和各行业，针对性和区域性明显不足，不能很好地解决区域性水生态环境问题。

在美国，水生态环境标准可以分为联邦政府和州政府两级，且两级标准的性质和作用区别明显，层次结构明晰。美国只有 EPA 发布的全国统一的水质基准，没有全国统一的水环境质量标准，联邦政府授权州政府根据水质基准分别制定符合当地水域功能的水环境质量标准。州政府必须对辖区内水体进行功能识别，根据水体功能及特点制定水环境质量标准，并报 EPA 批准。这些标准只在各州辖区内实施，相当于我国的地方水环境质量标准。此外，美国仅发布全国统一的基于技术的水污染排放限值，州政府执行基于技术的排放限值后，仍存在不满足当地水域水质标准的情况时，州政府必须制定基于水质标准的排放限值，明确每日最大的负荷量，形成地方标准。另外，在每个点源发放排放许可时，需要根据其行业特点、工艺技术、处理技术等制定基于技术的排放限值或基于水质的排放限值，执行特定的地方标准。由于 EPA 将水生态环境标准的制定权力下放，各州拥有充分的自主权，完全可以不以国家标准为限制，根据所需制定行之有效的标准。综上，美国联邦政府发布的标准仅作为州政府标准的指导，偏向于纲领性标准，州政府标准需参考联邦标准制定，在执行层面上，州政府标准占绝对领导地位。

（3）我国水环境监测标准有待完善。多年以来，我国更为注重水环境质量标准和水污染排放标准的研究和制定修订，水质监测标准发展相对缓慢。我国在《工业"三废"排放试行标准》（GBJ 4—73）颁布的 7 年后才组织编写了第一本监测方法。因我国涉水部门多，同一污染源不同部门颁布了不同的方法标准，我国水环境监测标准庞杂分散，监测标准有待整合。此外，多个污染控制项目没有对应的国家标准方法需参考等效方法，监测标准体系有待完善，这都对我国水环境质量标准和水污染排放标准的实施产生一定的制约。

美国的水环境监测标准完全依照《清洁水法》的要求进行研究及制定，为了配合水环境质量标准和水污染排放标准的实施，《清洁水法》明确规定，由 EPA 对配套水环境监测标准进行同步研究。多年以来，EPA 统一颁布了多个水环境监测标准系列，涵盖水环境监测各个方面，体系完善，包括物理项目检验法 EPA 100 系列、金属测定方法 EPA 200系列、非金属无机物测定方法 EPA 300 系列、总有机物测定方法 EPA 400 系列、饮用水和地表水及地下水中有机污染物的分析测定 EPA 500 方法系列、用于废水中有机污染物测定方法 EPA 600 系列、固定废弃物（水样）监测方法 SW—846 系列、合同实验室方法CLP 系列。

（4）我国行业水污染排放标准有待完善。就水污染排放标准来说，我国的行业标准与综合型排放标准并行但不交叉执行，有行业标准的优先执行行业标准，其他则按综合排放标准执行。目前，我国仅针对 62 个行业制定了水污染排放标准，但是与水环境密切相关的行业有 37 大类，小类多达二百余类，除了小部分有专门的行业标准外，其余都统一执行《污水综合排放标准》（GB 8978—1996），没有考虑各行业的工艺特点、废水量、废水成分以及处理工艺。另外，我国行业排放标准制定时，深入的科学研究存在不足，没有配套详细的标准工艺技术，不能为企业实施标准提供技术支持，企业在进行达标建设时需自行对相关技术进行研究并改造，也增加了标准的可达难度。综上，为增加水污染排放标准的控制效果，有必要从标准体系和标准内容两个方面进一步完善行业标准。

美国没有统一的综合性的水污染排放标准，行业排放标准占绝对主导地位，基本涵盖了所有行业，标准体系相对较完善。美国按照各类污染物的特性、行业工艺技术和不同的控制技术，对工业污染源分别确定排放标准，多为不同行业不同污染物在特定技术下所能够达到的对应排放限值，属于基于技术的排放限值。美国的行业标准强调技术强制原则，有力地推进了各行业的技术升级，对美国的水污染控制起到了重要作用。美国的水污染排放标准不仅仅由单纯的标准限值组成，还包含实施排放标准所需的技术条件、措施以及相关技术的替代方案等，并为企业提供技术选择和效益分析，最大限度地帮助排污企业实现达标排放，企业只需参照标准实施即可，大大减少了标准的执行难度。

（5）我国水质标准与排放标准的关联性不强。尽管我国水污染排放标准加强了与水环境质量标准的联系，按照水体功能对污染物排入不同功能水域的污水制定不同排放标准。但是，这种联系偏向于形式化，在标准制定过程中，水质标准和排放标准没有直接的定量化联系。在美国，州政府制定的排放标准直接与水质标准挂钩，一般由水域功能确定的水质标准来推算可排放到水域的负荷总量，并根据模型分配计算各点源的排放标准，排放标准与水质标准共同起作用来保证水环境质量的维持和改善。

（6）我国标准限值针对性研究不够。首先，从水环境质量标准来看，因为过去我国基本上没有自己的水生态毒理学成熟数据可供参考，现行水质标准限值的主要依据是美国、日本、苏联、欧洲等国家或组织的水质标准，特别是美国的水质基准。由于水生态系统特征的差异，不同国家的水生态毒理学数据会有显著差别，直接参考美国的水质基准数据来制定我国的水质标准针对性不足。其次，目前陆续开展的环境基准相关基础研究，其推导方法也主要沿用美国，针对本土化研究不够，没有全面反映我国水生态系统的特点及人种间的差异。相比之下，美国水生态环境标准限值的确认建立在科学严谨的水质基准的基础上，更符合美国国情。美国水质基准研究工作始于 20 世纪 60 年代，目前已形成一套较为完善、科学、严谨的水生态环境标准基准体系。

（7）我国标准的区域差异性考虑不足。长期以来，由于历史现实因素，我国形成了以国家标准为主导的水环境质量标准体系，且多根据水体用途制定水环境质量标准，较少考虑区域的差异性。比如，《地表水环境质量标准》（GB 3838—2002）根据水体用途或功能将水体划分为五类；《海水水质标准》（GB 3097—1997）同样根据用途将海水分为四类，《农田灌溉水质标准》（GB 5084—2021）则根据作物类型划分为三类。但是，我国幅员辽阔，水生态系统差异甚大，水环境质量背景也千差万别，《地表水环境质量标准》（GB 3838—2002）仅将全国范围的地表水统一分为五类，明显不够细化。比如，南方和北方地域差异大，降雨及水文条件上的差异导致北方水体水量较南方少，水量也将进一步影响水质，采用统一的水环境质量标准不能很好地反映区域差异性。

除了国家饮用水质量标准，美国没有统一的水环境质量标准，只有统一的水质基准，各州政府结合水质基准制定适合当地的水环境质量标准，水环境质量标准的制定充分考虑了各地水体实际情况，充分体现了因地制宜的原则。

10.2.1.2　我国与欧盟水生态环境标准体系对比分析

我国和欧盟的水生态环境标准体系涵盖内容差别不大，但我国在统一性、跨流域性、操作性和合理性方面与欧盟标准体系相比仍存在着差距。

（1）我国纲领性标准较少。我国水生态环境标准的宏观把握能力、前瞻性和预告性相对较弱，往往针对具体环境问题出台相应标准，且多倾向于具体化的指标限值，缺乏一个总纲性的标准来指导具体水生态环境标准化工作。欧盟的水生态环境标准除了具体的水质标准和排放标准，还有统领性的水框架式指令，《水框架指令》明确了要求各成员国对江、河、湖泊、海洋和地下水等水体制定流域管理计划，尤其对跨行政区的流域要协调流域管理，以保证水环境持续改善为最终目的。《水框架指令》制定了一个明确的执行时间表，要求各成员国的水体水质在 15 年内达到"良好水质"，并规定了每年的任务，明确了决策的时间点。成员国有足够的预见期进行投资，安装降低和控制污染的设备与工艺。在总体目标的要求下，各成员国根据《水框架指令》，选择合适的措施来保证水体水质，保证了标准的可达性。

（2）我国水生态环境标准存在交叉重叠。我国水生态环境标准主要由相关涉水部门制定，包括生态环境部、水利部、住房城乡建设部、农业部、交通运输部等。各部门在制定过程中多侧重考虑本部门的职责及实施，造成水生态环境标准交叉重叠甚至不一致。例如，《污水综合排放标准》（GB 8978—1996）和《污水排入城镇下水道水质标准》（GB/T 31962—2015）都对排入城市下水道污水水质做出了明确规定，但这两个标准中存在明显差异。《污水综合排放标准》（GB 8978—1996）不同级别下排放标准不同，《污水排入城镇下水道水质标准》（GB/T 31962—2015）并没有对污水进行分级。此外，两个标准中监测污染物的数目和种类存在差异，且未采用统一计量单位而难以找到两个标准的标准值对应关系。这造成在污染控制应用过程中难以将两个标准的值进行直接比较，进而难以确定哪个标准对总量控制具有更强的指导性和科学性。

欧盟的水生态环境标准则由欧盟统一制定，各国根据实际情况转化为国家标准，各成员国标准必须满足欧盟标准的要求，这种统一性更好地保障了水体目标的实现。在标准制定完成后还有专门的机构和工作方法来保证标准本身的质量，确保标准或标准草案的文字正确、标准间有统一性、标准间不重复、标准间不矛盾，有利于标准的实施。

（3）我国地方标准相对弱化。多年以来，因历史原因我国的水生态环境标准体系呈现扁平化，多以国家标准为主导，地方标准相对弱化，容易采用国家标准"一刀切"，一套国家标准被应用到不同地域，针对性不够。我国不同省份、不同流域之间的自然条件、地理条件、经济社会发展状况以及水环境污染千差万别，国家标准多为综合考虑各流域各区域的现实情况后，考虑大部分的区域经过努力都可达到标准的要求，使得我国标准成为一个基本要求。对于经济发达地区而言，其污染治理水平相对较高，相对较容易达到国家标准。但是，地方制定标准时被要求其必须严于国家标准，这只会增加企业的污染治理费用，导致经济发达地区制定地方标准不积极。在经济欠发达地区，本身的经济技术能力也不足以支撑地方标准的制定。

欧盟标准一般而言不直接在成员国实施，需要各成员国在一定期限内将其转化为国内法，各成员国可以根据自身实际情况，选取合适的指标和限值制定合宜的水生态环境标准，以满足欧盟标准的要求。在执行层面上来说，各成员国一般执行转化后的国内标准。

（4）我国水生态环境标准内容相对丰富，但不够完善。我国水生态环境标准数量众多，涉及内容丰富，但是体系还不够完善。尽管我国针对重点行业发布了行业标准，但是按照国民经济行业划分标准，与水环境密切相关的行业有 37 大类，小类多达二百余类，如此多的行业，其工艺特点、废水量、废水成分以及处理工艺更是各不相同，除了小部分有专门的行业标准外，其余都统一执行《污水综合排放标准》（GB 8978—1996），不能充分发挥水生态环境标准的污染控制作用，不利于行业的技术进步和最大限度削减更多污染负荷，污染控制经济性有待提升。

对比欧盟的标准，我国地下水污染物排放和农业面源硝酸盐相关排放方面都还没有制定行业相关标准，均统一执行《污水综合排放标准》（GB 8978—1996）。此外，还有部分污染物在污水综合排放标准中没有对应排放标准，比如六氯环己烷等有机污染物，还需不断修订加以控制。

（5）我国流域性的水生态环境标准较少。我国国土范围内有七大流域，流域范围均覆盖多个行政区域，在流域水污染防治工作中经常遇到行政区域的限制。目前，由于上下游的污染源统一采用国家标准，即使上游均达标排放，也会出现下游水体不达标的现象，一定程度上影响了流域污染物的控制。除了个别地方针对流域发布了水生态环境标准，我国还没有国家层面上的流域水生态环境标准，在开展流域管理中缺乏有效的依据。

欧盟作为一个超国家综合体，在《水框架指令》中将流域管理作为一个重中之重。此外，欧盟标准还特别强调国际合作，除《水框架指令》外，还颁布了许多的国际条约，用于协调各国对河流、湖泊和海洋的保护，例如：《保护地中海不受船舶和航空器污染的指令》（77/585/EEC）和《保护莱茵河不受化学污染的指令》（77/586/EEC）。

（6）我国水生态环境标准限值的研究相对不够。早期，我国制定水环境质量标准及其相关的法规与准则时，国家经济力量较弱，大多参考国外或国际组织（如世界卫生组织，WHO）的研究成果，对水环境基准研究较少，使得我国水环境质量标准限值针对性不够。随着国家经济迅速发展，环境问题越来越严峻，我国虽然已开展相关研究，但还没有构建系统的水质基准推导方法体系，水质基准体系不够完善。而欧盟统一制定了一套完整的水质基准方法体系，采用评价因子法和物种敏感度分布法（Species Sensitivity Distribution，SSD）提出单层次保护目标单值基准。各成员国在将欧盟的指令转化为本国法规时，也经过大量基准研究，建立了更符合本国国情的基准推导方法，如英国的《环境质量的推导》采用评价因子法，并为同一目标采用双值水质基准。德国通过毒理学数据采用评价因子法推导单层次保护目标单值基准。

关于水污染排放标准限值的确认，尽管国家要求以技术为制定依据，但是因为我国的技术研究不足，没有长期的技术积累和实践数据，无法制定基于特定技术的排放标准。欧盟排放标准的制定则建立在特定技术在实际运用中的数据统计分析的基础上，欧洲污染综合防治局（EIPPCB）为多个行业制定了最佳可得技术参考文件（BREFs），各成员国采用统一系数法、定位计算法、模型估算法等方法来计算确定排放限值，具有比较强的科学性。

10.2.2　管理机制对比

管理机制的完善是水生态环境标准顺利制定及实施的保障。对比分析国内外的水生态环境标准制定程序、水生态环境标准实施机制及法律责任等，可发现我国与发达国家在标准管理机制方面的差异。

10.2.2.1　我国与美国水生态环境标准管理机制对比

我国与美国水生态环境标准管理机制主要存在以下几方面差异。

（1）我国水生态环境标准管理存在较多重叠。根据我国相关法律规定，国务院授权水行政主管部门和标准化行政主管部门进行水生态环境标准的制定，并且权限有一定的交叉重叠，导致水生态环境标准的制定权限一直存在争议。"多龙治水"也导致我国水生态环境标准政出多门，给水生态环境标准体系的完善、管理和实施带来一定的难度。

美国《清洁水法》明确规定由 EPA 负责制定、发布相关水质基准、水污染排放限值和监测方法标准等，州政府在此基础上根据各地实际情况制定有针对性的水质标准和基于水质的排放标准，并报 EPA 审批。各级政府职责分明，管理清晰，有利于标准的制定、发布和实施。

（2）我国水生态环境标准的时效性有待提高。我国现有有效实施的许多水生态环境标准还是 20 世纪八九十年代制定的，例如《渔业水质标准》（GB 11607—89）、《海水水质标准》（GB 3097—1997）、《地表水资源质量标准》（SL 63—94）、《污水综合排放标准》（GB 8978—1996）等，水环境质量标准中最重要的《地表水环境质量标准》（GB 3838—2002）也已发布近 19 年。21 世纪以来，我国经济水平和科技发展水平已发生天翻地覆的变化，原有水生态环境标准的技术内容和规定范围都无法与当前的形势相适应，无法推动行业技术进步和助力水资源环境保护。国家标准修订尚且如此，各地方标准的修订更是缓慢，很多国家标准修订后，地方限于条件无法及时更新。另外，比较突出的是水环境监测方法标准的发展，我国大部分监测方法标准还在采用传统的化学法，且很多控制项目并没有相对应的监测方法标准。随着经济社会及科技水平的高速发展，环境污染日益突出，新型污染物不断出现，传统的监测方法无法支撑水污染的防治。水生态环境标准制定修订的不及时，大大影响了我国水生态环境标准的操作性和实用性。

美国《清洁水法》要求 EPA 根据最新的科学研究成果实时更新水质基准，并规定各州政府每 2～3 年对现有水质标准进行评估，根据评估结果适时修订水质标准，报 EPA 审批。水质标准评估制度使得各州的水质标准保持很强的时效性，并更具针对性。此外，当州政府执行基于技术的排放限值后，当地水体仍不能满足其水质标准时，必须由州政府制定基于水质的排放标准，这就保证了州政府根据水体水质情况及时修订标准，保障了水体水质。

（3）我国水生态环境标准制定过程中公众参与度相对较低。在我国环境标准制定过程中，除了在征求意见阶段公众可以参与环境标准的制定，并没有其他公众参与的机制，而且公众参与的方式也只是一种表达机制而不是表决机制，公众的意见建议对行政决策没有法律约束力，没有让公众真正参与到标准制定中来。一般拟定标准的起草单位大多使用课题研究的途径，竞争性不足，由此制定出来的水生态环境标准往往缺乏社会性和代表性。环境标准制定后仅采用政府公示这种单一的形式进行公布，没有给予公众更多的途径了解新制定的标准。

美国特别强调公众参与，提出排放限值和标准草案后，必须依法征求公众意见，包括举行各种听证会，甚至在各方意见无法取得一致时进行诉讼，由法院做出裁决。公众可参与到标准制定过程中每一轮的讨论和审查，并有权获取标准最后制定、通过和实施的有关信息。公众参与标准的制定有助于获得公众对实施标准相关规定的支持，促进守法，减少执法过程中的抗拒和冲突。

（4）我国水生态环境标准实施体系有待健全。我国的水生态环境标准是基于水污染防治产生的，是水污染防治执法中的参考依据。近年来，我国针对水生态环境标准逐步提出了一些管理措施和手段，除了水功能区管理、水污染排放总量的控制和核定制度，还包括重点流域规划考核中的水质达标要求、跨界断面水质评价和考核等。这些管理措施以政府考核为主，其实施方式还不成系统且多为行政管理手段，没有配套制定达标行动计划等方面的强制性要求，以及各种法律制度、行政措施、财政手段、能力建设、环境基础建设以及重点污染源项目治理计划等，使得我国水生态环境标准执行偏弱。此外，我国的水生态环境标准多由地方政府实施，国家环保部门主要起到监督作用，各地政府实施力度差异较大，使得各地水环境质量存在较大差距。

美国水生态环境标准一直处于水环境法律法规的核心，水生态环境标准的实施主要是依赖法律制度（许可证制度和防止降级政策）和市场手段（排放权交易），并且一切污染控制的具体规定和措施都是围绕水环境质量标准的实现，要求地方政府制定达标计划和配套措施，构成一个完整的实施体系，保障水生态环境标准的实施。对于实施主体而言，美国同样以当地州政府作为直接实施主体，但是当州政府实施不力时，EPA 可以将水生态环境标准直接在当地实施，进一步保障水生态环境标准的实施。

（5）我国的水生态环境标准法律责任尚需加强。我国针对违反水生态环境标准的法律制裁中，警告的制裁效果甚微；责令停业或关闭的使用受到严格的限制，必须经过一定级别的人民政府批准；行政处分因受责任人员本单位或系统的因素影响，效力有限。罚款成为比较常用的制裁形式，但罚款幅度的起限也偏低，在新修订的环保法中虽然对连续超标排污行为将采取按日计罚，但对间断性的超标排污行为可能无法适用，大大降低了罚款的威慑力。此外，责令其修复生态功能的行为处罚和限制主要责任人人身自由的处罚都比较少，以罚款为主要处罚方式，使得对超标排放行为的行政处罚力度偏低，企业宁愿罚款也不愿守法。

美国的相关法律制裁的严厉程度要远远大于中国，法律规定的民事处罚和刑事处罚都以每次违法日计算，规定了数额比较高的罚金和罚款，对违法者的累计罚金数额相当高，并且还有行政罚款和监禁的处罚，使得环境标准的威慑力较高，有效保障了标准的实施。

10.2.2.2　我国与欧盟水生态环境标准管理机制对比

我国与欧盟水生态环境标准管理机制也存在较大的差异，主要表现在以下几方面：

（1）两国水生态环境标准的出发点不同。我国水环境保护立法目的是协调人类社会和自然界的关系、保护和改善自然环境、防治污染和其他公害、促进人民健康、保持经济和社会的可持续发展，更侧重于污染防治，对真正影响人类健康和水生态系统持续性的污染体现相对较少。

欧盟水生态环境标准的立法充分体现了以人为本，其水环境质量标准尤其注重对人类健康和水产养殖的保护，以实现《欧洲联盟条约》中的"保护人类健康"的目标；水污染物排放标准也主要针对具有毒性、持久性和生物蓄积性的危险物质，以突出对人类的保护。

（2）我国水生态环境标准制定公众参与稍显不足。我国的水生态环境标准的制定以政府为主导，公众较少有机会参与到制定过程，一般仅在征求意见稿阶段，公众有发表意见的权力，但很大程度上这种公众意见并不会影响标准的制定或修订。

欧盟在水生态环境标准立法过程中非常重视公众参与，其除了政府和企业之外，特殊利益集团、公共团体和普通民众对共同体的水生态环境标准的制定都有重要的影响，如绿色和平组织（Greenpeace）等民间环境保护组织通过咨询、建议、听证、诉讼等手段直接或者间接参与欧盟的决策过程和决策结果，促进了环境信息的公开、增强了水生态环境标准决策的透明度，使得欧盟决策具备了广泛的群众基础，对于推动其发展无疑起到了积极的作用。

（3）部分标准实施时限要求高，导致实施困难。我国经常在遇到某些环境问题或者迫切需要某个标准时，在短时间内制定出台相关水生态环境标准，并要求在很短的时间内实施，使企业对标准的出台毫无技术准备，因而造成新标准的实施困难。比如，松花江流域自 2004 冬季发生污染事件之后，短短几个月时间内在松花江流域先后出台了吉林省的《糠醛工业污染物控制要求》（DB22/T 426—2016）和黑龙江省的《冰封期地表水采样技术规范》（DB23/T 1065—2006）（已废止）两个地方标准，标准从批准出台到正式实施均只有短短一个月时间。一般而言，企业需要一个转型期来进行技术等方面的改革，才能达到新的标准，短时间内标准的出台和实施会使新标准的实施处境尴尬。

欧盟的水环境指令在实施前一般需要转化为国内法，限值为五年。在五年内，各成员国有充分的时间对技术进行升级改造、配套相适应的技术措施，保证标准的顺利实施。

（4）我国水生态环境标准实施机制还需加强。我国的水生态环境标准以各级地方政府为实施主体，多采用直接管理手段，但执法力度不够，水环境保护收费和处罚体制也不完善，水环境保护收费远不足以抵偿治理水污染的费用。我国的水生态环境标准多由地方政府实施，针对流域跨界污染没有相关实施方案的配套，影响实施效果。

欧盟在标准的实施过程中，构建了一个由欧盟决策机构、欧盟法院、各成员国、地区和地方政府，以及广大公众共同组成，各自发挥作用的多元化实施机制。其中，欧盟主要起到监督管理作用，保持对许可证的签发和更新，并实时更新最佳可得技术参考文件。此外，还采用多种措施支持成员国的标准实施，包括信息交流、指导发展、考察和培训等。同时，欧盟各成员国很注意在运用法律、条例和标准等行政手段的同时，辅以环境税收、财政补贴等经济手段，取得了良好的效果。各成员国还非常注重环境信息的透明和公开，各环保局网站都提供了功能强大的数据库查询、链接等服务，用户不仅可以查询国家的环境质量和污染物排放情况，还可以通过 GIS 查到自己住所周围污染源排放的情况。这种环境信息的公开化最大限度地鼓励公众参与，使得标准的实施更为顺利。

第 11 章

长江大保护标准化展望

通过国内外水生态环境标准对比分析，借鉴国外的先进经验，对于进一步完善我国水生态环境标准体系和长江大保护标准化具有积极意义和重要启示。

11.1 我国水生态环境标准体系的完善

借鉴欧美等发达国家的水生态环境标准，针对长江大保护需求，进一步完善我国水生态环境标准。

11.1.1 基本原则

结合水生态文明建设和治水新方针，在水生态环境标准体系完善和标准编制过程中应遵循以下原则。

（1）全面性原则。水生态环境保护涉及水生态系统和各种人为活动，水生态环境标准应当涵盖水生态环境监督管理的各个方面，形成一个整体，避免留有空白领域。同时，各单项标准应有各自明确的领域范围，避免出现标准之间雷同交叉的现象。

（2）先进性原则。水生态环境保护工作随着科学的发展、技术的进步以及管理的规范而不断创新，这就要求水生态环境标准体系也要不断地更新和充实，以保证标准体系的先进性。

（3）以保障水生态安全为前提的原则。制定和实施水生态环境标准的目的是保障区域水生态安全，因此需要明确水生态环境的安全阈值，在此基础上制定水生态环境标准。

（4）以水生态基准为基础的原则。一般来说，未受人类干扰或基本未受人类干扰的原生自然水生态系统，可保证较高的水生态安全，在制定水生态环境标准时应以其本底值作为基础。

（5）体现区域差异的原则。我国地域辽阔，各地区水生态条件差异很大，不同水域，其生产力、物种多样性等存在较大差异。因此，制定水生态环境质量标准时，要考虑水域差异性，分区规定标准值。

11.1.2 体系结构

多年来，我国已基本构建以污染防治为核心的水环境标准体系，但水生态标准体系还处于起步探索阶段，水环境和水生态标准发展进程差异较大，因此，从水环境标准和水生态标准两方面分别论述其体系结构的完善建议。

11.1.2.1　水环境标准方面

受历史现实条件所限，我国水环境标准长期以来形成了以国家标准为主导，地方标准和行业标准相对弱化的体系结构，基本是一套标准管到底，缺乏层次性、针对性。

由于我国国家水环境标准多为指标型标准，在全国范围或所有行业内采用统一的限值，不能很好地反映地域的差异和行业的特殊性，因此，不能很好地解决区域性的水环境问题和行业水污染问题。比如，我国现行标准对于湖库的氮磷指标在全国范围内设置了统一的限值，但不同地区的自然条件相差很大，其富营养化氮磷控制值差异也会很大。根据国际经验，富营养化评价标准应按照生态分区制定，体现水生生态系统因不同地形、水文、气象等地理条件的差异，更利于解决区域性污染问题。因此，随着经济社会发展和科技技术发展，我国有必要逐步调整水环境标准体系结构，建立更具层次性立体化的水环境标准体系，改变目前我国扁平化的标准体系。国家级别上主要制定指导性和纲领性的水环境标准，起到统领作用；地方和行业标准则在国家标准的指导下制定各地方各行业的执行标准，执行层面上以地方标准和行业标准为主。国家应加快推动行业标准和地方标准的制定，提高行业标准和地方标准的地位，逐步形成以国家标准为统领，行业标准和地方标准主导执行的体系结构，实现三级标准的协调发展。

（1）国家级别的指导性和纲领性水环境标准。国家级别的水环境标准在制定修订过程中应突出其指导性和统领性，特别是水环境质量标准、水污染排放标准、水环境监测分析标准和水环境样品标准四类。

①水环境质量标准。美国和欧盟的统一标准多为纲领性的水环境标准，不直接执行，并采用水环境质量标准和水污染排放标准相结合的控制方式，通过目标导向起到总体把控的作用。其中，美国只有 EPA 发布的全国统一的水质基准，各州政府根据水体状况选择合适的指标并自行确定限值，报 EPA 批准即可。欧盟则提出了水框架指令，指导各成员国的水环境保护工作，明确了各国每年需要完成的任务，包括周期内需要达到的水质标准。

我国的国家水环境质量标准多为指标型标准，前瞻性、预告性和宏观性较为欠缺，总体把控作用较弱，缺乏总纲性统领性的水环境标准来指导水污染防治和水环境管理工作。我国应尝试制定目标导向型的国家水环境质量标准，针对全国范围和所有行业都适用的指标提出参考限值，明确各阶段的水质目标，增加国家水环境质量标准的统领性，从总体上对水污染进行控制。

②水污染排放标准。美国水污染排放标准的制定强调技术原则，EPA 按照各类污染物的特性、行业工艺技术和不同的控制技术，分别确定工业污染源排放标准，一般为不同行业不同污染物在特定技术下所能够达到的对应排放限值，基本涵盖了所有行业。美国在制定水污染排放标准限值的同时，还明确了实施排放标准所需的技术条件、措施以及相关技术的替代方案等，为企业提供技术选择和效益分析，最大限度地帮助排污企业实现达标排放，大大减少了标准的执行难度，有力地推进了各行业的技术升级，对美国的水污染控制起到了重要作用。

我国现有的国家级水污染排放标准分为综合性水污染排放标准和行业水污染排放标准，制定过程并没有充分体现技术依据原则。国家级水污染排放标准应该加强技术研究，积累推荐技术下污染物的排放数据，并遵循技术依据原则，综合考虑行业特性、技术特征、污染物特性、科学地制定在推荐技术下的污染物排放限值，保证国家行业标准适合于全国范围内特定行业外的所有企业。另外，我国的水污染排放标准采用不交叉执行的原则，但我国仅针对 6 个行业制定了水污染排放标准，其余都统一执行《污水综合排放标准》（GB 8978—1996）。《污水综合排放标准》为通用指标，但是由于各行业工艺特点、废水量、废水成分以及处理工艺的不同，标准应该有所区分。为加强各行各业的水污染排放控制，国家有必要加快推动其余行业水污染排放标准的制定。

③水环境监测标准。美国和欧盟均发布统一的水环境监测标准系列，其他部门不再发布相关监测标准，体系结构比较清晰，体系内容较完善。我国水环境监测标准则相对分散庞杂，各涉水部门均发布了相应的水环境监测标准，部分指标的监测标准重复出现，部分监测项目没有对应的监测标准，对水环境质量标准和水污染排放标准实施的支撑力度不足。另外，在执行过程中多执行国家标准，个别行业水环境监测标准特别是水质分析方法未能发挥作用。因此，亟需根据环境管理需求和监测技术进展，着力构建起支撑水环境质量标准、水污染排放标准实施的国家水环境监测类标准体系。

2018 年我国机构改革以后，需从国家层面整合各涉水部门的常规监测标准，形成系统完善的国家水环境监测标准体系。国家级的水环境监测标准应包括常规监测规范、采样、前处理和常规监测项目分析方法四个方面。对现行的水环境监测相关规范进行梳理和整合，针对不同的水体制定国家级水环境监测规范；根据不同水体的特点，制定不同的采样和前处理标准，如有需要也可以参照 ISO 标准；在监测分析方法方面，国家应整合各种监测分析标准，针对常规监测项目提出统一的监测分析标准，使得相关监测项目采用统一的分析方法，以实现水环境标准实施中数据的可比性。

此外，国家还需要加快缺失监测分析标准的制定，为满足新型特征污染物等环境健康危害因素监测工作需要，需加快全氟辛基磺酸、多溴联苯醚等新增持久性有机污染物（POPs）监测分析方法标准的制定；开展针对抗生素、二酚基丙烷（双酚 A）、多氯萘等新型污染物监测分析方法标准的研究制定；制定一批反映水生生物急性毒性、慢性毒性以及致突变性的监测分析方法标准，建立配套水环境综合毒性评价体系，健全生物类监测分析方法标准制定修订技术方法体系。

④水环境样品标准。目前，我国标准样品研制还仅限于特性稳定、技术上相对容易开发的常规污染物指标。总体上，标准样品的研究和制备处于发展阶段，水环境标准样品中以单项指标标准样品为主，多指标混合标准样品太少，浓度水平单一，难以满足环境监测分析仪器多指标同时分析的需要。

根据水环境标准中污染物项目以及实施相应监测方法标准的需求，应加快开展水环境标准样品的研究，重点加强挥发性有机物、多氯联苯、多溴联苯醚、农药类、重金属类等环境监测和科研急需的标准样品研制，健全环境标准样品体系。修订完善环境标准样品研制技术导则，规范标准样品管理。做好环境标准样品储备，开展环境标准样品应用技术研究，为提高环境监测工作质量提供技术支持。

（2）行业水环境标准。美国和欧盟均没有行业级别的水环境标准。我国采用统一管理、分工管理和分级管理的标准管理体制，形成了三级的水环境标准。在国家标准主导的局势下，我国的部门行业水环境标准发展相对较慢，执行过程中容易被弱化。行业水环境标准作为国家标准的补充，应在国家水环境标准的指导下，结合涉水部门的职能和行业特点，针对特定行业指标制定。在行业水环境标准的制定修订过程中突出其可操作性，并逐步强化其执行力度。行业水环境标准主要涉及水环境质量标准、水污染排放标准和水环境监测标准三类。

以水利行业为例，应深入研究河湖的基本要素，包括水量、流量、流速、水深、泥沙等和水质、纳污能力之间的关系，侧重水利工程对水环境的影响，增加不同水利工程建设条件下，包括梯级水库、大坝、生态调水、水系连通等方面的水环境质量标准指标。水利行业的水污染排放标准应突出水资源、湖库和水利工程的管理保护职能，针对特定水域的保护发布水污染排放标准，并采用水环境质量标准和水污染排放标准双重标准进行管理。水利行业的水环境监测标准主要针对特定水文条件下的水域，制定水环境监测标准，比如多泥沙河流、库区等。

此外，行业水环境标准的制定修订应加强国家标准和行业标准的衔接，推进国家标准和行业标准配套使用，逐步强化行业标准的地位。在行业标准的制定修订中，国家标准已经明确规定的控制项目可直接引用国家标准；在国家标准的制定修订中，对于一些特殊情况下需要使用到的行业标准也需要明确引用，提高行业水环境标准的使用率，更为针对性地指导水环境管理工作。

（3）地方水环境标准。在执行层面上，美国和欧盟的地方标准占绝对领导地位。EPA 将水环境标准的制定权力下放，授权州政府根据水质基准分别制定符合当地水域功能的水环境质量标准和基于水质的水污染排放限值标准，各州可以有针对性地制定标准，使得水环境标准的可操作性强，对水污染控制力度强。欧盟的水环境标准则必须转化为国内法后才可执行，每个成员国必须针对自己的实际情况制定水环境标准，使其达到欧盟制定的水环境标准要求，保证了标准的可达性。美国和欧盟地方标准制定时，充分考虑了当地的实际情况和用水需求，灵活度高，可操作性强，在其水污染防治过程中起到了非常重要的作用。

我国绝大多数区域均采用国家水环境标准，对区域污染的控制有限。在水环境标准体系结构调整过程中，有必要加强研究地方环保标准体系及标准制定修订方法，明确地方标准与国家标准、地方标准与改善环境质量间的关系，逐步推进地方水环境标准的制定。地方水环境标准的制定主要考虑水环境质量标准和水污染排放标准。

地方水环境质量标准主要是在现有水功能区划管理的基础上，各地方政府需进一步细化各管辖范围内的水域，明确各水域的水体功能，并根据各自情况和国家水质基准制定相应的水环境标准，但是必须满足国家水环境标准的要求。为使得地方标准的制定更符合当地情况，在满足国家的水质目标的前提下，地方标准限值可以严于国家，也可以松于国家。各地方政府负责各自行政范围内的水环境标准制定和实施，并为范围内的水体环境质量负主体责任。

地方水污染排放标准主要是结合排污许可制度，针对不达标的水域而制定，在核发排污许可时还需明确各点源的排放标准。如果在执行国家和行业相关水环境标准后，水域水质仍达不到地方制定水环境质量标准，地方应制定达标要求下的水污染排放标准。在地方水体水质标准目标的基础上，量化各种污染物的目标。通过对水体污染源分析、负荷容量分析、非点源和点源的污染负荷分配，得到污染源的污染负荷总量，并据此制定地方水污染排放标准。

11.1.2.2 水生态标准方面

水生态标准体系框架是水生态标准按其内在联系形成的科学有机整体，是水生态标准制定的主要依据，它可以避免水生态标准制定计划安排的盲目性，并保证水生态标准的系统性、配套性和完整性，因而水生态标准体系框架的构建是一项重要的基础性工作。

水生态保护涉及水生态系统和各种人为活动，水生态标准也应当涵盖水生态监督管理的各个方面，形成一个整体，避免留有空白领域。水生态标准体系的核心部分应该是水生态质量标准，对水生态保护指标进行规定，并配套关于标准制定、标准执行、指标测定等规范，提高水生态标准的可操作性。此外，水生态系统标准体系的构建应遵循"保护优先、预防为主、防治结合"的基本原则，优先考虑对开发的控制要求和开发活动中的水生态保护要求。

多年来，我国已基本形成了以污染防治为主的水环境标准体系，水生态保护与水环境保护密切相关，同属于水生态环境标准范畴。因此，水生态标准体系的构建可在一定程度上参考水环境标准体系，以便形成完整的水生态环境标准体系。对照现行水环境标准体系结构，结合水生态保护需要，可将水生态标准分为水生态健康标准、水生态保护控制标准、水生态监测标准和水生态基础标准四大类，其中水生态健康标准和水生态保护控制标准为主体标准，水生态监测标准和水生态基础标准为配套支撑标准（图11.1）。

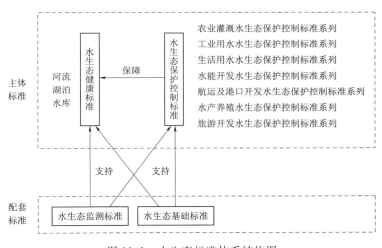

图 11.1　水生态标准体系结构图

（1）水生态健康标准。水生态健康标准是为了使水生态环境满足其生态功能，保障水生态系统健康稳定而规定的水生态各项指标要求，可反映各类水域的水生态健康状况。

考虑到我国地域辽阔，区域水生态条件差异较大，可根据各种影响营养物负荷因素（如日照、气候、水文条件、物理扰动、沉积物负荷、基岩类型和海拔高度等），将全国划分为多个水生态区，针对性地提出制定不同水生态分区的水生态健康标准。

（2）水生态保护控制标准。水生态保护控制标准主要针对水资源开发而制定，为有效保护水生态系统，防止水生态破坏，达到水生态健康标准的要求，需对水资源开发利用活动的方式和强度及水生态恢复的要求做出规定，如水资源开发利用率、地下水开采强度等。

参考水质标准和水污染排放标准相结合进行水环境管理的思路，水生态保护控制标准也可针对不同的水资源开发类型，基于水生态健康标准而制定。目前，我国水资源开发利用主要有农业灌溉、工业用水、生活用水、水能开发、航运及港口开发、水产养殖、旅游开发等。不同的水资源开发活动之间存在一定差异，因此可将水资源开发水生态保护控制标准划分为多个系列，如农业灌溉水生态保护控制标准系列、工业用水水生态保护控制标准系列、生活用水水生态保护控制标准系列、水能开发水生态保护控制标准系列、航运及港口开发水生态保护控制标准系列、水产养殖水生态保护控制标准系列和旅游开发水生态保护控制标准系列。每一系列按照开发活动要素及水生态影响类型和程度的差异，可包含若干项标准。

（3）水生态监测标准。水生态监测标准是对水体形态、水体理化、沉积物理化和水生生物等各指标进行测定的方法规范，包括点位布置、样品采集与保存、样方大小、测量时间、统计计算方法等。生态监测方法标准较多，如生物量的测定、种类的鉴定和计数、水生植物盖度的测算等。

（4）水生态基础标准。水生态基础标准是为了制定、修订和执行水生态健康标准和水生态保护控制标准而提出的基本原则以及标准中名词、术语的规范性解释等，如：水生态术语、水生态标准编制技术导则、水生态功能保护区类型与级别划分原则等。

11.1.3　体系内容

结合水环境标准体系结构和水生态标准体系结构，分别论述了水环境标准内容和水生态标准内容。

11.1.3.1　水环境标准内容

经过跟美国和欧盟对比分析发现，我国水环境标准体系关于人体健康和流域环境保护方面的标准相对较少，有必要对这两方面的水环境标准加强研究，完善我国水环境标准体系内容。

（1）人体健康方面。我国有专门针对饮用水和供水水质相关的水环境质量标准，不同部门从不同的角度提出了饮用水相关标准。其中生态环境部的《地表水环境质量标准》（GB 3838—2002）中针对集中生活饮用水地表水源地，提出了补充项目和特定项目标准限值；卫生部的《生活饮用水卫生标准》（GB 5749—2006）针对城乡各类集中式供水的生活饮用水以及分散式供水的生活饮用水，提出了饮用水水质要求、饮用水水源水质要求和二次供水水质要求等；住房城乡建设部的《城市供水水质标准》（CJ/T 206—2005）针对城市公共集中式供水、自建设施供水和二次供水，提出了供水水质要求和水源水质要求。总的来说，我国饮用水相关的水环境质量标准的指标数量与国外先进地区相当，但从切合实际方面还有待改善的空间，需根据需要进行对应调整。

我国饮用水相关标准还缺乏部分可能影响人体健康的指标，建议补充相关指标限值。在农药指标方面，三个饮用水相关的标准均没有包括我国每年使用量在万吨以上的乙草胺、丁草胺、百草枯等除草剂和杀菌剂多菌灵，另外除草剂氟乐灵、杀虫剂吡虫啉使用较多，也没有对应的指标限值；在毒理学无机物指标中，我国水质指标中没有亚硝酸盐指标，而 WHO、美国 EPA 和欧盟都将其作为限制性指标。对于我国长期禁用或是几乎没有在水中检测出来的部分指标，可以适当进行删减调整，例如对硫磷、甲基对硫磷、六六六（总）、六氯苯、林丹、DDT 和挥发酚等。

（2）流域环境保护方面。欧盟的水框架指令从流域管理的角度整合了水环境标准，指导各成员国的水环境保护工作，取得了很好的成效。参考欧盟的经验，建议增加流域环境保护方面的标准。

目前，我国共有七个流域机构，均采用统一的国家标准进行管理。但是，各个流域水文条件、水利工程建设、水环境、自然条件、经济发展等方面存在很大差别，统一标准管理不能反映流域的实际情况，污染控制效率相对较差。对于同一流域上下游而言也存在同样问题，上下游采用统一的标准，容易出现沿岸达标排放，但下游仍超标的现象。建议推进制定统领性的流域水环境质量标准、流域水污染排放标准和流域管理标准，各流域管理机构根据实际工作制定配套的水环境质量标准、水污染排放标准和流域管理标准。

11.1.3.2　水生态标准内容

我国水生态标准还处于起步探索阶段，可以从以下四个方面探索我国特色水生态标准的编制，建立我国水生态标准体系。

（1）水生态健康标准方面。随着工业化和城镇化的发展，水体污染日益严重，我国水生态系统健康严重受损。水生态系统健康可表述为水生态系统具有良好结构和稳定社会服务功能的状态。水生态系统结构包括水体岸线洲滩及河道湖盆等物理结构、水体以及各类生物；社会服务功能主要包括泄洪蓄洪、水能开发、水资源供给、水产养殖、港口航运以及景观文化等。水生态系统健康主要涉及水生态健康评价、水生态保护与恢复、生态流量水量管理和河湖水系连通管理等。

目前，水利部门设立的与水生态系统健康直接相关的标准有 6 项，1 项为监测规范，其余 5 项涉及修复规划、生态需水量评价、水生态文明建设评价和生态风险评价等。对照水生态文明建设要求，水生态健康标准还需补充完善，特别是水生生物保护、栖息地健康以及生物多样性等方面。按照河湖健康管理的需求和河湖强监管的要求，应根据水体类型分别研究制定河流水生态健康标准、湖泊水生态健康标准和水库水生态健康标准，并针对水生态生物及其栖息地提出水体生物及栖息地健康标准。

（2）水生态保护控制标准。为实现水生态健康，需要对各种水资源开发过程中可能影响水生态系统健康的因素进行控制，以保护水生态系统。

①岸线保护控制标准。滩涂岸线资源是河湖水陆边界一定范围内的带状区域，具有行洪、调蓄和水生生物栖息功能，是维护河湖水生态健康的重要水体结构，也是具有开发利用价值的土地资源。长期以来，由于河湖岸线范围不明，功能界定不清，管理缺乏依据，部分岸线开发无序和过度开发严重，严重破坏了河湖生态环境。为保障河湖社会服务功能和生态功能，科学合理利用和保护岸线资源，需要制定河湖和水库管理范围划定标准和水体岸线开发控制标准，根据不同水域功能明确不同水体岸线控制管理范围。

②水域保护控制标准。水域是河湖水生态系统的主要载体，是维护河湖水生态健康的

基础，水资源的保护关系着水资源的可持续利用，也关系到流域水生态与经济社会的平衡发展。多年来，因经济社会发展需求，围垦耕作时常发生，我国水体江湖阻隔严重，导致河湖水域面积逐年下降，甚至出现河流局部断流现象，河湖水生态完整性受到威胁。为保障河湖水生态系统的稳定，必须对水域的开发加以限定，并保证河湖的生态流量。因此，从水域保护来说，需要制定河湖生态流量控制标准、自由水面率控制标准、水面清洁标准和水体取水强度控制标准。

③水生态系统保护控制标准。水生态系统保护是水生态保护的核心，岸线保护和水域保护都是为了保护水生态系统的稳定和健康。水生态系统的保护涉及水生植物、水生动物及其栖息地等。从水体水生态系统保护来看，需要制定水能开发强度控制标准、栖息地保护控制标准、河湖水系连通控制标准等。

（3）水生态监测标准。生物监测相比理化监测有其本身的优越性，可以发现一般理化监测无法发现的一些问题，能够对水中微量有机有毒物及时预警等。目前，在生物毒理学研究方面，我国仍然落后于世界发达国家水平，有必要对我国目前的生物监测方法进行总结，结合国外较为先进的监测分析方法，提出我国的分析方法。加强生物监测标准的研究，充实我国水环境监测分析方法中的生物分析方法。

（4）水生态基础标准。水生态基础标准作为配套支撑标准，需支撑水生态健康标准和水生态保护控制标准的实施和实现。结合水生态保护与修复需求，水生态基础标准应包括水生态区划、术语、规划导则、设计规范、施工导则、监理标准、验收标准和材料等各方面的标准。

11.1.4　基础研究

水生态环境基准是制定水生态环境标准的科学依据，国家层面上除了需要制定指导性和纲领性的水生态环境标准，还应加强水生态环境基准的研究。我国水生态环境基准的研究起步较晚，在水生态环境标准化早期基本上没有本土的水生态毒理学成熟数据可供参考，现行水质标准限值的主要参考美国、日本、苏联、欧洲等国家或组织，特别是美国的水质基准。随着国家经济迅速发展，水生态环境问题越来越严峻，虽然国内有关水生态环境基准的研究也越来越多，但其推导方法主要沿用美国，针对本土化的研究不够，难以全面反映我国水生态系统的特点及人种间的差异。截至目前，我国仅提出了污染物含量和水生生物毒性等方面的水质基准数据整编技术规范，针对淡水水生生物、湖泊营养物和人体健康提出了水质基准制定技术指南，尚没有在国家层面上发布相关水生态环境基准，水生态环境基准推导体系还不够完善，水生态环境基准体系亟待建立。

由于水生态系统特征的差异，不同国家的水生态毒理学数据会有显著差别，直接参考国外的水生态环境基准数据和推导方法来制定我国的水生态环境标准，其针对性是不足的。除参考欧美的经验以外，我国需要进一步加强水生态环境基准的研究。根据我国水生态系统特征，提出符合科学的水生态环境基准推导方法体系及水生态环境基准体系，为我国水生态环境标准限值的确定提供更为科学的依据。

（1）建立我国水生态环境基准推导方法体系。美国早在 20 世纪 50 年代就开始了水质基准的研究，于 1980 年初步制定了获取水质基准的技术指南，如 1985 年发布了《推导保护水生生物及其使用功能的定量国家水质基准指南》；2000 年相继发布河流和湖库的营养物基准制定导则和《推导保护人类健康的环境水质基准的方法学》。经过多年的发展，美国建立了完善的水质基准推导方法学体系。欧盟同样注重水质基准方法的研究，成立了欧洲委员会化学品毒性和生态毒性科学咨询委员会（CSTE），经过长期的毒理性试验，制定了科学水质基准（WQOs）推导方法，指导各成员国水质基准的确定。各成员国在将欧盟的指令转化为本国法规时，也经过大量基准研究，建立了更符合本国国情的基准推导方法，如英国的《环境质量的推导》采用评价因子法，并为同一目标采用双值水质基准。德国通过毒理学数据采用评价因子法推导单层次保护目标单值基准。

我国推导方法修正时，需要反映中国国情的内容，对基准的保护对象范围进行调整。具体表现在修正水生态基准推导方法学中的"最低覆盖物种要求"上，比如对美国保护淡水水生生物基准所要求的三门八科作适当的调整。在保护人体健康基准方面，对不同人群的暴露参数进行修正。为更好地体现我国水生态系统的特征，建议基于流域水生物区系分布特征，针对重点污染物开展水质基准研究，识别污染物水生态毒理学效应，建立本土水生态毒理学基准数据库，提出水生生物基准、水生态基准、沉积物基准、人体健康基准、营养物质基准和微生物基准等水质基准推导技术规范，构建具有中国特色的水生态环境基准方法框架体系。

（2）构建我国水质基准体系。经过多年的研究发展，美国已形成一套较为完善、科学、严谨的水质基准体系，包括水生生物基准、人体健康水质基准、营养物基准、沉积物基准、细菌基准、生物学基准、野生生物基准和物理基准等八大类的基准。这些基准一般用数值或描述方式来表达，为美国各州和部落建立水质标准提供了科学依据，并不断更新以确保标准的时效性。

我国需在水质基准方法框架体系研究的基础上，提出我国的水生态环境特征污染物清单，提出适合我国国情及水环境特征的水质基准阈值，确定具有分区特性的水生生物基准、水生态基准、沉积物基准、人体健康基准、营养物质基准和微生物基准等水质基准，建立具有我国特色的水质基准体系，使我国水生态环境标准指标限值更为合理，以更好地指导各行业和各地方的水生态环境标准化工作。

11.1.5　管理机制

受历史现实条件所限，多年来我国的水环境标准多为政府主导制定，在标准制定过程中存在公众参与不足，标准滞后标龄长等问题。在深化标准改革的总要求下，建议从以下方面进一步优化水环境标准管理机制。

（1）加大专业技术委员会的力量，提升标准技术水平。为落实国家标准深化改革，构建政府主导制定标准与市场主导制定标准协同发展、协调配套的标准化体系，建议参考国外经验，进一步加强专业技术委员会的力量，成立与水生态环境相关的专业技术委员会，由专业技术委员会统一管理、协调水利标准的制定，进一步提升标准技术水平。政府则主要负责监管、办文发布和财政支持等工作。

（2）建立公开征求意见平台，提高公众参与度。美国和欧盟的水生态环境标准在制定过程中非常强调公众参与，公众可参与到标准制定过程中每一轮的讨论和审查，并有权获取标准最后制定通过和实施的有关信息。建立公开征求意见平台，在不同阶段面向全社会征求意见。起草单位除原有的征求意见渠道外，还应通过公开征求意见平台对外征求意见，形成"提出意见、反馈意见、按意见修改完善"的闭循环，从而使公众方便地参与到标准的每一轮制定修订过程中，既确保公众的知情权、参与权、表达权和监督权，又确保了各方面所提意见得到有效的采纳和处理，让标准的适用性、科学性进一步提升。

（3）建立标准评估及修订机制，保证标准时效性。EPA 明确规定各州政府每 2～3 年需要对当地的水生态环境质量标准进行评估，并根据最新的研究成果进行修订，保证了美国水生态环境标准的时效性。

我国相关水生态环境标准时效性明显不足，不能很好地与经济社会发展和技术发展相适应。为提高水生态环境管理水平和质量，水生态环境标准也需要与时俱进，可建立标准评估及修订机制，积极推进水生态环境标准第三方评估，掌握标准实施效果与问题，提出管理及标准制定修订建议，为管理决策和标准制定修订提供技术支撑。考虑到我国多为五年计划，可每五年对现行水生态环境标准的执行效果做出评估，对照最新研究成果和水污染形势，判断标准是否需要修订。若认为标准需要修订，应由评估单位提出修订建议，再由起草单位根据有关规定做出修订草案，并面向社会向群众征求意见，最后相关主管部门批准后发布实施。只有通过不断的修正更新，保证水生态环境标准的时效性，才能为水生态环境管理提供科学合理的技术支撑。

11.2　长江大保护标准化

长江流域是全国较早开展督查的流域之一，也是最早开始立法保护的流域，在过去 4 年里经历了史上最严的环保调控。目前，《中华人民共和国长江保护法》已经正式发布实施，将成为长江大保护历程中强有力的法律保障。但仅仅在法律层面对长江大保护做出界定是远远不够的。长江流域不仅自然条件和生态环境复杂，人类利用河流的方式也多种多样，有必要在现有国家相关标准的基础上，遵循长江经济带生态优先绿色发展的战略要求，以《中华人民共和国长江保护法》为准绳，探索长江大保护标准的制定，使得监管有标可依，长江大保护才能真正落到实处。

11.2.1　发展战略思路

深入贯彻党的十九大精神，以习近平新时代中国特色社会主义思想为指导，坚持"节水优先、空间均衡、系统治理、两手发力"的治水思路，遵循长江经济带生态优先绿色发展的战略要求，坚持新发展理念和创新驱动发展战略，逐步建立重点突出、全面系统的长江大保护标准，不断提高长江大保护标准的质量和核心竞争力，不断提高其对长江大保护和长江经济带的支撑能力，为新形势下长江大保护提供了强有力的科技支撑。

目前，专门针对长江流域独特的水文条件和保护需求制定的长江流域标准较少，长江大保护主要采用现行统一标准进行监督管理。前述支撑度评价结果显示，现行标准对传统的水利工作支撑度相对较高，对长江大保护中突出的水生态环境保护支撑相对较弱。为避免短板效应，快速提高其对长江大保护的支撑，要根据不同领域的技术水平、实际需求和基础条件,采取两步走的策略,近期有选择性地对重点领域进行突破,并同步开展标准基础研究工作,为后续其他领域的标准编制创造条件,循序渐进地建立重点突出、全面系统的长江大保护标准。

11.2.2 发展战略目标

在长江大保护新形势下,长江大保护标准应以长江经济带长江大保护发展要求为导向,以提高对长江大保护的支撑能力为目标,确定长江大保护标准发展战略目标。

(1)总体目标。长江大保护标准发展的总体目标是,全面开展长江大保护相关标准研究工作,加快支撑度薄弱专业门类相关标准的基础研究工作进展,实现长江大保护重点领域标准的全覆盖,实现对长江大保护强有力的支撑,为长江经济带的绿色发展提供保障。通过二三十年的努力,基本建立重点突出、全面系统、适应长江经济带发展需求的长江大保护标准;通过更长时间的努力,探索技术标准支撑区域发展的新模式,为其他区域发展及其标准支撑提供参考。

(2)阶段目标。

①近期目标。在"十四五"末期,我国长江大保护标准工作可以在以下层次取得成效。

a. 针对长江大保护中突出问题,结合现行标准对长江大保护的支撑情况,完成重点领域中基础条件相对成熟且亟需的标准的编制工作。

b. 针对编制条件不够成熟的其他重点领域,尽快开展长江大保护标准基础研究工作。

c. 培育一批具有自主创新能力和竞争力的水利企事业单位,引导其成为长江大保护标准化活动的主力军。

②中期目标。在"十六五"末期,我国长江大保护标准工作可在以下层次取得成效。

a. 持续开展重点领域的标准编制工作,建立多专业协调发展的长江大保护标准。

b. 开展其他领域长江大保护相关标准的编制工作,进一步提高标准的支撑能力。

c. 探索区域特有标准与水利行业标准体系的融合。

③远期目标。到"十九五"末期,我国长江大保护标准可在以下层次取得成效。

a. 加快推进重点领域的标准编制工作,实现重点领域标准全覆盖。

b. 加快其他领域长江大保护相关标准的编制工作,建立全面系统的长江大保护标准,有效支撑长江经济带发展。

c. 加快区域特有标准与水利行业标准体系的融合,完善水利行业标准体系。

11.2.3 发展重点领域

根据长江大保护标准现状和发展需求,采用重点领域和其他领域两步走的发展思路,发展重点领域选取长江大保护工作重点中现行标准对其支撑度相对较弱的领域,结合前述支撑度评价,长江大保护标准发展重点领域主要有以下方面。

11.2.3.1 流域水资源保护

长江是我国水资源配置的战略水源地,是实施国家能源安全战略的重要支撑,结合流域水资源的特殊性和现有标准的支撑度,需加强水资源配置调度和流域水资源生态补偿两方面的标准研究。

(1) 水资源配置及调度。如何加强长江流域水资源统一管理，做到优化配置、统一调度、合理利用、有效保护和安全供给，成为新形势下长江大保护面临的重大历史课题和挑战。水利部"三定"方案中，新设立的调水管理司承担跨区域跨流域水资源供需形势分析，指导水资源调度工作并监督实施，组织指导大型调水工程前期工作，指导监督跨区域跨流域调水工程的调度管理等工作。2019 年，水利部正式批复了长江水利委员会《2019年度长江流域水工程联合调度运用计划》（简称调度计划），这一计划首次将流域内蓄滞洪区、重要排涝泵站和引调水工程等水工程纳入联合调度范围，联合调度的水工程由 2018年度的 40 座控制性水库，进一步扩展至包括 40 座控制性水库、46 处蓄滞洪区、10 座重点大型排涝泵站、4 座引调水工程等在内的 100 座水工程，调度范围也由上中游扩展至全流域。

从调度的用途来看，长江流域调度可以分为防洪调度、水库群蓄水调度、供水调度、生态调度和应急调度五种。调度计划主要包括纳入联合调度范围的水工程、调度原则与目标、联合调度方案、各水库调度方式、河道湖泊及蓄滞洪区运用方式、排涝泵站调度方式、引调水工程调度方式、调度权限、信息报送及共享、附则等 10 部分内容，明确了纳入调度范围内的水工程调度原则、目标、防洪调度、水库群蓄水调度、供水调度、生态调度和应急调度，并细化了联合调度方案以及各水工程的调度管理权限。但是，建议进一步按照不同的用途和规模制定不同的调度标准，补充调水的水量、水质以及水价的具体标准，以利于调水管理的实施，避免水资源的浪费，促进长江流域水资源的可持续发展。目前，暂无相关标准可支撑水资源配置和调度，属于发展重点领域之一。

(2) 流域水资源生态补偿。在整个长江流域中，上游地区所承担的水资源保护义务往往多于下游地区，所受到的发展限制也更多。随着长江经济带绿色发展理念的深入推广以及"共抓大保护，不搞大开发"的普及，公众的生态意识有了明显提高，很多省（直辖市）级政府制定政策文件，对长江流域内的水生态补偿实践进行探索，推动各地试点工作的开展。依据生态补偿试点覆盖的行政区域，可以分为省内生态补偿实践和省际生态补偿实践。相比于省内水生态补偿，跨省补偿牵涉到不同行政区划的主体，在利益协调和利益分配等方面会面临着更多的阻碍，进展相对省内补偿来说也更慢，往往需要中央介入进行一定程度的协调。安徽与浙江之间构建的新安江流域水生态补偿是我国开展最早，也是效果最成功的跨省补偿实践，已经开始第三期试点工作。此外，还有福建与广东的汀江—韩江流域水生补偿，江西与广东的东江流域水生态补偿、四川、贵州、云南的赤水河流域生态补偿都是目前正在推进的跨省水生态补偿实践。总的来说，长江流域的水资源生态补偿机制还在起步探索阶段，且仅在个别省际间试点，还没有在全流域范围内构建起流域水资源生态补偿机制。

在目前的省际水资源生态补偿试点中发现，因缺乏流域水资源生态补偿标准，如何确定用水权益、利益补偿、成本分摊以及损害赔偿金额是试点中的难点。水资源生态补偿作为流域水资源保护的重要手段，相关标准的制定可为流域水资源保护提供强有力的支撑，为合理分摊流域内各地区间的水资源保护职责，有必要制定涵盖用水权益、利益补偿、成本分摊和损害赔偿等多个方面的水资源生态补偿标准，推动构建流域生态效益补偿机制，以体现流域水资源管理的权责统一，实现水资源社会、经济与生态多重价值，明确长江流域内各地区保护水资源的职责，实现水资源保护的可持续发展。

11.2.3.2 流域水环境保护

尽管近年来，长江大保护初见成效，但是未来保护形势依旧严峻。考虑到长江流域水文条件、水利工程建设、水环境、自然条件、经济发展等多方面存在特殊性，统一标准管理不能反映流域的实际情况，污染控制效率相对不高，即上下游采用统一的标准，容易出现上游沿岸达标排放，但下游仍超标的现象。需根据流域上下游不同开发特点、水利工程建设情况以及水域功能制定不同的水质标准，并提出基于水质的水污染控制标准。

我国是水利大国，长江流域已建成了大中小型水库共5万多座，特别是上游梯级水库建设，在一定程度上隔断了水体自然联系，减慢了水循环速度，降低了污染物迁移能力，削弱了水体净化能力，进而对该区域水环境造成不良影响。流域水污染控制系列标准应深入研究流域河湖的基本要素，包括水量、流量/流速、水深、泥沙等和水质、纳污能力之间的关系，侧重水利工程对水环境的影响。根据长江流域特定水域的功能制定不同水环境质量标准。建议加强长江流域特定水域的水环境研究，使得水环境质量标准指标及限值更有科学性和针对性。同时，为确保水环境质量标准达标，还需要结合达标差距，通过污染负荷反推制定基于水质的特定水域的水污染排放标准，加强长江流域的水污染防治。

11.2.3.3 流域水生态保护

目前，水利部跟水生态系统健康直接相关的标准仅6项，与水生态保护直接相关的标准较少，前期基础研究工作也相对薄弱，亟需开展基于长江流域水生态系统特点的基准研究工作，并据此开展长江流域水生态标准编制工作。

多年来，随着长江流域水资源开发和沿岸经济社会高速发展，长江流域生物多样性、特有物种和栖息地（含湿地）均受到不同程度的威胁。应加快流域生物多样性保护标准的编制工作，根据物种资源状况，建立长江流域水生生物完整性和多样性指数评价指标体系，并将其变化状况作为评估长江流域生态系统和水生生物总体状况的重要依据。根据流域特有物种的濒危程度，提出特有物种保护标准，标准需明确不同特有物种的保护级别、保护目标及其环境改善标准。根据栖息地的不同，提出针对性的保护标准，明确其主要保护指标和指标限值。

随着上游梯级水库的建设，长江中下游河湖生态用水问题日益凸显，考虑到流域生态用水受水利工程影响较大，采用通用标准难以满足需求，需基于流域特点开展相关针对性研究，也是重点领域之一。按照流域河湖水生态修复的需求和河湖强监管的要求，应加快长江流域水生态修复管理标准规范建设，制定和修订一批长江流域河湖保护与生态治理修复方面的标准规范，形成涵盖保护"盆"和"水"的流域河湖水生态修复标准体系。从长江流域河湖岸线的保护来说，建议补充河湖管理范围划定和河湖岸线保护与开发两类标准；从长江流域河湖水域保护来说，应加强河湖生态流量控制标准和河道清洁标准的研究；从长江流域河湖水生态系统保护来看，建议增加河湖水系连通标准、河湖生态系统健康评价标准、河湖生物及栖息地健康标准和河湖健康监测标准等。

目前，在生物毒理学研究方面，我国仍然落后于世界发达国家水平，有必要对我国目前的生物监测方法进行总结，结合国外的一些较为先进的监测分析方法，加强生物监测标准的研究，特别是针对长江流域特有物种开展生物监测方法研究和生物毒理学研究，充实我国水环境监测分析方法中的生物分析方法，完善开展天地一体化长江水生态环境监测调查评估，完善水生态监测指标体系，开展水生生物多样性监测试点，逐步完善水生态环境监测评估标准。

11.2.4 长江大保护特色标准

根据长江大保护发展战略及目标定位，结合长江流域特点及长江大保护重点工作任务，在水利行业标准体系的基础上，提出长江大保护特色标准，见表11.1。

表 11.1　　　　　　　　　　长江大保护标准发展重点领域及其特色标准

序号	领　　域		标准序号	主要标准方向
一	发展重点领域			
1	流域水资源保护	水资源调度标准	1	长江流域防洪调度标准
			2	长江流域水库群蓄水调度标准
			3	长江流域供水调度标准
			4	长江流域生态用水调度标准
			5	长江流域水资源应急调度标准
		生态补偿标准	1	长江流域水资源生态补偿标准
	流域农村供水安全			
2	流域水环境保护	水污染控制标准	1	流域特殊水域水环境质量标准
			2	流域特殊水域水污染排放标准
3	流域水生态保护	水生态监测及评价	1	长江水生生物监测方法标准（新技术）
			2	长江流域水生态综合调查评估方法标准
			3	长江流域生态系统健康评价标准
			4	长江流域水生生物完整性和多样性指数评价指标体系
			5	长江流域河湖生物栖息地健康评价标准
		水生生物保护	1	长江流域水生生物基准
			2	长江流域生物多样性保护标准
			3	长江流域特有物种保护标准
			4	长江流域特有物种重要栖息地（含湿地）保护标准
		河湖生态修复	1	长江流域河湖管理范围划定标准
			2	长江流域河湖岸线保护与开发标准
			3	长江流域河湖生态流量控制标准
			4	长江流域河道清洁评价标准
			5	河湖水系连通标准
4	流域综合治理			
5	流域综合防洪减灾			

序号	领　　域	标准序号	主要标准方向
二	特色标准		
1	长江大保护综合评价标准		
2	长江江源区保护标准		
3	长江梯级水库群联合调度标准		
4	长江江湖连通标准		

11.2.4.1　长江大保护评价标准

在长江大保护新的发展阶段，如何评价长江大保护的落实程度，迫切需要开展长江大保护评价标准研究，这是长江大保护标准发展近期的重点任务。

长江大保护评价标准需要从整体上针对水资源、水环境、水生态、水安全等多方面保护成效提出评价标准，可尝试以长江大保护之初的流域状况作为基准值，用各方面的改善程度来作为评价手段，用以评价各方面保护工程的成效，并对长江大保护的成效进行综合评价，为长江大保护工作的优化提供指导。

11.2.4.2　长江江源区保护标准

近些年来，整个长江源区受自然界和人为活动因素的影响，草场退化，天然林木减少，水土流失加剧，湿地面积萎缩，冰川明显缩小，雪线不断上移，生态环境恶化，水源涵养功能衰竭，生物多样性锐减等，这些问题不仅严重影响了当地经济和藏民族传统文化的健康发展，而且对下游乃至全流域的水环境条件、生态安全、居民生产生活用水构成直接威胁。

长江江源区保护标准应明确其江源区水生态、水环境和水资源等多方面的健康评价指标和保护目标指标，明确水资源开发阈值，为长江的可持续发展提供技术支撑。

11.2.4.3　长江梯级水库群联合调度标准

长江流域干支流梯级水库群形成后，在长江流域防洪、发电、航运、水资源配置、水生态与水环境保护等方面发挥巨大的作用。然而，上游梯级水库群的建设对生态环境的影响十分深远且复杂，主要体现在改变中下游的水文泥沙情势、营养物质通量和水温过程等，并进一步阻断江湖联系。

目前，水库群联合调度对水生态环境的长期影响缺乏系统的监测体系和影响评价标准，联合调度运行实施也没有成熟的技术标准可参考。为进一步减少水库群对流域水生态环境的影响，有必要建立水库群联合调度模式下长江水生态环境监测指标体系，并对敏感生物的影响评价指标进行明确，以量化水库群联合运行对水生态环境的影响。在此基础上，遵循影响最小化原则提出长江梯级水库群联合调度技术标准，明确联合调度的内容、周期、月份及具体调度参数等。

11.2.4.4　长江江湖连通标准

洞庭湖和鄱阳湖（以下简称"两湖"）在长江水生态系统和生物多样性等方面具有重要地位和独立价值，因此江湖关系（即长江与两湖的关系）是长江大保护中最重要的关系之一。江湖关系的重要性主要体现在水文泥沙形势及节律的变化、对江湖洄游性鱼类和湿地的影响等。

长江江湖连通标准主要用来评价江湖之间的连通程度，连通程度等级的划分以其对水文、水资源、水环境和水生态等多方面的影响为依据，通过对江湖之间的水量、泥沙、水质及水生生物等方面指标的评价，确定其江湖连通程度。

11.2.5　标准化发展对策

长江大保护标准研究对于促进长江大保护，支撑长江经济带发展，提高标准化水平等方面有着积极意义。长江大保护标准发展应充分结合长江大保护发展需求，确定相关发展机制，明确发展重点，以提高标准编制质量和水平，提升其对长江经济带发展的科技支撑作用，具体发展对策措施包括以下方面。

（1）加强长江大保护标准工作的顶层设计。长江大保护是一项长期的重要工作，在开展长江大保护标准研究工作时，应做好顶层设计，尽快明确长江大保护标准的定位和管理规则，以利于相关标准化工作的有序开展。

一是，需要明确长江大保护标准的发展定位，确定长江大保护标准与相关部门技术标准的相互关系，为长江大保护标准的制定提供边界条件。

二是，需要确定相应的管理归口机构、人员配置、职责、经费来源，并制定相关的管理机制，明确工作流程，以便组织和协调相关单位开展标准研究工作，避免定位不明、职责不清。

（2）分领域制定发展路线。长江大保护涉及领域众多，各个领域现行标准情况、技术发展情况、基础研究进展和对长江大保护的支撑情况各不相同，不可采用"一刀切"的方式制定统一的发展路线，而应该分专业分领域，有重点有针对性地制定发展路线，以便更有效地开展标准研究工作。

（3）加强流域性基准研究工作。我国基准研究工作起步较晚，针对长江流域的基准研究工作更显薄弱，虽然我国提出了有关污染物含量和水生生物毒性的水质基准数据整编技术规范，针对淡水水生生物、湖泊营养物和人体健康提出了水质基准制定技术指南，但是没有针对长江流域开展相关研究工作。为保障流域水生态环境保护相关标准更具针对性和科学性，亟需加强流域性基准研究工作。

（4）加强专业技术专家力量。长江大保护标准研究极具流域特色，相关专业技术专家力量就显得尤为重要，加强具有流域研究基础的专家力量，配备具有现代科学技术水平的标准化人才，是实现长江大保护标准发展的重要手段。

高端的流域标准化人才是实施长江大保护标准发展战略的重要基础，配备长江流域标准化专家，同时通过建立制度和规范化管理予以保障。支持专家开展专项标准化研究工作，提供机会使专家能及时掌握国际上相关领域各相关方面的技术状况和动向，确保专家能在长江大保护标准化活动中真正发挥作用。在管理制度中，建立专家培训机制也是非常重要的环节，应包括专业技术和标准化等方面知识的培训，保证专家队伍能够及时了解国外先进的研究动态，不断提高工作能力。

（5）加大研究经费投入。长江大保护标准研究是与长江大保护密切相关的社会公益事业，需配套专业技术团队和管理机构，为保障研究成效，需根据工作需求加大研究经费投入，建议建立健全以政府投入为主、多渠道筹集经费的标准化保障机制，设立技术标准政府专项资金的同时，鼓励和引导多渠道的资金投入，增加标准化工作经费，以保障相关工作的顺利开展。

参 考 文 献

上　篇

［1］　左其亭，崔国韬．河湖水系连通理论体系框架研究［J］．水电能源科学，2012，30（01）：1－5.

［2］　朱思瑾．基于长江中下游生态环境改善的三峡水库优化调度方案研究［D］．武汉：武汉大学，2018.

［3］　朱海涛．长江源区长序列径流变化规律及其与气象要素的关系分析［J］．中国农学通报，2019，35（22）：123－129.

［4］　朱广伟，许海，朱梦圆，等．三十年来长江中下游湖泊富营养化状况变迁及其影响因素［J］．湖泊科学，2019，31（06）：1510－1524.

［5］　周小平，翟淑华，袁粒．2007—2008年引江济太调水对太湖水质改善效果分析［J］．水资源保护，2010，26（01）：40－43.

［6］　周蕾，李景保，汤祥明，等．近60a来洞庭湖水位演变特征及其影响因素［J］．冰川冻土，2017，39（03）：660－671.

［7］　周建军，张曼．近年长江中下游径流节律变化、效应与修复对策［J］．湖泊科学，2018，30（06）：1471－1488.

［8］　郑颖．长江口凤鲚的资源评价［J］．安徽农业科学，2012，40（35）：17140－17143.

［9］　赵鑫，黄茁，赵伟华，等．长江中下游干流水功能区评价指标构成及内涵［J］．中国水利，2013（11）：1－3.

［10］　赵军凯，蒋陈娟，祝明霞，等．河湖关系与河湖水系连通研究［J］．南水北调与水利科技，2015，13（06）：1212－1217.

［11］　长江水利委员会长江科学院，江西省水利科学院研究院，江西省水利规划设计院，江西省水文局．鄱阳湖入湖河网演变规律及其对河湖连通的影响［R］．2018.

［12］　长江水利委员会长江科学院．长江上游水电开发与生态环境保护协调对策研究［R］．2012.

［13］　长江水利委员会长江科学院．三峡水库运行后坝下游水沙情势变异及其对生态环境影响［R］．2017.

［14］　长江水利委员会长江科学院．大东湖水网生态水文过程模拟技术及应用研究［R］．2017.

［15］　章运超．长江中游横断面形态对水沙条件变化的滞后响应研究［D］．武汉：长江科学院，2016.

［16］　张运林，张毅博，秦伯强，等．长江中下游湖泊生态空间演变过程及影响因素［J］．环境与可持续发展，2019，44（05）：33－36.

［17］　张迎秋．长江口近海鱼类群落环境影响分析［D］．青岛：中国科学院研究生院（海洋研究所），2012.

［18］　张阳武．长江流域湿地资源现状及其保护对策探讨［J］．林业资源管理，2015（03）：39－43.

［19］　张欧阳，熊文，丁洪亮．长江流域水系连通特征及其影响因素分析［J］．人民长江，2010，41（01）：1－5.

［20］　张欧阳，卜惠峰，王翠平，等．长江流域水系连通性对河流健康的影响［J］．人民长江，2010，41（02）：1－5.

［21］　张陵．长江中下游筑坝河流生态水文效应研究［D］．郑州：华北水利水电大学，2015.

［22］　张林源．长江上游沱沱河源头地区的冰川及其演变［J］．冰川冻土，1981（01）：1－9.

[23]　张利娟，徐志敏，钱颖骏，等. 2016 年全国血吸虫病疫情通报 [J]. 中国血吸虫病防治杂志，
　　　　2017，29（06）：669－677.

[24]　张康，杨明祥，梁藉，等. 长江上游水库群联合调度下的河流水文情势研究 [J]. 人民长江，
　　　　2019，50（02）：107－114.

[25]　张东亚，葛德祥，步青云，等. 水电工程对水生生态的影响特征及减缓对策措施研讨 [J]. 水电
　　　　站设计，2018，34（03）：92－94.

[26]　张伯涵. 南宁市黑臭水体形成机制的研究 [D]. 南宁：广西大学，2019.

[27]　张爱民. 梯级水电开发对长江干流生态水文情势影响研究 [D]. 郑州：华北水利水电大学，2018.

[28]　余卫鸿. 大型水利工程对长江口生态环境的叠加影响 [D]. 郑州：郑州大学，2007.

[29]　于思琪. 富营养化水体下苦草和轮叶黑藻生长与繁殖对策研究 [D]. 武汉：武汉大学，2019.

[30]　尹炜. 长江经济带水生态环境保护现状与对策研究 [J]. 三峡生态环境监测，2018，3（03）：
　　　　2－7.

[31]　姚瑞华，赵越，王东，等. 长江中下游流域水环境现状及污染防治对策 [J]. 人民长江，2014，
　　　　45（S1）：45－47.

[32]　杨盼，卢路，王继保，等. 基于主成分分析的 spearman 秩相关系数法在长江干流水质分析中的应
　　　　用 [J]. 环境工程，2019，37（08）：76－80.

[33]　杨光，黄慧. 2019 年长江中下游地区夏秋冬三季连旱的应对经验与建议 [J]. 中国防汛抗旱，
　　　　2020，30（02）：1－4.

[34]　杨刚. 长江口鱼类群落结构及其与重要环境因子的相关性 [D]. 上海：上海海洋大学，2012.

[35]　严江涌，黎南关. 武汉市大东湖水网连通治理工程浅析 [J]. 人民长江，2010，41（11）：82－84.

[36]　闫芊，陈立兵，郭文，等. 1997—2011 年长江徐六泾江段流量与水质变化 [J]. 生态与农村环境
　　　　学报，2013，29（05）：577－580.

[37]　许志波. "引江济太" 河道-望虞河水质变化特征（2011—2018 年）[J]. 科学技术创新，2020（18）：
　　　　148－149.

[38]　徐薇，杨志，陈小娟，等. 三峡水库生态调度试验对四大家鱼产卵的影响分析 [J]. 环境科学研
　　　　究，2020，33（05）：1129－1139.

[39]　吴时强. 太湖流域河湖连通工程水环境改善综合调控技术 [J]. 科技成果管理与研究，2018
　　　　（01）：75－76.

[40]　吴波，赵强，马方凯. 长江中下游江湖关系恢复研究 [J]. 环境科学导刊，2019，38（05）：
　　　　10－14.

[41]　温家华. 大汶河流域河流健康评价及生态调度研究 [D]. 济南：济南大学，2019.

[42]　王元元，陆志华，马农乐，等. 太湖流域河湖连通工程调度模式综述 [J]. 人民长江，2016，
　　　　47（12）：10－13.

[43]　王伟. 上游大通径流量对长江盐水入侵影响研究 [J]. 科学技术与工程，2016，16（03）：
　　　　106－111.

[44]　王盛琳，李银龙，张利娟，等. 长江经济带建设战略下血吸虫病防治工作思考 [J]. 中国血吸虫
　　　　病防治杂志，2019，31（05）：459－462.

[45]　王乃贺. 基于生态流量长江梯级水库生态调度研究 [D]. 郑州：华北水利水电大学，2019.

[46]　王洪铸，刘学勤，王海军. 长江河流-泛滥平原生态系统面临的威胁与整体保护对策 [J]. 水生生
　　　　物学报，2019，43（S1）：157－182.

[47]　王海秀，尹正杰. 长江上游水文情势变化对保护区铜鱼产卵的影响 [J]. 人民长江，2019，
　　　　50（12）：46－50.

[48]　王冰杰. 武汉大东湖生态水网近邻空间变迁及策略研究 [D]. 武汉：华中科技大学，2016.

[49]　万荣荣，杨桂山，王晓龙，等. 长江中游通江湖泊江湖关系研究进展 [J]. 湖泊科学，2014，

26 (01)：1-8.

[50] 万成炎，陈小娟. 全面加强长江水生态保护修复工作的研究 [J]. 长江技术经济，2018，2 (04)：33-38.

[51] 田莉，薛兴华. 2004—2016 年长江中游水质时空变化趋势分析 [J]. 环境与发展，2019，31 (03)：120-122.

[52] 唐见，罗慧萍，曹慧群. 大东湖水系连通工程生态风险评价及防控对策研究 [J]. 环境污染与防治，2019，41 (04)：463-467.

[53] 唐川敏，朱建荣. 长江河口水位上升对流场和盐水入侵的影响 [J]. 华东师范大学学报 (自然科学版)，2020 (03)：23-31.

[54] 孙楠，朱渭宁，程乾. 基于多年遥感数据分析长江河口海岸带湿地变化及其驱动因子 [J]. 环境科学学报，2017，37 (11)：4366-4373.

[55] 苏中海，陈伟忠. 近 60 年来长江源区径流变化特征及趋势分析 [J]. 中国农学通报，2016，32 (34)：166-171.

[56] 宋超，赵峰，杨琴，等. 长江口北支凤鲚深水张网渔获种类组成及其危害性分析 [J]. 海洋渔业，2018，40 (06)：670-678.

[57] 水利部长江水利委员会. 长江流域水土保持公告 [R]. 2018.

[58] 水利部长江水利委员会. 长江泥沙公报 [R]. 2006.

[59] 水利部长江水利委员会. 长江泥沙公报 [R]. 2007.

[60] 水利部长江水利委员会. 长江泥沙公报 [R]. 2008.

[61] 水利部长江水利委员会. 长江泥沙公报 [R]. 2009.

[62] 水利部长江水利委员会. 长江泥沙公报 [R]. 2010.

[63] 水利部长江水利委员会. 长江泥沙公报 [R]. 2011.

[64] 水利部长江水利委员会. 长江泥沙公报 [R]. 2012.

[65] 水利部长江水利委员会. 长江泥沙公报 [R]. 2013.

[66] 水利部长江水利委员会. 长江泥沙公报 [R]. 2014.

[67] 水利部长江水利委员会. 长江泥沙公报 [R]. 2015.

[68] 水利部长江水利委员会. 长江泥沙公报 [R]. 2016.

[69] 水利部长江水利委员会. 长江泥沙公报 [R]. 2017.

[70] 水利部长江水利委员会. 长江泥沙公报 [R]. 2018.

[71] 水利部长江水利委员会. 长江泥沙公报 [R]. 2019.

[72] 水利部太湖流域管理局. 太湖流域引江济太年报 [R]. 2013.

[73] 水利部太湖流域管理局. 太湖流域引江济太年报 [R]. 2014.

[74] 水利部太湖流域管理局. 太湖流域引江济太年报 [R]. 2015.

[75] 水利部太湖流域管理局. 太湖流域引江济太年报 [R]. 2016.

[76] 水利部太湖流域管理局. 太湖流域引江济太年报 [R]. 2017.

[77] 水利部太湖流域管理局. 太湖流域引江济太年报 [R]. 2018.

[78] 水利部太湖流域管理局. 太湖流域引江济太年报 [R]. 2019.

[79] 庞博，徐宗学. 河湖水系连通战略研究：理论基础 [J]. 长江流域资源与环境，2015，24 (S1)：138-145.

[80] 蒙张，胡勇，邹洪坤，等. 长江源各拉丹冬地区冰川变化遥感监测分析 [J]. 人民长江，2018，49 (04)：34-39.

[81] 毛新伟，徐枫. 引江济太与环太湖主要河流对太湖水质影响的对比分析 [J]. 水利发展研究，2018，18 (01)：29-32.

[82] 马巍，李锦秀，田向荣，等. 滇池水污染治理及防治对策研究 [J]. 中国水利水电科学研究院学

报，2007（01）：8-14.

[83] 刘陶. 新时代长江流域水生态保护与修复研究［J］. 长江大学学报（社会科学版），2018，41（05）：60-64.

[84] 刘晋高. 防控三峡水库支流水华的潮汐式生态调度研究［D］. 武汉：湖北工业大学，2018.

[85] 刘德富，杨正健，纪道斌，等. 三峡水库支流水华机理及其调控技术研究进展［J］. 水利学报，2016，47（03）：443-454.

[86] 林鹏程，王春伶，刘飞，等. 水电开发背景下长江上游流域鱼类保护现状与规划［J］. 水生生物学报，2019，43（S1）：130-143.

[87] 李宗礼，李原园，王中根，等. 河湖水系连通研究：概念框架［J］. 自然资源学报，2011，26（03）：513-522.

[88] 李帅，周曼，王海. 金沙江下游—三峡—葛洲坝—清江梯级水库2017年联合调度实践［J］. 中国防汛抗旱，2018，28（04）：27-30.

[89] 李其江. 长江源径流演变及原因分析［J］. 长江科学院院报，2018，35（08）：1-5，16.

[90] 李立银，倪朝辉，李云峰，等. 涨渡湖湿地保护与渔业生产优化模式探讨［J］. 长江流域资源与环境，2006（03）：366-371.

[91] 赖昊. 长江中下游环境流量计算方法及应用研究［D］. 武汉：武汉大学，2017.

[92] 孔令阳. 江汉湖群典型湖泊生态系统健康评价［D］. 武汉：湖北大学，2012.

[93] 惠军，陈银川，林剑波，等. 长江口地区水环境风险分析［J］. 人民长江，2016，47（13）：24-27.

[94] 黄苗，刘玥晓，赵伟华，等. 长江源区近年水质时空分布特征探析［J］. 长江科学院院报，2016，33（07）：46-50.

[95] 黄艳. 面向生态环境保护的三峡水库调度实践与展望［J］. 人民长江，2018，49（13）：1-8.

[96] 黄强，赵梦龙，李瑛. 水库生态调度研究新进展［J］. 水力发电学报，2017，36（03）：1-11.

[97] 胡裕滔，周才杨，虞铭卫. 长江徐六泾近6年水质变化趋势及其响应机制分析［J］. 人民长江，2019，50（11）：49-55.

[98] 侯玉强. 水库生态服务价值调度及粒子群算法［D］. 昆明：昆明理工大学，2018.

[99] 何俊杰，刘富强. 枯季三峡库区泄流对缓解长江口盐水入侵的数值模拟研究［J］. 绿色科技，2017（22）：43-48.

[100] 郝孟曦. 江汉湖群主要湖泊水生植物多样性及群落演替规律研究［D］. 武汉：湖北大学，2014.

[101] 韩晓军，韩永荣，韩晓花. 长江源水环境问题及保护对策［J］. 城市与减灾，2012（04）：1-4.

[102] 韩剑桥，孙昭华，杨云平. 三峡水库运行后长江中游洪、枯水位变化特征［J］. 湖泊科学，2017，29（05）：1217-1226.

[103] 顾振锋，王沛芳，陈娟，等. 望虞河西岸河流氮磷污染状况及其对调水水质的影响［J］. 生态与农村环境学报，2019，35（11）：1428-1435.

[104] 顾启华. 富营养化水体中藻类水华成因分析与研究［D］. 天津：天津大学，2007.

[105] 樊融. 长江上游水土流失及影响因素初探［D］. 成都：成都理工大学，2009.

[106] 狄高健，韩雷，田振华，等. 基于连通功能的河湖水系连通国内相关案例分析［J］. 水利科学与寒区工程，2018，1（01）：19-22.

[107] 代艳芳，吴琨，胡清顺. 调水工程管理适应水资源区域配置实践与探索——以牛栏江—滇池补水工程为例［J］. 中国水利，2018（14）：41-44.

[108] 崔国韬，左其亭，窦明. 国内外河湖水系连通发展沿革与影响［J］. 南水北调与水利科技，2011，9（04）：73-76.

[109] 陈云进."引牛济滇"工程流域水污染防治研究［J］. 环境科学导刊，2008（04）：33-37.

[110] 陈敏. 长江流域水库生态调度成效与建议［J］. 长江技术经济，2018，2（02）：36-40.

［111］陈敏.长江流域防汛抗旱减灾体系建设与成就［J］.中国防汛抗旱，2019，29（10）：36－42.

［112］陈进，刘志明.近年来长江水功能区水质达标情况分析［J］.长江科学院院报，2019，36（01）：1－6.

［113］陈进.长江流域生态红线及保护对象辨识［J］.长江技术经济，2018（01）：30－36.

［114］陈进.长江通江湖泊的保护与利用问题讨论［J］.2009：4.

［115］陈凤先，王占朝，任景明，等.长江中下游湿地保护现状及变化趋势分析［J］.环境影响评价，2016，38（05）：43－46.

［116］陈锋，黄道明，赵先富，等.新时代长江鱼类多样性保护的思考［J］.人民长江，2019，50（02）：13－18.

［117］曹慧群，李晓萌，罗慧萍.大东湖水网连通的水动力与水环境变化响应［J］.人民长江，2020，51（05）：54－59.

下　篇

［118］卓海华，湛若云，王瑞琳，等.长江流域片水资源质量评价与趋势分析［J］.人民长江，2019，50（02）：122－129，206.

［119］周羽化，原霞，宫玥，等.美国水污染物排放标准制订方法研究与启示［J］.环境科学与技术，2013，36（11）：175－180.

［120］周羽化，武雪芳.中国水污染物排放标准40余年发展与思考［J］.环境污染与防治，2016：60－68.

［121］周羽化，宫玥，方皓，等.美国水污染物预处理制度与标准的制定［J］.给水排水，2013，39（03）：107－111.

［122］周文敏，傅德黔，孙宗光.中国水中优先控制污染物黑名单的确定［J］.环境科学研究，1991，4（06）：9－12.

［123］周少林.长江大保护背景下入河污染控制与水资源保护思考［J］.今日科苑，2019（02）：63－72.

［124］周启星.环境基准研究与环境标准制定进展及展望［J］.生态与农村环境学报，2010，26（01）：1－8.

［125］郑和辉，卞战强，田向红，等.中国饮用水标准的现状［J］.卫生研究，2014，43（01）：166－169.

［126］赵国栋.我国环境标准制度研究［D］.济南：山东大学，2010.

［127］张云昌.长江大保护中的五个水生态热点问题剖析［J］.环境保护，2019，47（21）：44－47.

［128］张晓岭，邓力，孙静，等.欧美等发达国家水环境监测方法体系［J］.四川环境，2012，31（01）：49－54.

［129］张晓岭，邓力，孙静.我国水环境监测方法标准技术体系研究［J］.安徽农业科学，2012，40（09）：5521－5523.

［130］张瑞卿，李会仙，曹宇静，等.环境水质基准研究进展［J］.2010：21－28.

［131］张铃松，刘方，李俊龙，等.完善我国水环境质量标准的探讨与建议［J］.2014：1.

［132］张臣.潴龙河系统健康评价及治理研究［D］.邯郸：河北工程大学，2019.

［133］悦琳琳，赵旭光，李建国，等.水利技术标准发布流程和该阶段滞后原因分析［J］.2016：5.

［134］应力文，刘燕，戴星翼，等.国内外流域管理体制综述［J］.中国人口·资源与环境，2014，24（S1）：175－179.

［135］尹先仁.我国环境卫生标准50年［J］.中国公共卫生，1999（08）：1－2.

［136］杨员，张新民，徐立荣，等.美国水质监测发展历程及其对中国的启示［J］.环境污染与防治，2015，37（10）：86－91.

[137] 杨汉明. 以高标准高质量水文技术服务支撑最严格的水资源管理 [J]. 陕西水利, 2012 (06): 5 - 7.

[138] 杨帆, 林忠胜, 张哲, 等. 浅析我国地表水与海水环境质量标准存在的问题 [J]. 海洋开发与管理, 2018, 35 (07): 36 - 41.

[139] 许继军, 吴志广. 新时代长江水资源开发保护思路与对策探讨 [J]. 人民长江, 2020, 51 (01): 124 - 128.

[140] 徐剑秋, 卞俊杰. 加强水环境监测 为长江大保护提供技术支撑 [J]. 水利水电快报, 2016, 37 (11): 1 - 2.

[141] 夏青. 美国的水质基准与水质标准 [J]. 环境科学研究, 1987 (01): 20 - 38.

[142] 席北斗, 霍守亮, 陈奇, 等. 美国水质标准体系及其对我国水环境保护的启示 [J]. 环境科学与技术, 2011, 34 (05): 100 - 103.

[143] 吴浓娣, 刘小勇, 陈健, 等. 河湖健康管理内涵与标准规范建设研究 [J]. 水利发展研究, 2019, 19 (08): 7 - 9.

[144] 吴丰昌, 孟伟, 宋永会, 等. 中国湖泊水环境基准的研究进展 [J]. 环境科学学报, 2008 (12): 2385 - 2393.

[145] 文扬, 陈迪, 李家福, 等. 美国市政污水处理排放标准制定对中国的启示 [J]. 环境保护科学, 2017, 43 (03): 26 - 33.

[146] 魏云燕. 中国与欧盟水环境排放标准体系的对比研究 [J]. 中国科技信息, 2012 (11): 34.

[147] 魏山忠. 落实长江大保护方针 为长江经济带发展提供水利支撑与保障 [J]. 长江技术经济, 2017, 1 (01): 8 - 12.

[148] 王振华, 李青云, 汤显强. 浅谈长江经济带水生态环境问题与保护管理对策 [J]. 水资源开发与管理, 2018 (10): 31 - 34.

[149] 王阳. 环境标准制定问题研究 [D]. 青岛: 山东科技大学, 2007.

[150] 王轩萱. 中美环境标准比较研究 [D]. 长沙: 湖南师范大学, 2014.

[151] 王菲菲, 李琴, 王先良, 等. 我国《地表水环境质量标准》历次修订概要及启示 [J]. 环境与可持续发展, 2014, 39 (01): 28 - 31.

[152] 王炳华, 赵明. 美国环境监测一百年历史回顾及其借鉴 (续三) [J]. 环境监测管理与技术, 2001 (03): 10 - 14.

[153] 王炳华, 赵明. 美国环境监测一百年历史回顾及其借鉴 (续四) [J]. 环境监测管理与技术, 2001 (04): 13 - 17.

[154] 王炳华, 赵明. 美国环境监测一百年历史回顾及其借鉴 (续五) [J]. 环境监测管理与技术, 2001 (05): 13 - 18.

[155] 王炳华, 赵明. 美国环境监测一百年历史回顾及其借鉴 (续一) [J]. 环境监测管理与技术, 2001 (01): 14 - 19.

[156] 王炳华, 赵明. 美国环境监测一百年历史回顾及其借鉴 [J]. 环境监测管理与技术, 2000, 12 (06): 13 - 17.

[157] 王炳华, 赵明. 美国环境监测一百年历史回顾及其借鉴 (续二) [J]. 环境监测管理与技术, 2001, 13 (02): 17 - 21.

[158] 王炳华. 美国环境监测五大标准分析方法系列特点 [J]. 干旱环境监测, 1993, 7 (04): 246 - 253.

[159] 王炳华. 美国环境监测一百年历史回顾及其借鉴 (续六) [J]. 环境监测管理与技术, 2001 (06): 9 - 14.

[160] 王炳华. 美国环境监测一百年历史回顾及其借鉴 (续七) [J]. 环境监测管理与技术, 2002 (01): 7 - 11.

[161]　王炳华. 美国环境监测一百年历史回顾及其借鉴（续完）[J]. 环境监测管理与技术，2002（02）：12－17.

[162]　王彬辉，董伟，郑玉梅. 欧盟与我国政府环境信息公开制度之比较 [J]. 法学杂志，2010，31（07）：43－46.

[163]　汪云岗，周军英，钱谊. 美国水环境标准及其实施体系述评 [J]. 农村生态环境，1999（03）：50－54.

[164]　唐秀丹. 欧盟环境政策的演变及其启示 [D]. 大连：大连理工大学，2005.

[165]　唐良建，张皓，曾曜，等. 我国水环境标准现状分析 [J]. 三峡环境与生态，2012，34（01）：7－9.

[166]　苏颖. 水环境管理立法及其相关体系研究 [D]. 北京：北京工业大学，2007.

[167]　宋婷婷. 流域环境管理体制研究 [D]. 重庆：重庆大学，2008.

[168]　宋国君，张震. 美国工业点源水污染物排放标准体系及启示 [J]. 环境污染与防治，2014，36（01）：97－101.

[169]　宋国君，沈玉欢. 美国水污染物排放许可体系研究 [J]. 环境与可持续发展，2006（04）：20－23.

[170]　水利部长江水利委员会. 2018年长江流域及西南诸河水资源公报 [R]. 2018.

[171]　水利部长江水利委员会. 加强入河排污口监管　以实际行动落实长江大保护 [J]. 中国水利，2017（24）：86－91.

[172]　水利部. 水利部关于修订印发水利标准化工作管理办法的通知 [R]. 2019.

[173]　沈新强，敏晟，全为民，等. 长江河口生态系统现状及修复研究 [J]. 中国水产科学，2006，13（04）：624－630.

[174]　任慕华，张光明，彭猛. 中美两国城镇污水排放标准对比分析 [J]. 环境保护，2016：68－70.

[175]　冉丹，李燕群，张丹，等. 论中国水污染物排放标准的现状及特点 [J]. 环境科学与管理，2012，37（12）：38－42.

[176]　秦鹏，冯林玉. 分散式饮用水源管理：农村饮用水安全的制度策应 [C] // 中国环境资源法学研究会、武汉大学. 新形势下环境法的发展与完善——2016年全国环境资源法学研讨会论文集. 中国湖北武汉，2016：61－67.

[177]　裴蓓. 中美水环境污染物排放标准比较 [J]. 净水技术，2011，30（04）：1－3.

[178]　牛建敏，钟昊亮，熊晔. 美国、欧盟、日本等地污水处理厂水污染物排放标准对比与启示 [J]. 资源节约与环保，2016（06）：301－302.

[179]　聂蕊. 中美环境标准制度比较 [D]. 昆明：昆明理工大学，2005.

[180]　米天戈. 我国污染物排放标准制度研究 [D]. 苏州：苏州大学，2015.

[181]　孟伟，张远，郑丙辉. 水环境质量基准、标准与流域水污染物总量控制策略 [J]. 环境科学研究，2006（03）：1－6.

[182]　孟伟，刘征涛，张楠，等. 流域水质目标管理技术研究 [J]. 环境科学研究，2008，21（01）：1－8.

[183]　马莉娟，付强，姚雅伟. 我国环境监测方法标准体系的现状与发展构想 [J]. 中国环境监测，2018，34（05）：30－35.

[184]　吕占禄，王先良，王菲菲，等. 国内外地表水环境质量标准制修订工作现状 [C] // 中国环境科学学会环境标准与基准专业委员会、中国毒理学会环境与生态毒理学专业委员会、中国环境科学研究院、中国毒理学会，环境安全与生态学基准/标准国际研讨会、中国环境科学学会环境标准与基准专业委员会2013年学术研讨会、中国毒理学会环境与生态毒理学专业委员会第三届学术研讨会会议论文集（二）. 中国江苏南京，2013：47－52.

[185]　吕兰军. 水文在长江经济带"共抓大保护"中的作用及思考——以长江九江段为例 [J]. 中国水

利，2018（13）：48-50.

[186] 罗财红，徐静. 美国水污染源手工监测技术体系概略 [J]. 三峡环境与生态，2010，32（03）：57-59.

[187] 刘征涛，闫振广，余若祯，等. 水质基准研究进展 [C]//中国环境科学学会. 中国环境科学学会环境标准与基准专业委员会 2010 年学术研讨会论文集. 北京，2010：29-33.

[188] 刘征涛，孙成，朱琳，等. 流域水环境质量基准技术体系研究 [J]. 中国科技成果，2014（09）：43，48.

[189] 刘秋妹. 欧盟环境影响评价体系及其启示 [C]//中国环境科学学会. 中国环境科学学会 2009 年学术年会论文集（第四卷）. 中国湖北武汉，2009：646-651.

[190] 刘建英，张仲良. 水环境监测方法标准技术体系探讨 [J]. 科技与创新，2017（07）：54-58.

[191] 刘丙辉，刘琰. 饮用水源地水环境质量标准问题与建议 [J]. 环境保护，2007（02）：26-29.

[192] 林翎，曹学章. 建立我国生态环境标准体系的重要性 [J]. 世界标准化与质量管理，2004（11）：36-37.

[193] 李志平，于爱华，李建国，等. 浅析水利技术标准管理关键环节控制及风险规避 [J]. 水利技术监督，2017，25（02）：1-4+81.

[194] 李赞堂. 中国水利标准化现状、问题与对策 [J]. 水利水电技术，2002（10）：54-57.

[195] 李岩. 我国环境标准体系现状分析 [J]. 上海环境科学，2003，22（02）：115-117.

[196] 李雪玉，陈艳卿. 美国公共处理设施排放标准的研究与启示 [J]. 给水排水，2005，31（02）：111-113.

[197] 李醒，石春玲. 经验与借鉴：欧盟环境信息公开与中国相关立法的完善 [J]. 河南省政法管理干部学院学报，2011，26（03）：155-160.

[198] 李锦秀，刘咏峰，邓湘汉，等. 水利技术标准体系发展思路 [J]. 中国标准化，2006：98-101.

[199] 李会光. 欧美日中标准制定和管理机制的比较研究 [D]. 天津：河北工业大学，2007.

[200] 李贵宝，周怀东，郭翔云，等. 我国水环境监测存在的问题及对策 [J]. 水利技术监督，2005：57-60.

[201] 李贵宝，周怀东. 我国水环境标准化的发展 [J]. 水利技术监督，2003：16-19.

[202] 李贵宝，叶伊真. 中国水环境标准现状 [J]. 中国标准导报，2002：41-43.

[203] 李贵宝，谭红武，朱瑶. 我国水环境污染物排放标准的现状 [J]. 中国标准化，2002：49-50.

[204] 李贵宝，姜爱春，刘晋琴. 中国环境卫生标准化概述 [J]. 中国标准化，2002：52-53.

[205] 李贵宝，郝红，张燕. 我国水环境质量标准的发展 [J]. 水利技术监督，2003（03）：15-17.

[206] 李贵宝. 欧洲联盟的水环境标准及相关政策 [J]. 水务世界，2006（5）：45-49.

[207] 李贵宝. 构建国家水环境标准体系的设想与建议 [C]//中国环境科学学会. 中国环境科学学会环境标准与基准专业委员会 2010 年学术研讨会. 北京，2010：142-149.

[208] 雷晶，张虞，朱静，等. 我国环境监测标准体系发展现状、问题及建议 [J]. 环境保护，2018，46（22）：37-39.

[209] 解瑞丽，周启星. 国外水质基准方法体系研究与展望 [J]. 世界科技研究与发展，2012，34（06）：939-944.

[210] 姜永富，李薇. 我国水文标准化工作的现状与发展 [J]. 水文，2008，28（06）：61-64.

[211] 黄彦臣. 基于共建共享的流域水资源利用生态补偿机制研究 [D]. 武汉：华中农业大学，2014.

[212] 黄廷义. 长江流域管理体制研究 [D]. 重庆：重庆师范大学，2007.

[213] 胡梦婷，白雪，蔡榕，等. 水资源消耗总量和强度"双控"标准体系研究 [J]. 标准科学，2019（08）：69-74.

[214] 胡林林，周羽化，陈艳卿. 我国水环境质量标准问题探讨及修订建议 [C]//中国环境科学学会. 中国环境科学学会环境标准与基准专业委员会 2010 年学术研讨会论文集. 北京，2010：129-136.

［215］ 胡必彬，杨志峰. 欧盟水环境政策研究［J］. 中国给水排水，2004（07）：104-106.

［216］ 胡必彬，陈蕊，刘新会，杨志峰. 欧盟水环境标准体系研究［J］. 环境污染与防治，2004（06）：468-471.

［217］ 胡必彬. 欧盟水环境标准体系［J］. 环境科学研究，2005，18（01）：45-48.

［218］ 何建兵，左一鸣. 欧盟水框架指令初议［J］. 水利水文自动化，2009（04）：1-3.

［219］ 郭骞，刘晶，肖承翔，等. 国内外标准化组织体系对比分析及思考［J］. 中国标准化，2016（02）：240-246.

［220］ 傅德黔，孙宗光，章安安，等. 我国水环境优先监测的现状与发展趋势［J］. 中国环境监测，1996（03）：1-3.

［221］ 冯承莲，吴丰昌，赵晓丽，等. 水质基准研究与进展［J］. 中国科学：地球科学，2012，42（05）：646-656.

［222］ 房丽萍，杨刚，田文，等. 借鉴欧美经验完善我国 VOCs 水环境标准体系［J］. 环境保护，2016，44（07）：60-62.

［223］ 方芬. 欧洲水政策历史研究［J］. 环境资源法论丛，2003（00）：221-235.

［224］ 邓立斌，陈端吕，邓丽群. 基于层次分析法的自然保护区模糊综合评价研究——以海南霸王岭国家级自然保护区为例［J］. 中国农学通报，2013，29（29）：118-125.

［225］ 单婧. 农村饮水安全现状分析及解决对策［J］. 农村科技与信息，2019（11）：123-124.

［226］ 戴秀丽，许燕娟，承燕萍. 中国地表水环境质量标准监测体系现状研究及完善建议［J］. 环境科学与管理，2014，39（12）：7-10.

［227］ 崔鹏，靳文. 长江流域水土保持与生态建设的战略机遇与挑战［J］. 人民长江，2018，49（19）：1-5.

［228］ 崔广柏，蒋洪庚，刘金涛. 加入 WTO 后对我国水文水资源标准化的影响及对策［J］. 水利技术监督，2002（02）：14-17.

［229］ 成小江. 长江流域生态补偿法律机制研究［D］. 兰州：兰州理工大学，2019.

［230］ 陈艳卿，徐顺清，黄翠芳，等. 美国水环境基准体系［C］//中国环境科学学会. 中国环境科学学会环境标准与基准专业委员会 2010 年学术研讨会论文集. 北京，2010：86-91.

［231］ 陈艳卿，孟伟，武雪芳，等. 美国水环境质量基准体系［J］. 环境科学研究，2011，24（04）：467-474.

［232］ 陈蕊，刘新会，杨志峰. 欧盟工业废水污染物排放限值的制定［J］. 环境污染与防治，2005（01）：1-4.

［233］ 曹宇静，吴丰昌，李会仙. 水环境质量基准的研究进展［C］//中国环境科学学会，中国环境科学研究院. 第十三届世界湖泊大会论文集. 武汉，2009：495-498.

［234］ 毕诗咏. 水文技术标准的现状分析与展望［J］. 科技创新导报，2013：107.